农地制度论

（第2版）

刘 强 著

中国农业出版社

目　　录

农村土地集体所有制优势及实现形式（代序一）

中共中央党校经济学教研部教授　徐祥临

习近平总书记谈到农村改革时反复强调，要“坚持农村土地集体所有制”，前不久考察农村改革主要发源地小岗村再次重申了这一基本观点，并指出，深化农村改革的主线是处理好农民与土地的关系，底线是“不管怎么改，都不能把农村土地集体所有制改垮了”。深入理解习近平总书记的这一讲话精神，需要切实认识农村土地集体所有的制度优势，并落实到深化农村改革的实践去。本文以马克思主义政治经济学为指导，结合农村改革发展的鲜活实践，予以初步探讨。

一、农村土地集体所有制是农业社会主义改造的制度性成果

中国的小农经济自秦汉定型以后，创造了领先世界近两千年的中华文明发展成就，但同时也造成了长久以来人多地少的基本国情。历史上中华民族的治乱兴衰，都可以

直接或间接地从农民与土地的关系中找到原因。

清王朝作为最后一个皇权专制王朝退出历史舞台，留给民国一个烂摊子，最烂之处仍然是占有很多土地的地主与无地少地的贫农之间矛盾尖锐。所以，孙中山为中国国民党确定的民主革命纲领包括了“平均地权”、“耕者有其田”内容。孙中山逝世后的中国国民党由蒋介石独裁，他嘴上喊着“继承总理遗志”，实际上却不允许农民开展土地革命，1927 年对积极推动土地革命的中国共产党人及农会积极分子进行血腥镇压。中国共产党被迫武装反抗，承担起了领导中国完成民主革命的历史使命。当苏联模式的城市武装暴动革命道路走不通以后，毛泽东领导中国工农红军开创了农村包围城市的革命道路，以“打土豪分田地”为旗帜，动员亿万无地少地的农民成为中国民主革命的主力军，推翻了国民党的反动统治，在新中国成立之后短短一两年里完成了中国历史上最彻底的以平均地权为目标的农村土地改革，贫苦农民从地主富农手中分得了七亿多亩土地。

然而，新中国进行土地改革建立起来的仍然是小土地私有制，并没有脱离小农经济范畴，顺其自然一部分农民失去土地是必然的。事实上，在新中国成立后的最初几年里，确实出现了一些农民由于各种原因卖掉土地，而另一些农民买入土地的现象。长此以往，土地改革的成果将丧失殆尽。为了避免农村重新两极分化，以毛泽东为核心的我党第一代领导集体依据马克思主义政治经济学基本理论和革命根据地创造的成熟经验，在土地改革之后就注意引导农民走互助合作的发展道路，取得了良好效果。1956年，在全国农村以兴办农业生产合作社为基本途径进行了农业社会主义改造，破天荒地打破了分散单干的小农经济生产方式，连续几年获得了农业大丰收，初步显示了社会主义农业的制度优势。

然而，在农业合作化运动节节胜利面前，1958年在全国范围内大办人民公社，试图“跑步进入共产主义”。结果犯了“步子太大、转变过快、方式过于简单”的错误，严重挫伤了广大农民的生产积极性，成为陷入“三年困难时期”的主要原因。1962年，毛泽东发现问题后纠正急躁冒进错误，指导中共中央制定了人民公社六十条，形成了“三级所有，队为基础”、“政社合一”的人民公社体制，确立了古今中外史无前例的农村土地集体所有制。

人民公社六十条出台后，农村经济发展得到了很大的恢复和发展，但仍然受到计划经济体制和政策的束缚，没有从制度上找到调动农民生产积极性的有效办法。但是，突破了小农经济束缚的土地集体所有制还是顽强地表现出了制度优势，主要成果包括：大规模开展农田水利建设、科学种田得到普及、农村工业得到初步发展、推动了农村教育和医疗卫生事业发展、农村鳏寡孤独得到了照顾、妇女得到解放、农村移风易俗成效显著，等等。1982年以后，农村土地集体所有作为农村社会主义经济制度载入中华人民共和国宪法。

在党的十一届三中全会精神指导下，1978年开启的农村改革在绝大多数农村建立起了统分结合的双层经营体制，即农村基本经营制度。该制度的基本构成要件有三个，一是土地归农民集体所有；二是集体土地由作为集体经济组织成员的农户承包经营；三是集体统一向农户提供服务。也就是说，由小岗村农民带头发起的农村改革只是否定了人民公社的集体统一经营体制，并没有否定土地集体所有，而且，正是在这一制度基础上，通过土地由农户承包经营的制度创新消除了“大锅饭弊端”，促进了农业生产发展，也为农户自由支配劳动力、发展个体私营经济奠定了制度基础。

综上所述，农业由集体统一经营到由农户分散经营，土地集体所有制经受了改革开放前后六十年的考验，堪称农业社会主义改造为中国留下的伟大制度性成果，在人类土地制度史上增添了新的一页。

二、叶屋村：土地集体所有制基础上再次“土改”的成功案例

毋庸讳言，农村土地集体所有制是否应该继续坚持，在理论界和实际工作部门都存在不同看法。对此，不宜单

纯进行书斋式的思辨，而是应该像当年毛泽东领导土地革命和邓小平领导农村改革那样，由农民的实践做出回答。这里，讲述一个笔者多次实地调研过的案例。

广东省清远市有个叶屋村（村民组），地处粤北丘陵地带，有 35 户人家，175 口人；有各类可耕作的土地资源（包括林地）1 350 多亩*；村内主要生产经营项目有养猪养鱼、种植沙糖橘、栽桑养蚕等，水稻生产主要是为了满足口粮需求，属于纯粹的农业地区。1981 年，该村作为生产队把集体土地按人平均承包到户，平均每户有 10.6 亩。为了把肥力、位置不同的土地搭配均匀，每户大约有 11 块土地分布在村庄四周。由于农民外出经商务工收入机会越来越多，农民把劳动力投入到细碎土地上越来越不划算，土地粗放经营乃至撂荒现象便越来越严重。直到 2009 年，叶屋村人均纯收入 3 000 元左右，相当于全国平均水平的 60%，整体上没有摆脱贫困。

在这个贫穷的小村庄里，也有比较富裕的农户，村长（村民小组组长）叶时通家就是其中之一。叶时通致富的诀窍很简单：在最初承包的三亩鱼塘边上开荒，形成了 11 亩集中连片的鱼塘，每年收入稳定在 10 万元以上。叶时通由自己家想到全村，明白了一个道理：是承包地分散拖累了全村，如果每户都像自家一样土地连片，成规模地

---

* 亩为非法定计量单位，1 亩=1/15 公顷。——编者注

集中搞好一两种产品，哪怕是效益最低的种桑养蚕，每亩地也能够收入 3 000 元以上，各家各户就都能够富裕起来。

叶时通把这个想法先在村民理事会五个成员中提出来，得到一致赞同，马上召开全村家长会，也得到一致赞同。但在具体商量如何把七零八落的土地集中起来重新分配时，遇到了两个难题。一是人多地少户与地多人少户存在矛盾。因为承包地多年没有调整，各户按人平均的土地面积差别很大，一些户添人进口要求按人增加承包地，而另一些户人口减少却不想减少承包地。二是水田旱地不同地块水利道路条件不一，肥瘦差别很大，谁也不愿意把自己家的承包地集中到贫瘠和耕作不便的土地上。针对这两个基本矛盾，叶屋村在一年多时间里开了 35 次家长会，其间有暴风骤雨般的争吵，也有和风细雨式的说服，最终还是达成了一致意见：①叶屋村的人要把叶屋村的土地管好用好，各家各户的承包地集中连片是个好办法；②叶屋村的土地（包括开荒地）归在叶屋村生活的人集体所有，不是谁承包了就归谁私有了，娶进来的媳妇和新生的孩子要分地，故去的老人和嫁出去的闺女要把土地交回集体重新分配，每隔 20 年土地调整一次；③主要劳动力在家务农的户可分一块水田和一块旱地，主要劳动力不在家务农的户只分一块旱地，水田和旱地之间可以按 1 比 2 的比例互换；④为了尽量方便各家各户土地连片，无偿承包的土地占 80%，留出 20%左右的土地作为机动地有偿承包；

⑤亲门近支的户之间可要求土地相邻承包；⑥动用集体土地有偿发包形成的集体积累改善土地生产条件，做到所有水田（包括鱼塘）旱能灌涝能排，所有旱地通机耕路；⑦满足村内农户土地经营面积需求后剩余的土地由村集体统一连片对外发包；⑧集体积累满足改善生产条件需求后用于集体福利。

叶屋村农民把上述做法称为“土改”。自 2010 年春季实施以来，彻底解决了各户土地细碎问题，粗放经营得到改善，杜绝了土地弃耕现象，村民之间争水争地等矛盾消除了。当年村民人均收入超过 10 000 元；2015 年全村人均纯收入超过 30 000 元，人均收入最低的户也超过 15 000 元；每年集体经济收入超过 15 万元。四十名左右的青壮年劳动力由原来的外出务工为主，变为在家务农为主。

叶屋村的做法在全国范围内并非孤立的个案，整合细碎的土地、定期调整承包地、收取承包费为社员服务，这些做法在全国各地都能看到。在清远市，叶屋村的经验已经得到普遍推广。

三、马克思主义政治经济学视角下叶屋村“土改”成功的原理

叶屋村 1981 年采用的土地承包方式是对小岗村“大包干”做法的简单复制。我们回过头来看当年的改革办法，其农业内部的改革价值越来越聚焦于消除集体统一经

营中农民出工不出力的弊端上，此外已经看不到其他制度优势。随着农业农村内外经济条件的变化，很多农户已经不像当年那样珍惜土地，粗放经营甚至撂荒现象随处可见，贫富差距拉大，集体经济成为空壳，农民的集体观念越来越淡化。对此，本文权且称之为“简单大包干弊端”。叶屋村进行的新土改基本上消除了这个弊端。那么，叶屋村土改成功的奥秘何在呢？当年我们党按照马克思主义政治经济学原理解释了大包干的科学性，今天面对叶屋村农民的新土改，又能得出怎样的新结论呢？观察叶屋村的土改过程和成效并梳理其中的经济利益关系，下面几个新观点应该是站得住脚的。

观点一：土地集体所有制是耕者有其田的永久性制度保障。

古今中外的农业发展史证明，耕者有其田是调动农民生产积极性、促进社会安定的有效制度安排。中国农民尤其希望房前屋后拥有一块足以养家糊口的土地。但土地私有制再加上天灾人祸，让大多数农民的梦想一次又一次地破碎。古代有几位统治者迫于农民战争的压力，在改朝换代初期也曾经实行过耕者有其田制度，但皇帝是农村地主的总代表，无法让多数农民摆脱土地被兼并的恶梦轮回。农村土地集体所有制则能够帮助农民把梦想变成现实，并且一劳永逸。叶屋村 1981 年后成家立业的青年农民能够获得土地资源，正是靠土地归集体所有制所赐。坚持这一制度，全国所有的农户就都能像叶屋村的“耕者”一样不会失去土地。

观点二：土地集体所有制满足村庄内新生代农民平等、无偿获得土地的利益诉求，为大多数农民所拥护。

我们称农村中娶进来的媳妇（相应包括倒插门女婿）和新生孩子为村庄内的新生代农民。毫无疑问，新生代农民都希望无偿获得土地。在土地私有制下，穷富农户之间拥有土地的数量差别很大，导致同一个村庄内新生代农民生产生活的起点极不平等，穷困农户的新生代农民只有很少土地甚至没有土地。农村土地集体所有制彻底打破了穷困农民少地无地的恶梦循环，让所有新生代农民都能够在村庄范围内无偿、平等地获得土地资源。显然，为了获得这一根本利益，新生代农民必然要求集体土地的承包关系定期调整；而且，拥有新生代农民的农户在人口数量上必然超过人口减少的农户，所以，土地集体所有制必然得到农村大多数农民的拥护。这样的制度安排符合马克思主义政治经济学的基本立场。

观点三：依托土地集体所有制与市场经济体制，地租这个古老的经济范畴摆脱了剥削的恶名，成为土地所有者、经营者、劳动者三者利益和谐统一的纽带。

从经济学角度看，农村集体向承包户收取的承包费就是地租。马克思主义经济学认为，地租是土地所有权在经济上的实现形式，反映的是地主阶级的寄生性即对劳动者的经济剥削，意味着土地所有者、经营者和劳动者在经济利益上存在此消彼长的对立关系。连第二次世界大战后日本这样的资本主义国家都用法律限制了农业中地主收取地租。叶屋村的土改实践让我们看到了地租的新内涵，即三者利益关系的和谐统一：作为“地主”的集体向作为土地经营者的承包户收取承包费，并没有落入私人腰包，而是用于改善土地经营者和劳动者的生产条件（修渠修路等）以及增进其福利。从形式上看，地租所代表的市场交换关系仍然存在，即承包户向集体缴纳承包费是获得土地承包权的代价，但从实质上看，承包费所反映的经济利益关系完全改变了，即集体收取承包费是为了让承包户获得更多利益及更多的福利。中国农村形成这种崭新的生产关系，是土地集体所有制与市场经济有机结合的结果，是农业领域有中国特色的社会主义市场经济。

四、发挥土地集体所有制优势要解放思想深化改革

我国农村存在“简单大包干弊端”在时间跨度上已经超过“大锅饭弊端”。党中央、国务院一直强调要“完善农村基本经营制度”，就是要破除这些弊端。如何像当年推广小岗村经验那样，把叶屋村这类典型经验推广开？本文提出以下几点看法。

第一，对待小岗村要像对待当年大寨那样，采取解放思想、实事求是的态度。

农村改革前全国农业战线的典型是毛泽东树立的山西省昔阳县的大寨大队。大寨农民的自力更生、艰苦奋斗精神永远值得中国农民学习，大寨大规模进行农田基本建设的做法也值得所有农村效法。但大寨经验消除不了农村普遍存在的“大锅饭弊端”。小岗村农民以不怕坐牢的勇气突破人民公社体制束缚，创造了集体土地由农户承包经营的经验，调动了农民发展农业生产的积极性，取代了大寨的全国农村学习榜样的地位。

然而，小岗村经验普遍推广后，“简单大包干弊端”也随之出现，而且呈现愈加严重态势。当年对大寨经验采取了解放思想、实事求是的态度，推动了农村改革；今天面对简单大包干弊端，对小岗村经验也要采取同样的态度。叶屋村土改既吸收了小岗村的改革精髓，又在破除简单大包干弊端方面迈出了坚实的改革步伐，应该给予鼓励并大力推广。

第二，完善农村基本经营制度要突破两个认识误区。

统分结合的双层经营体制即农村基本经营制度已经定型三十多年，但一直不完善。与两个认识误区没有突破有直接关系。

其一，把土地集体所有制有效实现形式与增加农民负担混为一谈。大包干的分配方式是“交够国家的，留足集体的，剩下是自己的”。所谓“国家的”是指承包户交给国家的农业税，所谓“集体的”包括两大项，一是承包户交给村集体的三项提留款，即公积金、公益金和管理费，简称“三提”；二是承包户交给乡镇政府的五项统筹款，即用于农村教育、计划生育、优抚、民兵训练、农村道路等民办公助的费用，简称“五统”。2006 年农村税费改革中，国家以减轻农民负担的名义，把农业税和“三提五统”全部取消了。但实事求是地说，国家有权取消上缴国库的农业税和具有准税收性质（归乡镇政府收取）的“五统”，却无权取消农村集体经济组织向农户收取的“三提”。因为，“三提”是土地集体所有权在经济上的实现形式，是集体向农户提供统一服务所必需的经济来源，收多收少以及如何收取、如何使用应完全由集体经济组织内部民主决定。国家的职责是通过法治手段以及必要的行政措施保障集体积累不被少数人贪占。叶屋村的经验表明，集体收取土地承包费，立竿见影地解决了集体经济空壳问题，遵循民主决策原则使用集体积累，给农民带来的生产效益和生活福利远远多于承包费。有人以减轻农民负担为由反对叶屋村收取少量土地承包费，看似在维护农民利益，其实是割断了农户与集体的利益纽带，既违背了农村基本经营制度，也背离了马克思主义政治经济学基本常识。

其二，把满足新生代农民承包集体土地的利益诉求同改变土地承包关系混为一谈。集体作为农村土地的所有者不是抽象的，而是由生活在集体土地上的农民群体构成的。新生代农民天然具有集体成员的权利是不言而喻的，他们获得承包集体土地的权利是不能被剥夺的。1997 年，当全国农村第一轮土地承包到期的时候，中共中央办公厅和国务院办公厅针对如何搞好第二轮土地承包专门下发文件，针对一些农户人地矛盾突出的现实，确定了“大稳定、小调整”基本方针，也就是承认新生代农民承包所在集体土地的权利。但后来在如何理解“长期稳定土地承包关系”问题上产生了不同看法。有人认为，“长期稳定”就是今后不再调整承包地，这就等于否定了新生代农民承包集体土地的权利，也就在事实上取消了新生代农民的集体成员资格。这显然是错误的，与广大农民兄弟对集体成员的认知格格不入。农村集体土地由农户承包经营是农村基本经营制度的构成要件，必须长期坚持。由于集体经济组织成员的变动，定期调整承包具体地块的农户是完善农村基本经营制度的题中应有之意。

第三，彻底改革农村土地“三级所有”的模糊产权关系不是搞私有化，而是在自然村或村民组层次做实做强农村集体经济。

农村基本经营制度确立不久，贵州省湄潭县搞了“增人不增地，减人不减地”试验。这项试验的初衷并不是要保护故去的老人和外嫁的闺女永远享有承包集体土地的权利，而是取消土地集体所有权。参与湄潭试验的几位学者多次公开申明土地私有化主张。湄潭试验已经有三十年的历史，并没有让农民看到实际效果，简单大包干弊端倒是随处可见。这说明土地私有化的主张是失败的。

搞湄潭试验的几位学者主张农村土地私有，是基于搞市场经济必须做到产权明晰的理论观点。应当说，学者主张产权明晰在抽象的理论意义上无可厚非，他们认为农村集体土地产权模糊也切中时弊。他们的错误在于，既没有看到农村土地集体所有的制度优势，也没有抓住农村集体土地产权模糊的要害。那么，农村集体土地产权模糊不清到底是怎么一回事，该如何改革呢？

农村改革前，人民公社的土地制度特征是“三级所有，队为基础”。其含义是，具体的一块土地既归几十个农户构成的生产队所有，也归几百个农户构成的生产大队所有，还归几千个农户构成的人民公社所有，但土地所有权的基础在生产队，体现为组织农业生产的基本单位和分配单位都是生产队（也有很少一部分农村以生产大队为基本核算单位，大寨即是一例）。这里的土地产权模糊不清是显而易见的。按照小岗村搞大包干的具体做法，农村集体向农户发包土地基本上是以生产队为单位进行的。也就是说，在广大农民的心目中，土地集体所有的边界是由生产队之间的土地边界区分开的。但吊诡的是，农村改革三十多年，发了那么多的文件和法律法规，却从来没有对土地“三级所有”的模糊产权关系进行过清理和改革。小岗村的经验普遍推广后，生产队作为组织农业生产的基本单位和经济核算单位不复存在，人民公社翻牌为乡镇党委政府，农村集体经济组织作为一种法人机构，便由生产大队翻牌而来的行政村承袭了。但行政村仍然是个产权不清、政社合一组织，是人民公社体制改革不彻底的产物，成为“小官大贪”等种种农村基层组织弱化问题的制度根源。

行政村体制该如何改革呢？叶屋村所在的清远市以“三个下移”为农村综合改革路径，给出了令人耳目一新的答案。

清远市委主要领导在深入农村调研中发现，辖区内有若干个像叶屋村这样的纯粹农村，老百姓普遍比较富裕，邻里关系比较和谐，村容村貌比较整洁。这一现象引起了清远市委市政府的高度重视并进行了反反复复的调查研究，得出的结论是：除了像华西村那样以搞工业为主的农村外，在纯粹农业地区，依托行政村进行农村经济、政治、社会治理普遍无效，应当把农村基层党支部和村民委员会由行政村下移到自然村或村民组，使之成为功能完善的集体经济组织；同时把乡镇的公共服务职能下移到行政村改造而成的公共服务片区，在片区内设立党总支和经济联合社，为片区内农民提供各种服务。

作为农村综合改革的起步措施，清远市委一方面树立了叶屋村等若干农民自发改革的典型，同时在行政村与村民组之间进行资源、资产、资金的全面清理，划定权属并登记造册；党支部和村委会下移后的自然村干部不同于原来拿财政补贴的行政村干部，其工作经费和报酬完全由集体经济状况并经家长会讨论决定。

按照上述思路，清远市委从 2012 年底以三个试点镇起步，不断总结经验，调整改革具体方案，发现新的典型。2014 年清远市又在“三个下移”基础上推动“三个整合”，即整合农户手中细碎的土地资源、整合涉农财政资金、整合涉农服务平台。目前，整个清远市农村由点到面，以自然村和村民组为单位，美丽乡村建设全面展开，有三分之二的自然村完成了农户细碎的土地资源整合。越来越多的青壮年农民回村从事农业适度规模经营，很多农民主动靠近党组织。农村用电量真实、直观地反映了农村综合改革给清远农村带来的显著变化：2011 年和 2012 年清远农村用电量连续下降，而 2013 年、2014 年、2015 年分别递增了 4％、9％和 18％。

小结：叶屋村农民自发改革和清远市委领导农村综合改革取得显著成效，既彻底终结了人民公社体制，又让农村土地集体所有制涅槃重生，显示出巨大优势，是大包干之后深化农村改革新的里程碑。

对农村基本经营制度几个争议问题的认识（代序二）

中国人民大学农业与农村发展学院教授　唐　忠

中华人民共和国成立以来，农村土地制度发生了三次重大变革。第一次重大变革是1950—1952年的土地改革，通过无偿的方式平均地权，将农村土地由地主所有制改为农民所有制。第二次重大变革是1953—1956年的农业合作化，将土地的农民所有制改变为劳动群众集体所有制，并在后来的人民公社体制中，形成"三级所有、队为基础"的农村基本经营制度，以生产小队为核算单位，实行土地集体所有、统一经营，成员按所挣的工分分配劳动成果。第三次重大变革，是20世纪70年代末以家庭承包为特征的农村改革，这一改革的核心，是把农业的经营单位从生产队变为农户家庭。这三次土地制度变革中，土地所有权首先由地主所有变为农民平均私有；随后的合作化运动将土地所有权集中在集体手中，并实行集体统一经营；最近的一次重大改革则是保留了原有土地所有制，改变了土地经营制度。农村基本经营制度的变革，是将土地所有权与使用权分开，把生产小队为单位的集体统一经营改为以农民家庭为单位分散经营，农民家庭重新成为农业的基本经营单位，农民家庭在获得土地使用权的同时，也获得了经营剩余索取权。

改革开放 40 年后，我国农村基本经营制度如何巩固与完善，理论界存在不同观点，各地农村在实践中也有不同做法。例如，在承包期内，土地动态调整好还是起点公平、期限内不调整好？在集体资产股份权能改革中，集体所有制内成员的权利应该如何理解，集体资产改革是按成员权逻辑还是财产权逻辑来展开？土地“三权分置”制度下，集体所有权、承包农户的承包权、土地租赁者的经营权各自的性质是什么？在承包权分散、人口城市化的情况下，如何构建土地与劳动力的动态匹配机制，形成地权分散而经营适当集中的发展模式？等等，都值得探讨。

一、对农村基本经营制度几个争议问题的分析

（一）农村土地集体所有制的优势在于成员权逻辑与财产权逻辑的平衡

第一，土地集体所有的范围是清晰的。在土地所有制方面，一种观点认为，集体所有制是一种说不清的制度，产权界定模糊，应该放弃并实行完全的土地私有化，这样才能清晰界定土地产权。还有一种观点认为，若公开实行

土地私有化，则相当于从根本上推翻了革命成果，很难形成全社会共识，具有高昂的政治成本，所以应该对农民实行“经济平权”，允许农民拥有完全可交易的土地权利，通过“温水煮青蛙”的方式，实现事实上的土地私有化。

其实，集体所有制并不是说不清楚的制度。我国物权法明确，集体所有的土地和森林、山岭、草原、荒地、滩涂，依照下列规定行使所有权：（一）属于村农民集体所有的，由村集体经济组织或者村民委员会代表集体行使所有权；（二）分别属于村内两个以上农民集体所有的，由村内各集体经济组织或者村民小组代表集体行使所有权；（三）属于乡（镇）农民集体所有的，由乡（镇）集体经济组织代表集体行使所有权。现实是，以行政村为单位所有土地、发包土地的地区存在，但在全国不占多数，在多数地区，还是以村民小组（原来的生产小队）为单位持有土地所有权、发包土地，只有很少一部分土地是以乡（镇）为单位所有并发包的。所以对一个具体的地块而言，其所有者是村民小组、行政村还是乡镇，是很清晰的，由谁来发包土地也是明确的。集体所有的土地范围和行使所有权的权力主体都是清晰的。

第二，集体与其组成成员的关系有一定变化。在承包责任制初期，并不强调集体是具体成员组成的集体，更多的是抽象的集体，集体与其成员是对立起来的。例如，当初说“承包经营权”时，强调的是集体成员通过“承包方式”取得的一定期限的集体土地的经营权，重心在经营权，承包是方式，并不强调集体成员的所有者之一的身份。而现在说承包经营权或承包权时，重心在承包资格或者说成员资格，强调的是成员作为所有者之一的成员权利，集体是某一时点有具体成员的集体。因此，现在说集体所有强调的是有具体成员的集体所有。

第三，承包期内成员是动态认定还是静态不变，不同乡村做法不同。既然集体所有是有具体成员的集体所有，那么成员如何认定就很重要，是在某一个时点认定后承包期内不变，还是承包期内可以动态调整？尽管政策鼓励前者，但我们调研发现，现实中两种情况都存在，且动态调整的村庄更多，约占我们调研村庄的 2/3。

这里的问题是，在不改变所有制的前提下，集体能否自行决定土地制度的实现形式？承包期内“生不增，死不减”是一种实现形式。在本集体成员有共识的情况下，承包期内按前后一致的规则定期动态认定成员，是否也可以是一种实现形式？我个人认为，国家可以提倡与鼓励前一种实现形式，但也不必禁止后一种实现形式，让不同乡村的农民有不同的实践。

主张承包期内“生不增，死不减”，主要基于这样一个假设：不调整土地可以给承包农民更长的预期，从而有利于农民的长期投入，从而有利于农业发展。我在农村调研时，有时发现一个行政村内相邻的两个村民组，一个组不调地，另一个组调地，但两个组的农业生产并没有什么明显的差别。动态认定成员的村组，如果前后规则是一致的（如果不一致农民通不过，也无法执行），而且是成员事先知道的（可预期的），这本身也会成为一个稳定的可预期的制度，并不一定就不利于农业发展。

因此，笔者认为，政策可以鼓励与提倡承包期内“增人不增地，减人不减地”，但对那些一直选择按大多数农民意愿和一定规则动态认定成员并进行土地小调整的村组，也允许其继续实践，两种做法，都是集体所有制的具体实现形式的探索。

第四，成员权逻辑与财产权逻辑要平衡。我国现行农村基本经营制度的活力所在，在于通过一定期限承包权的赋予，既充分调动了成员个体的积极性，又防止了土地所有权完全私有化可能带来的弊端。一些主张农村土地直接私有化或变相私有化的观点，都是基于财产权逻辑，认为只有私人产权才是最清晰的产权，从而激励机制最好，好像只要土地私有化了，农业问题就解决了。1953 年实行合作化以前，中国农村土地私有的历史不可谓不长，但中国农业问题并没有因此自动解决。私有制下土地所有权可以成为交易对象，但当权利主体不愿意时，私人所有权也可以使土地无法进入市场交易。东亚邻国日本就是这样的例子，在土地私有制下，日本农村土地与劳动的动态匹配不能算好，农村劳动力大量减少后，农业经营单位并没有相应减少，农家经营规模并没有相应扩大，劳动力出现了所谓“二兼滞留”现象，恐怕与土地私有制下土地所有者不愿交易（租或卖）土地不无关系。

一些地方在进行农村集体资产股份权能改革试点时，通过固化股份和股东，实行股份的完全可交易等措施，只强调财产权逻辑，可能的结果就是集体所有制慢慢变成私人所有制，通过“温水煮青蛙”实现私有化。

我国农村集体所有制的成员权逻辑是，某人或某个家庭取得某个村或组的成员资格，并不是基于购买股份的交易取得，而可能是基于出生、婚姻或其他该集体认可的方式取得。集体成员不能通过交易“买入”，是农村集体所有制下成员权逻辑的基本特征。这与股份公司的财产权逻辑是不一样的。成员权不基于财产交易取得，但成员权取得后会与集体的财产发生关联，因而成员权会给该成员带来一定财产权。

在我看来，我国现行农村基本经营制度的活力所在，就在于在成员权逻辑和财产权逻辑之间取得了平衡。在每一个承包期开始时，按照成员权逻辑，被认定的成员都有平等权利。在承包期内（生不增死不减的村组可能是30年内，动态小调整的村组可能是一个调整周期内）按财产权逻辑，不认可成员的变化。成员权与财产权的顺序也很清楚，就是成员权在先，财产权在后，财产权服从于成员权。成员权保障公平，财产权保障效率。

如果把成员固化在某一具体时点后不再重新认定，从这一时点开始成员所承包的土地权利永远不变，实际上就是从这一时点后放弃了成员权逻辑，只实行财产权逻辑。如此，集体所有制就会变成私人所有制。因此，坚持成员权逻辑，就是坚持集体所有制。完全放弃成员权逻辑，只遵循财产权逻辑，集体所有制就会从一种公有制慢慢变成私有制。保持成员权逻辑与财产权逻辑的平衡，是改革开放40年来我国农业不断发展的重要经验。

（二）“三权分置”制度的创新之处在于所有者权利的细分与分享

农地“三权分置”制度创新的核心，是农村土地集体制下土地所有者权利的细分与分享，即在成员整体的“集体”和集体的组成成员“个体”之间，细分与分享所有者权利。

为什么说这一制度创新的核心是所有者权利的细分与分享，而不是所有者与其他权利主体之间的关系呢？这是由我国集体所有制的制度特性决定的。按照现行制度，集体土地实行成员承包经营，承包权按某一时点，在本集体范围内认可的成员之间依据政策进行分配，因此，承包权是特定的某一集体的成员对该集体的土地享有的成员权利，是集体所有者之一的成员权利。不是某一集体的所有者集体的组成成员之一，就没有该集体土地的一份承包权，因此，承包权是与集体所有者的组成成员资格相联系的权利。所以“三权分置”的制度创新，在于通过对集体成员承包权的确认与保护，实现对集体成员的个体权利的确认与保护。

农地“三权分置”下的农村土地集体所有制中的“集体”，是由某一时点的特定成员组成的“成员整体”，不是抽象的与其组成成员对立起来的集体。在这一制度下，“成员整体”的集体，拥有土地所有权，它按一定期限和一定份额，把土地分配给其成员形成承包权，集体与其成员的土地承包关系不是土地出租关系，是所有者整体与其组成成员个体的关系，作为成员整体的“集体”与每个成员“个体”的土地权利加在一起，才构成完整意义的土地所有权。土地“三权分置”制度的创新之处就在于，对作为集体土地所有者组成成员的所有者之一的权利，以承包权的方式给予确认与保护。

当承包土地的成员自己不直接使用土地时，可以转让给他人使用，这时该成员还继续享有该土地的收益权（如收取流转费等）和部分处置权（到期后收回土地使用权的权利）等权利；转入土地者获得一定期限土地使用权（经营权），并取得经营利润（不能将经营利润简单等同于土地收益权）。这时，转出土地者与转入土地者的关系，是一般的土地租佃关系。并且，土地的转让并不影响成员与集体原有的财产权利关系。因此，土地“三权分置”制度的创新之处，在于很好地处理了成员集体所有制下，成员整体与成员个体之间的土地权利关系。

（三）放活经营权不等于经营权物权化

在调研中我们发现，一些地方放活经营权的一些做法，就是在一定程度上混淆承包农户的土地权利与市场流转而来的土地的权利，把流转土地的经营权物权化。例如，给流转而来的土地颁发经营权证，在流转而来的土地经营权上设定抵押权进行融资担保试点等。流转土地大多数情况都是一年支付一次土地租金，我们把这称为“年租制”；很少有一次付清流转合同期内全部土地租金的案例，我们把一次付清全部租金的情况称为“批租制”。经营权物权化的做法，既可能是改革中的一种大胆创新与尝试，也可能是在解决农业新型经营主体融资难问题倒逼下开出的一个错误药方，是对土地“三权”中具体权利之间边界的理解与把握“过界”而出现的偏误。如果是后者，就特别值得关注。

第一，要区分两个“经营权”的不同性质。在农村现行土地“三权分置”制度下，承包农户的土地承包经营权，与其他经营主体通过流转土地获得的土地经营权，虽然最后三个字都是经营权，但性质不同。如前文所述，承包农民的“承包经营权”，强调的是集体成员的成员权，是集体土地所有者之一的权利，重心是“承包资格”，也就是承包权。因此，承包农民的承包经营权在承包期内，具有亚所有权性质，是集体所有制制度赋予的权利。当承包农户自己不使用其承包地时，可以流转给其他人使用并取得租金。转入土地者获得的经营权，是以市场合同取得的，是租赁来的权利，支付租金是其前提，一旦不交租金，承包农民就可以把地收回。因此很清楚，承包农民的承包经营权是可以产生租金的。流转而来的土地，要保持经营权，需要支付租金。虽然听起来都是经营权，但性质很不同，一个可产生租金，一个通过支付租金才能获得，本身不产生租金。有人会说，流转而来的土地再流转不也会产生租金吗？如果土地市场是有效的，再流转获得的租金，与应支付给承包者的租金，应该是相同的，并不会出现增量租金。

第二，年租制下流转而来的土地的经营权不具有抵押价值。如上文所说，承包农户把土地流转时可以产生租金，如果在承包期内设定了抵押，在承包农户不能清偿债务时，银行可按事先约定流转其土地，并从土地租金中拿走属于自己的部分。所以承包农户在自己的承包地上持有的土地权利是可以用于抵押的，起担保作用的是土地未来的租金收益。土地经营者通过转入土地而获得的土地经营权，只有在预付了租期的全部租金时，才有抵押价值，也就是在批租制下才具有抵押价值。但现实情况恰恰相反，转入土地者往往是无钱一次付清合同期的全部租金，却将一般只支付了第一年地租的土地拿去抵押贷款，如果第二年出现债务不能清偿的情况，银行试图将其抵押土地的经营权再流转时发现，贷款人还未支付剩余合同期限的租金给转出土地的农民。再流转的租金，如果归出租土地的农民，银行将受损失，如果偿还银行贷款，农民将受损失。所以，年租制下租赁而来的土地经营权，并无抵押的经济价值。

第三，应进一步规范土地“三权”的内涵与名称，避免误读。把“承包权”与“经营权”描述为“承包经营权”分离成了这两个权，并不十分恰当。现实语境下的承包权就是原来的承包经营权，应把承包土地的农民的“承包经营权”改称“承包权”，并明确承包权就是指农村集体经济组织成员通过承包方式取得并持有的本集体具体地块的一定期限的成员所有权，属于分享所有权性质，是在承包期限内不完整的成员所有权。一个主体拥有土地的所有权时自然拥有其使用权（经营权），不必特别提及其使用权，因而承包权自然就包含了经营权。流转取得的土地经营权，应该称为租赁土地使用权。出租土地者（承包权人）与租入土地者的关系，是一般的土地租佃关系，是市场主体之间通过契约约定的关系，并不复杂。但如果对这种租赁来的土地的使用权，冠以“土地经营权”的名称，一是容易与习惯使用的承包经营权相混淆，二是隐藏了土地的租赁关系。

第四，流转来的土地经营权不宜颁发证书。租来的土地的经营权，是由当事双方所签土地流转合同约定的权利。每一个合同约定的期限、租金水平等都可能不同，合同也可能会因某种原因中止执行。给这样的经营权发证，一是证书无法统一格式，二是证书的效力也低于合同本身的效力，即当合同中止时，证书也就失效了。因此，颁发这样的证书没有多少实际意义。还不如改为土地流转合同的登记制度，对经营权的流转实行登记。

二、巩固和完善农村基本经营制度的建议

第一，土地集体所有、农户承包经营的农村基本经营制度，不能轻易动摇。中华人民共和国成立前的历史表明，土地私有制并不能自动解决农业发展问题，更不能解决农民富裕问题。改革开放以前的历史表明，土地集体所有、集体统一经营的农村基本经营制度，在实践中被农民抛弃了，不应该再留恋。而40年来农村基本经营制度改革的历史表明，现行农村土地集体所有、农户承包经营的制度，能够在坚持土地集体所有制不变的前提下，顺应经济的发展做出调整与改变，可平衡成员权逻辑与财产权逻辑的矛盾，可充分调动广大农民与经营者的积极性，应长久坚持。

第二，深化农村土地制度改革的目的，在于形成有竞争力的农业发展模式。生产关系必须以促进生产力的发展为目的。土地所有制保持不变，承包权相对稳定，经营权适当集中，是深化农地制度改革的目标，即笔者认为的

“地权分散而经营适当集中”的农业发展模式。要实现这一目标，一方面必须更好地保护成员所有权即承包权，充分发挥其对资源配置的作用，另一方面又必须防止成员权被过度保护，从而带来土地资源利用效率的下降。在坚持集体所有制不动摇的前提下，稳定而有保障的土地制度，不在于具体的承包期限的绝对长度，而在于制度的可预期性是否稳定。因此，无论30年的承包期限是否是最理想的期限，从制度上都不必去调整它，而是坚持它，这样可以给农民提供一个稳定的信号——农地承包期就是30年，30年到期后可按既有规则续期30年。如此一来，制度是完全可预期的，因而也是稳定的。十九大报告宣布二轮承包到期后再续30年，就充分体现了制度的稳定性。在承包者与经营者分离越来越多的情况下，土地的具体经营期限，可由市场主体之间自行达成。

第三，巩固和完善农村基本经营制度，应更多回应农民和农业发展的诉求。近年来，城市里要求尽快进行农村土地制度改革的呼声非常高，似乎农村土地制度已成为我国农业与农村发展的巨大障碍。然而在过去几年，笔者走访全国十几省，足迹遍布上百个村庄，在与各地农民的交流中发现，农民对现有农村基本经营制度较为满意，与城市改革的强烈诉求形成了鲜明的对比。在大量的实地调研、走访中，我们感到，现行制度无论是对农村劳动力的转移与流动，还是对土地的转让与流转，目前均不存在制度性障碍。虽然我们并不否认，农村基本经营制度依旧存在需要改革与完善的地方，但可以肯定的是，不需要进行所有制等根本性的制度变革，基本制度应维持稳定。城里人改革呼声高，是因为现有制度下资本下乡拿地、买房限制重重。应当明确，巩固与完善农村基本经营制度，要更多回应农民的诉求，考虑未来农业发展的需要，而不是主要去回应城市资本的诉求。

农地制度论[①]

引　言

我国现行农地制度的基本框架是“集体所有，按户承包”。在产权安排方面，实行“两权分离、公有私用”，土地所有权属于村组集体经济组织，承包经营权属于本集体经济组织的农户；在微观经营组织构建方面，以农户家庭为基本经营单位，培育家庭农场、专业合作社等新型经营主体。已经初步形成了适合中国国情、具有中国特色的农地制度。

回顾实行家庭承包经营以来的历程，经过一轮承包十五年的探索实践，目前，全国农村二轮承包三十年的期限也已经普遍过半，距二轮承包期满一般还有十二三年的时间。而一些实行承包经营较早的地方，距二轮承包期满已经不足十年了。比如，安徽省小岗村 1978 年 12 月率先实行承包经营，1993 年 12 月一轮承包期满，到 2023 年 12 月二轮承包将期满，只有 7 年的时间了。

① 此文完成于 2016 年 6 月。

同时应当看到，农地制度是最基本的农业经济制度，农经界对农地制度非常关注，关于农地制度的讨论甚至争论较多。尤其是，二轮承包期满后，农地制度将是什么样的安排？如何完善顶层设计？出台哪些具体政策？这是当前面临的一个重大课题。需要进行全面深入研究，科学审慎形成意见和方案；中央需适时公布三轮承包的意见和方案，最迟不能晚于2023年。

基于十几年来对农地制度持续的学习思考和调查论证，本文就此课题作研究探讨。

一、我国农地制度的基本经验

农地制度是农业农村经济发展的基础性制度。纵览我国几千年农耕史，以农户家庭为生产经营单位一直是最主要的农业组织形式。新中国成立时，中国共产党和人民政府响应亿万农民的期盼，实行土地改革，把农村的最重要的胜利果实——土地分给千家万户的农民，使广大农户获得了最基本的生产资料，也是农民最基本的社会保障。为完成生产资料的社会主义改造，随后又将农民的土地归入高级社，从而建立了农村土地集体所有制。而后历经人民公社时期，直至农村改革开放，实行家庭承包经营制度，农村土地集体所有制没有再更迭过。改革开放的最大成果，是在坚持农村土地集体所有制的基础上，使农业生产回归家庭经营，形成了具有中国特色的“集体所有，按户承包”农地制度。从而极大地释放了农业生产力，促进了农村经济的发展。

实行家庭承包经营后，中央确定一轮承包的期限为15年，二轮承包的期限为30年。笔者认为，为期15年的一轮承包，可以看作是我国家庭承包经营制度的试运行期；在一轮承包经验教训的基础上，二轮承包制度有所完善。总体看，经过30多年的探索与实践，主要得到了以下四个方面的经验。

（一）坚持农村土地集体所有

历史实践表明，农村土地集体所有制是适合我国国情的产权制度。20世纪50年代中后期，我国开展了农业合作化运动，完成了对生产资料私有制的社会主义改造，农村土地实行集体所有制。后经历人民公社时期，直到80年代推行家庭承包制，至今这一制度没有动摇过。

杜润生先生回忆说：“讨论时有些不同意见，对土地公有，有人主张土地国有，不搞集体所有，但多数不赞成。因为国有最终也要落实到谁管理。在前苏联，虽然说是国有，后来是集体农庄长期使用。实际上是集体所有代替国有。”杜老指出：“土地是自然物，是一国之土，国家总是要管理的，必须保留某种权限。”从杜老的论述可以看出，国有或者私有都不是农地所有权制度的合宜安排，而集体所有制则是适宜的。

我国宪法规定："中华人民共和国的社会主义经济制度的基础是生产资料的社会主义公有制，即全民所有制和劳动群众集体所有制"，"农村和城市郊区的土地，除由法律规定属于国家所有的以外，属于集体所有"。2013 年 12 月，习近平总书记在中央农村工作会议上强调：坚持农村土地农民集体所有。这是坚持农村基本经营制度的"魂"。农村土地属于农民集体所有，这是农村最大的制度。农村基本经营制度是农村土地集体所有制的实现形式，农村土地集体所有权是土地承包经营权的基础和本位。坚持农村基本经营制度，就要坚持农村土地集体所有。[①]

（二）坚持家庭经营基础地位

家庭经营这种组织形式并不是中国农民的创造，世界各国的农业，无论是历史上还是现阶段，无论是发达国家还是发展中国家，以家庭为基本经营单位都是其农业的普遍组织形式。这是由农业的特点和要求自然形成的。

20 世纪 70 年代末以小岗村为代表的由"集体经营"到"承包到户"的革新，确实是中国农民的伟大创造。家庭承包制源于自留地和包产到户两个方面的实践，探索出了不触动集体所有权、把经营权回归农户的"两权分离"农地制度，重塑了家庭经营的基础性地位。

---

① 《十八大以来重要文献选编》第 668 页。

家庭经营是农业的自然要求，是世界农业的普遍组织形式，家庭经营在农业中的基础性地位不可动摇。同时也要认识到，我国农业实行家庭承包经营后，尽管一家一户的经营规模小，与其他国家的产权制度也不同，但这种组织形式的本质是家庭农场。发展适度规模经营，培育新型农业经营主体，构建新型农业经营体系，需以普通农户这种组织形式为基础，而不可忽视或排斥普通农户。在相当长时期内，普通农户都是农业经营体系的重要组成部分。

（三）应有较长的土地承包期

土地承包期应长期化，让农民对生产经营有稳定感。杜润生先生曾说：从农业固定资产的投资效益来说，承包期限长一点，可在 10 年以上，鼓励农民作长期打算，以利于改良耕地，增加投入，提高生产，避免掠夺式经营。1984 年的 1 号文件，正式提出土地承包期延长到 15 年以上，满足了群众长期稳定的要求。1993 年 10 月，杜润生在一次讲话中指出：必须使土地承包权长期化，短期副作用大。今后使用权长期化，30 年 50 年都可以。1993 年 11 月，中发〔1993〕11 号文件明确：为了稳定土地承包关系，鼓励农民增加投入，提高土地的生产率，在原定的耕地承包期到期之后，再延长三十年不变。

从一轮承包和二轮承包的实践看，以 30 年为承包期限是适宜的，符合农业生产的特点，符合农民群众的需求，具有较大的可行性。

（四）保持土地承包关系稳定

稳定土地承包关系的政策，与承包期长期化政策相辅相成。

一轮承包期内允许“大稳定、小调整”。1993 年，杜润生先生指出：土地使用权可以长期化，生不增、死不减，添了人口不给加土地，老人死了不给减土地，产权要固定一个时期，用国家法律形式予以公布。中发〔1993〕11 号文件提出，为避免承包耕地的频繁变动，防止耕地经营规模不断被细分，提倡在承包期内实行“增人不增地、减人不减地”的办法。

二轮承包以来，特别是《农村土地承包法》颁布实施后，对稳定土地承包关系作出了更为严格的要求。《农村土地承包法》第四条规定：“国家依法保护农村土地承包关系的长期稳定。”第二十七条规定：“承包期内，发包方不得调整承包地。”立法意图是，通过严格控制土地调整，保护土地承包关系长期稳定。

二、现行农地制度的主要缺陷

（一）“起点”延包政策不科学

无论一轮承包还是二轮承包，其“起点”政策毫无疑问都是至关重要的，因为“起点”政策是决定新一轮土地承包状况的制度基础。

在一轮承包的“起点”，实行土地重分、承包到户，重塑家庭经营的基础性地位。但是，由于工作进行得比较匆忙，没能及时引导土地分配时避免承包地细碎化问题，结果是土地按等级均分到户，户均承包地六七块甚至更多，非常零碎，不便于生产。后来才认识到这个问题。

经过一轮承包 15 年的运行，土地承包经营制度所表现出的优点、缺陷都已经比较充分。优点不必赘述。缺陷方面主要有两个问题：一是一轮承包“起点”形成的土地细碎化问题。这个问题在一轮承包期内基本没有解决，承包地块细碎化非常普遍、比较严重。二是“人—地”不平衡形成的矛盾问题。由于实行“减人不减地，增人不增地”政策，多年不调整土地，造成了“人—地”关系不对应问题越来越普遍，新增人口没有承包地问题越来越严重。

有了一轮承包“起点”和 15 年承包“期间”的经验教训，二轮承包“起点”本应避免类似的问题，制定实施更为科学合理的政策。但是，遗憾的是，二轮承包“起点”政策仍考虑不够周全。中发〔1993〕11 号文件明确，“为了稳定土地承包关系，鼓励农民增加投入，提高土地的生产率，在原定的耕地承包期到期之后，再延长三十年不变。”也就是说，二轮承包“起点”采取了延包政策。

《国务院批转农业部关于稳定和完善土地承包关系意见的通知》（国发〔1995〕7号）提出，“积极、稳妥地做好延长土地承包期工作。……要根据不同情况，区别对待，切忌‘一刀切’。原土地承包办法基本合理，群众基本满意的，尽量保持原承包办法不变，直接延长承包期；因人口增减、耕地被占用等原因造成承包土地严重不均、群众意见较大的，应经民主议定，作适当调整后再延长承包期。”这是符合农村实际、具有重要指导意义的文件。但是，《中共中央办公厅、国务院办公厅关于进一步稳定和完善农村土地承包关系的通知》（中办发〔1997〕16号）又严格要求，“土地承包期再延长30年，是在第一轮土地承包的基础上进行的。开展延长土地承包期工作，要使绝大多数农户原有的承包土地继续保持稳定。不能将原来的承包地打乱重新发包……承包土地‘大稳定、小调整’的前提是稳定。”可以看出，中办发〔1997〕16号文件精神与国发〔1995〕7号文件精神不尽一致，相比较而言，国发〔1995〕7号文件的规定更符合农村实际情况。

（二）解决土地细碎化问题不力

1982年中央1号文件提出，“社员承包的土地应尽可能连片，并保持稳定。”由此可见，对土地承包工作有可能造成的地块细碎化问题，是有所认识的，是提出了初步意见的。但是，全国农村土地承包工作进展比较快，没能及时引导各地避免承包地细碎化问题。本来，应该总结推广一些地方按粮食产量分配土地的办法，不应普遍实行按土地等级分别承包到户。

20 世纪 80 年代初，推行家庭承包制是中国农村一次重大的制度变革，在一轮承包“起点”，工作比较匆忙、政策考虑不周，这有其客观性，对此不应求全责备。但是，在一轮承包“期内”，在二轮承包“起点”，在二轮承包“期内”，都没有给予足够重视，出台能够比较彻底解决细碎化问题的政策，这方面就需要反省和反思了。

悉数 2002 年颁布的《农村土地承包法》条款，没有任何关于解决承包地细碎化问题的政策规定，可见对此问题不重视。直到土地承包法实施十年后，2013 年中央 1 号文件提出，“结合农田基本建设，鼓励农民采取互利互换方式，解决承包地块细碎化问题。”中办发〔2014〕61 号文件提出，“鼓励农民在自愿前提下采取互换并地方式解决承包地细碎化问题。”2016 年中央 1 号文件提出，“鼓励和引导农户自愿互换承包地块实现连片耕种。”

（三）忽略和漠视“公平”问题

任何一个国家的农地制度，“效率”与“公平”都是两个重要方面。但是，梳理分析我国现行农地制度，基本可以得出这样的结论，即重视“效率”，却忽视“公平”。

之所以如此，大概是认为在家庭承包经营制度中，“效率”与“公平”是一对难以完全协调的矛盾，“公平”在一定程度上有损“效率”。“公平”一般需要通过土地调整来实现，而土地调整不利于稳定承包关系，不利于稳定农业生产，从而损失“效率”。但是，由此造成的现实中的“不公平”，则越来越多，越来越普遍。农村有越来越多的无地农民，这部分农民丧失了作为集体成员本应享有的土地权益。随着30年承包期的实施，这个群体对多年没有承包地的意见越来越大，对等到二轮承包期满越来越没有耐心。然而，这个问题仍没有引起有关部门的足够重视，仍然认为为了实现“效率”不得不忽略“公平”，这是对无地农民土地权益的漠视。

关于无地农民如何实现土地权益，还有两种经不起推敲的偏颇论调。一是主张无地农民进行土地流转，通过转入土地从而获得土地经营权。通过土地流转能获得作为集体经济组织成员应享有的土地承包权益吗？土地流转获得的土地，与通过“发包—承包”方式获得的土地有本质性区别。前者是市场化行为，获得的土地是以付出成本（流转费）为代价的；而后者是作为集体经济组织成员可以无成本（税费改革后）获得的土地，是免费的“午餐”。两者岂可相提并论？怎可告知无地农民可以通过“租地”的方式获得“承包地”？这是显而易见的逻辑不通，也可以说是敷衍塞责。二是主张无地农民到农外就业，从而获得收入和社会保障。作为农村集体经济组织成员，本应获得一份承包地，这份承包地本是农民最基本的社会保障；至于是否到农外就业，那是由农民自行决策的行为，与集体经济组织成员权益并不相干。这种主张同样也是逻辑不通，敷衍塞责。

（四）保护妇女承包地权益不力

现实中，对于婚嫁女，娘家村往往收回出嫁女的承包地，而婆家村往往不能分给嫁入女一份新的承包地。2001年5月，中共中央办公厅、国务院办公厅印发《关于切实维护农村妇女土地承包权益的通知》（中办厅字〔2001〕9号），要求解决好出嫁妇女的土地承包问题，“对于在开展延包工作之前嫁入的妇女，当地在开展延包时应分给嫁入妇女承包地。”但是这个文件发布时，各地农村二轮延包工作多数已经完成，这个文件的精神已难以落实。2002年《农村土地承包法》第三十条规定，“承包期内，妇女结婚，在新居住地未取得承包地的，发包方不得收回其原承包地”。但是，按照农村的习俗，妇女出嫁后，一般不再认为她是娘家村的集体经济组织成员，因此往往会取消其原来作为集体经济组织成员所享有的权益，包括承包地权益。而按照“增人不增地、减人不减地”的政策精神，婚嫁女在婆家村也往往没有可能取得新的承包地。这样，造成婚嫁女丧失承包土地权益。

全国妇联副主席陈秀榕指出，据调查，2010 年农村妇女没有土地的占 21%，比 2000 年增加了 11.8 个百分点；无地妇女中，因婚姻变动而失去土地的占 27.7%。笔者在山西省太谷县调研时，曹庄村一位农民说，她 1985 年结婚，娘家就在邻村北付井村，两个村子只有一里路，1998 年娘家村二包时进行了大调整、去了她的地，而婆家村没有调地、直接延包，这样她就没了承包地，没地都快 20 年了。

即便娘家村没有收回出嫁女的承包地，由于人地分离，出嫁女的土地只能给父兄耕种，一般也难以主张其土地权益。

三、二轮承包余期的政策建议

距离二轮承包期满还有十年左右的时间，当前正是完善二轮承包余期政策一个重要时机。根据前述，现行农地制度四个方面的主要缺陷，可以进一步归结为“两大问题”：一是承包土地细碎，生产经营很不便利，既不利于降低农业生产成本，又不利于发展适度规模的现代农业；二是人地关系不清，无地人口越来越多，既不利于维护农民的土地权益，也不利于促进农村和谐稳定。形成第一个问题的原因，主要是缺乏引导和扶持政策，工作推动力度不足；形成第二个问题的原因，主要是认为“公平”有损

“效率”，禁止进行必要的土地调整。对于第一个问题及成因，已形成普遍共识，再进行深入讨论的必要性不大；而对于第二个问题及成因，仍然存在较多争论和较大分歧，这里有必要着力进行研讨。

（一）“公平”损害“效率”吗?

“稳定土地承包关系”一直是农村土地承包政策的核心。一轮承包期内，关于土地承包关系的政策是“大稳定、小调整”。1991 年《中共中央关于进一步加强农业和农村工作的决定》要求，“已经形成的土地承包关系，一般不要变动”。中发〔1993〕11 号文件指出，“为避免承包耕地的频繁变动，防止经营耕地规模不断被细分，提倡在承包期内实行‘增人不增地、减人不减地’的办法”。1998 年十五届三中全会《决定》要求，“稳定完善双层经营体制，关键是稳定完善土地承包关系”，“稳定土地承包关系，才能引导农民珍惜土地，增加投入，培肥地力，逐步提高产出率；才能解除农民的后顾之忧，保持农村稳定。这是党的农村政策的基石，决不能动摇。要坚定不移地贯彻土地承包期再延长三十年的政策，同时要抓紧制定确保农村土地承包关系长期稳定的法律法规，赋予农民长期而有保障的土地使用权。”正是按照《决定》精神，有关部门着手起草制定农村土地承包法。2002 年通过的《农村土地承包法》第四条规定：“国家依法保护农村土地承包关系的长期稳定。”第二十条规定：“耕地的承包期为三十年。”第二十七条规定：“承包期内，发包方不得调整承包地。”立法意图是，通过设定较长的承包期和严格控制土地调整这两方面的政策，保护土地承包关系长期稳定。2008 年中央 1 号文件要求，“各地要切实稳定农村土地承包关系”，“严格执行土地承包期内不得调整、收回农户承包地的法律规定”。2008 年十七届三中全会《决定》要求，“赋予农民更加充分而有保障的土地承包经营权，现有土地承包关系要保持稳定并长久不变”。此后，历年的中央 1 号文件一再强调土地承包关系要保持稳定并长久不变。

由于一贯坚持“稳定土地承包关系”政策，严格禁止土地调整，在促进了农业经济发展的同时，也形成了一些突出问题。一是承包地细碎化问题一直没有能够得到有效解决，目前仍户均五六块地，耕作不便，生产成本高；二是“人—地”不平衡问题逐步积累，农村无地人口越来越多，作为集体经济组织成员没有得到应有的土地利益，不利于农村和谐稳定。

再反观“稳定土地承包关系”政策，感觉出台并实行这一政策的缘由值得重新审视。上述文件中所述缘由主要有三个方面：一是为了鼓励农民增加投入，提高土地的生产率；二是为了防止经营耕地规模不断被细分，进一步加剧细碎化问题；三是为了解除农民的后顾之忧，保持农村稳定。笔者研究认为，原来出台“稳定土地承包关系”政策时所陈述的这三方面缘由已基本不能成立。关于第一条缘由，我国农业经济发展到当前阶段，中央强农惠农富农政策体系已经建立，对于农村土地的投入（水、电、路等基础设施），已转为以国家和集体为主承担，农民对土地的投入主要是浇水和施肥，而土地调整对于浇水和施肥基本无影响；关于第二条缘由，土地小调整会在一定程度上加剧承包地细碎化，但是，土地大调整恰恰能够比较彻底地解决细碎化问题，这在河南商丘、广东清远、广西崇左、湖北荆门等地都有生动实践；关于第三条缘由，农业农村的实际情况表明，稳定土地承包关系反而引起了农民的后顾之忧，农民顾虑将来家里娶了媳妇、添了孩子，却没有承包地。另外，值得注意的是，上述三方面缘由，基本都是在 2002 年颁布《农村土地承包法》之前有所论述的；自 2002 年以来，尽管仍坚持强调“稳定土地承包关系”政策，但几乎没有再论述过实行这一政策的理由。

这里举例作出具体分析。以山东省德州市齐河县柳杭店村为例。该村有 1 100 亩耕地，1992 年以前户均三四块承包地。自 1992 年以来，该村一直坚持两年左右一次小调整，十年一次大调整。1992 年大调整时变为户均两三块；2002 年大调整时基本实现了一户一大块地，办法是好地按实际面积分，稍差的地把面积打折分，一亩多算作一亩；2012 年大调整时，进一步实现了一户一大块地。

该村进行土地调整的目的，一是为了实现“公平”，减人减地、增人增地；二是为了解决承包地细碎化问题，从而完善土地承包关系。笔者近年曾两次到该村的田间地头进行随机访谈。以一户农民家的承包地情况作具体说明。这个农户家有 10.8 亩地，是一整块地，地块长约 260 米、宽约 28 米。经与他家攀谈，我很快就明白了：这是 6 口人的地，相当于每口人有 4.7 米宽的一个地块；如果家里少了一口人，村里就会给去掉 4.7 米宽的地。村里各家各户基本都是这样的情况。据了解，德州市农村普遍存在土地调整现象，因为当地人均近两亩地，每亩土地的流转费达九百元左右，如果不达到“公平”，无地人口每年将损失约 1 700 元的经济利益，因此，在当地农村“公平”是农民非常重视的一个问题。可以说，德州市的土地承包关系是不稳定的，但是却实现了“公平”，那么，实现“公平”的同时是否损失了“效率”呢？答案是明确的：没有。目前，浇水和施肥是当地农民进行农业生产的主要投入。仍以柳杭店村为例。该村灌溉主要使用黄河水，方式是“水渠＋拖拉机＋水泵＋水带”；施肥主要是用化肥，个别农户用一些农家肥、有机肥。农民说，“调地不影响对土地的投入，该浇水还得浇水，该施肥还得施肥，不投入当年就影响产量。”全村小麦亩产达 1 200 斤*，玉米亩

* 斤为非法定计量单位，1 斤＝500 克。——编者注

产达1 500斤。齐河县是全国有名的产粮大县，全县已有30万亩“吨半粮田”。

农村的实际情况表明，“效率”与“公平”并不矛盾，而且可以兼得；目前，“稳定土地承包关系”与“保障国家粮食安全”的关联性已经较小。笔者在多地调研访谈的结果都是这样。比如，内蒙古土默特右旗上茅庵村农民说，“二轮承包时我们村是小调。实际还是大调好，但当时不让大调。”我问他，“你觉得调地会影响粮食产量吗?”他说，“怎么会影响粮食产量？动不动地都是这么个种法，影响不了粮食产量。”我追问他，“动地会影响施肥、打井吗?”他说，“不会啊。该施肥还得施肥，该打井还得打井。”他家有5块承包地，其中4块地用黄河水，1块用机井水。机井是大队打的。他说，“承包到户前就打了井了。大概是1976年打的。现在还能用。”

因此，需要反思的是，实行家庭承包以来的农地政策，在逐步强调“稳定”的同时，政策思路本身是否也逐步“固化”了呢？这样的政策还符合农村的实际吗？或许，当前已经到了亟须思想再次解放的时候了。

（二）关于修订土地承包法的有关建议

农地制度及其具体政策，集中体现在《农村土地承包法》和中央有关文件中。结合上述研讨，就修订《农村土地承包法》提出以下两条建议。

一是，将第二十七条修改为：

（删除“承包期内，发包方不得调整承包地。”）

承包期内，因自然灾害严重毁损承包地、承包土地被依法征用占用、人口增减导致人地矛盾突出、承包地块过于细碎等特殊情形，经本集体经济组织成员的村民会议三分之二以上成员或者三分之二以上村民代表的同意，并报乡（镇）人民政府和县级人民政府农业等行政主管部门批准，可以对承包土地进行必要的调整。承包合同中约定不得调整的，按照其约定。

二是，将第三十条修改为：

承包期内，妇女结婚，新居住地所在集体经济组织应在三年以内为其分配承包地，在新居住地未取得承包地的，其原居住地的发包方不得收回其原承包地；妇女离婚或者丧偶，仍在原居住地生活或者不在原居住地生活但在新居住地未取得承包地的，发包方不得收回其原承包地。

四、三轮承包制度的顶层设计

我国农村土地实行家庭承包经营制度已经30多年，已经积累了丰富的实践经验。我们应当有这样一个基本认识，即：一轮承包是试运行期，为二轮承包探索了经验；二轮承包是正式运行期，进一步总结经验，对存在的问题研究提出解决对策；三轮承包是第二个正式运行期，在一轮承包和二轮承包经验教训的基础上，力求进一步完善农地制度，充分发挥其制度效能。这是纵览我国农村土地承包经营制度后，应当明晰的一个总体轮廓。按照这样的思路，经过分析研究，笔者认为，三轮承包制度的顶层设计主要应从三个方面着力。

（一）建立农地制度研究模型并作出基本判断

农地制度是一个复杂而又系统的政策体系。总体看，三轮承包的政策体系可以看作两个部分：一是，在三轮承包“起点”将涉及一系列政策。如，要不要搞“起点公平”（土地调整）？要不要收回已实现城市化的农户的承包地？等等。二是，在三轮承包“期内”也将涉及一系列政策。如，承包期多长更为科学合理？承包期内是否允许有一次或几次“期内公平”（土地调整）？要不要适时收回已实现城市化的农户的承包地？等等。同时，还应看到，这两部分政策，即“起点政策”与“期内政策”，需要相互照应，使两部分政策形成一个有机整体，而不能各行其是、不成体系。

按照上述总体分析，有必要建立一个“三轮承包”农地制度研究模型（图 1），以做到一览无余、总体把握，系统设计、科学合理。

反观现行农地制度，其核心政策是，强调稳定土地承

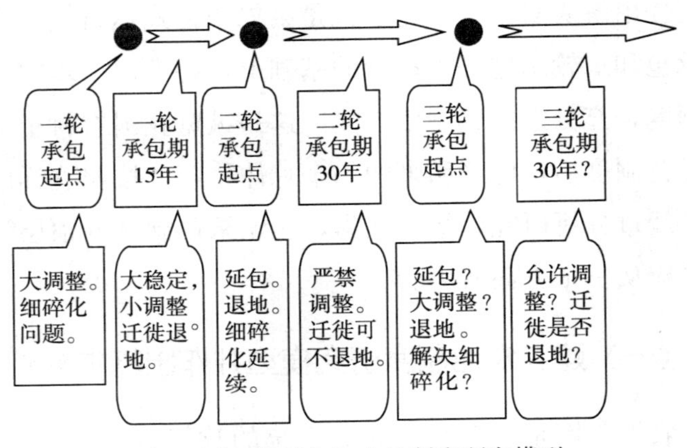

图1　“三轮承包”农地制度研究模型

包关系，严禁进行土地调整。具体来说，“起点”实行延包政策，不支持“起点公平”（土地调整）；“期内”实行严禁土地调整的政策，以保持土地承包关系长期稳定。如果农村集体经济组织一直严格执行这两方面的政策，即：一轮承包期内（15年）从不进行土地调整；二轮承包起点也不进行土地调整，二轮承包期内（30年）也不进行土地调整；三轮承包起点也不进行土地调整，三轮承包期内（30年或更长）也不进行土地调整……也就是说，实行家庭承包制以后从不进行土地调整。显而易见，执行这样政策的结果是，与实行土地私有化几乎没有什么两样。私有化农地制度的基本特点就是，在起点实行私有化，以后永远不再进行土地重新分配。对于私有化农地制度，也可作一个简要的研究模型（图2）。

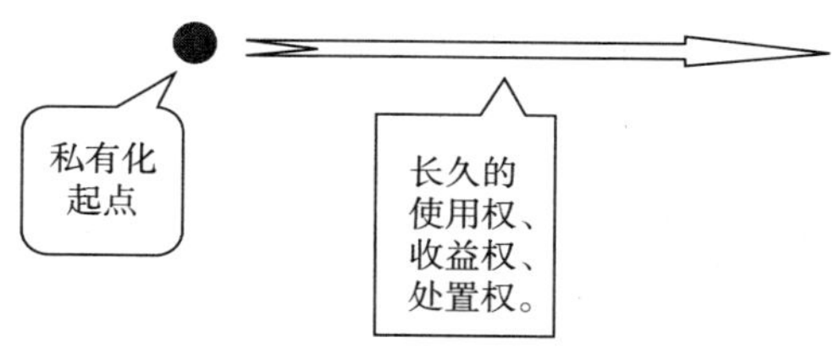

图 2 “私有化”农地制度研究模型

总体看，现行农地制度最为突出的缺陷是，把“稳定土地承包关系、严格禁止土地调整”作为核心政策，拟长久稳定土地承包关系，甚至长久固化土地承包关系。而从本文前述研究可知，长时期严格禁止土地调整会带来两大问题，一是土地细碎化问题难以解决，二是“人—地”不平衡问题逐步加剧。可以说，“是否允许进行适当的土地调整”，是整个农地制度中非常敏感、非常关键的一项政策。这项政策好比农地制度的“穴位”。目前，这个“穴位”处于被“点死”的状态，使农地制度缺乏活力。可以预见，只有“点开”这个“穴位”，农地制度才能“复活”，才能释放生命力。

（二）三轮承包起点的主要政策

1. 允许实行起点公平

“起点”是一个重要时点，起点政策至关重要。根据二轮承包起点的经验教训，应允许实行起点公平，使新的一轮承包期有一个公平的起点。这是广大农民群众的普遍愿望，也是政策理论界能够普遍认可的一个重要原则。

允许起点公平，就是把起点是否调整土地的决策权交给村组集体经济组织，由村组集体根据各自实际情况作出决策。农民群众普遍有调整土地需求的，应当进行土地调整后再发包；农民群众普遍不愿意重新调整土地的，应当尊重群众意愿，稳妥开展延包工作。进行土地调整的，应注意解决地块细碎化问题，使各户所承包土地尽量连片。

2. 积极解决退地问题

城市化过程中，已完成市民化的农户，退出其原有承包地是应当的。只有逐步减少农民，才能慢慢扩大农村农户的承包地规模。

承包起点是清理、明晰集体经济组织成员名册的重要时机。此时，让已实现市民化的农户退出承包地，优化农村土地承包关系，是农民群众普遍认可的做法。

（三）三轮承包期内的主要政策

1. 建立科学合理的土地承包经营期限制度

承包期限是指农村土地承包经营权存续的期间。从农业生产要素角度分析，承包期限即土地（生产资料）与农户（劳动力）共同参与农业生产活动的期限。期限太短，不利于土地承包经营权的稳定和农业的发展；期限太长，则不利于对土地利用方式的适当调整以及有关利益的协调。从理论与实践两个方面看，承包期政策是农地制度的重要内容。那么，承包经营期限的长短如何确定？多长的承包期更为科学合理？这是农地制度中需要研究透彻的一个方面。

影响承包期限设置的因素主要有两个方面。一是承包期应有利于稳定农户的生产经营。农业生产有周期性，同时，需要生产者进行必要的投入。承包期应有利于实现上述生产过程。二是承包期应有利于使城市化农民退出承包经营权。我国有13亿多人口，其中约9亿农民、2.3亿户承包农户。在城市化过程中，农民实现市民化后，在城市就业、享受城市社会保障，其在农村的土地承包经营权应当退出。因此，《农村土地承包法》第二十六条规定："承包方全家迁入设区的市，转为非农业户口的，应当将承包的耕地和草地交回发包方。承包方不交回的，发包方可以收回承包的耕地和草地。"实践中，以一些国家的城市贫民窟为鉴，为给进城农民留一条退路、促进社会稳定，中央又明确要求城市化不得与土地承包经营权退出挂钩。国务院《关于进一步推进户籍制度改革的意见》（国发〔2014〕25号）明确要求："现阶段，不得以退出土地承包经营权、宅基地使用权、集体收益分配权作为农民进城落户的条件。"

从二轮承包运行情况看，30年是比较合宜的承包期限。一方面，有利于稳定承包关系、稳定经营预期，有利于增加承包经营者与土地的感情；另一方面，有利于期满时让已完成市民化、享受城市社会保障的那部分农民退出原有承包耕地，从而使农村务农农户在一定程度上扩大承包土地面积，有利于适度规模经营的发展。中国有句老话，“三十年河东，三十年河西”，意思是说，三十年是一个较长的时期，经过三十年以后，情况会有很大变化。因此，30 年承包期是比较科学合理的，可以考虑把“30 年承包期”作为一项科学合理的制度稳定下来，轮续坚持。

当然，如果满足以下两个条件，即承包期内允许进行土地调整（比如允许每 10 年进行一次），并且在承包期内建立已完成市民化的农户退出承包地的制度，可以考虑将承包期设定为 50 年，甚至 70 年、90 年。笔者认为，对于城市化过程中的农民来说，其承包地好比“脐带”。“脐带”是有特定功能的。人类的“脐带”，其存在并发挥作用的时间段为 10 个月左右。承包地作为进城农民最基本的社会保障，这个“脐带”存留一定时间是必要的，比如十年左右；但如果时间过长，显然既不必要、也不合理。

2. 按照实事求是的原则确定土地调整政策

农经界一般认为，土地调整会带来诸多弊端，如不利于稳定生产经营预期，不利于生产经营者增加对土地的投入。但是，笔者多年来研究和调查发现，土地调整不仅没有那些弊端，而且有诸多利好。

前文已述，“公平”（土地调整）并不损害“效率”。实践表明，土地调整至少有两大好处。一是解决承包地细碎化问题。承包地细碎化是困扰农业生产的老问题，各地村组集体普遍有解决细碎化问题的愿望。因此，村组有土地调整的机会时，会认真考虑这一问题，进行统筹安排，尽量使农户新承包的地块连片。二是解决“人—地”矛盾问题。土地调整是解决“人—地”矛盾的必要途径，以均衡集体经济组织成员之间的土地利益。无论逻辑推理还是实践验证，都可以得出这样的结论：当矛盾积累到一定程度的时候，小调整可以解决小问题，大调整可以解决大问题。

对于土地调整问题，到底调好还是不调好？最终调还是不调？如何才能趋利避害？农民群众自己最清楚。因此，应按照实事求是的原则，把决策权交给农民集体，由群众民主议定。

杜老的农地制度思想[①]

——关于杜润生先生对农地制度系列重要论述的研究

杜润生先生是农村土地承包制度的重要推行者，对于构建“集体所有，承包经营”的农地制度作出了历史性贡献。杜老对于农地制度的一系列重要论述，集中体现在《杜润生自述：中国农村体制变革重大决策纪实》（下简称《自述》）、《杜润生文集（1980—2008）》（下简称《文集》）等文献著述中，涉及家庭经营、农地产权、承包期、承包关系、细碎化问题等诸多方面，内容广博，阐述精辟，既针对当时的具体问题，又展望长远的制度设计，对于我国家庭承包经营制度的建立健全和贯彻实施产生了深远影响。杜老的这一系列重要论述，体现了他睿智深邃的农地制度思想。全面深入领悟杜老的农地制度思想，有助于深刻理解和准确把握农地制度中各项政策的内涵。

---

① 此文完成于 2016 年 4 月。原载于“三农中国”网。

一、杜老的农业家庭经营思想

杜老关于家庭经营的论述，可以概括为四个方面：首先，家庭经营是符合农业生产特点和要求的经营组织形式；其次，家庭经营是世界农业的普遍形式，我国也不能例外；第三，农民对家庭承包经营制度的创造，源于人民公社时期自留地制度和农民自发包产到户两方面的启发；第四，我国农业实行家庭承包经营后，尽管一家一户的经营规模小，与其他国家的产权制度也不同，但这种组织形式是家庭农场。对于前两个方面，已广为所知和接受；对于第三个方面，多数人知晓“家庭承包”制度源于五六十年代农民的自发探索，“包产到户”有过几起几落，但不知道或没有深刻理解“自留地”制度对而后“家庭承包”制度形成的启发作用；对于第四个方面，给予关注和深刻理解的人比较少，在多数人的潜意识里，并没有把小农户的家庭经营农业视为家庭农场。

（一）家庭经营是农业的自然要求

杜老从五个方面作了精要论述：第一，它适应农业生产的特性。农业的生物学性质，使它受气候的制约，务农首先要不误农时；农作物生长在土地上，土地不可移动，需要人迁就土地，土地不会迁就人。以上两条特性，要求农民自觉自愿不误农时进行精耕细作。因此农民与土地关系如何，可以决定生产的好坏。第二，家庭经营规模可大可小。历史上我国家庭经营大多是小农经济。经过两个世纪的变化过程，发现小农经济会消灭，而家庭经营会保留。家庭农业可变成大农经济。这是由于随着社会分工细化，出现一次、二次、三次产业的分工，专业化服务业的不断发展，以及工业化城市化比重的不断扩大，随之而来的是人口迁移，农村人口减少，土地相对集中；再加上可移动机器——拖拉机等的供给，与雇工相比，成本较低，可以机械代替劳力。这些变化，均有利于家庭农场不需雇工就能扩大耕地经营规模。第三，家庭经营拥有自主权。农民作为市场经济主体，能自主决策，平等交换，自由来往，经风险，见世面，努力学习经营，学习技术，从而激发自身上进心和竞争性，为创造生产收益最大化而奋斗。第四，在市场经济条件下，可依靠土地市场激活土地流动性，实现土地资源配置合理化。第五，家庭经营有利于农业的可持续发展。（《文集》895 页）

（二）家庭经营是世界农业的普遍形式

杜老介绍说：1979 年以后，我到过南斯拉夫、北欧各国、法国、美国、英国、西德、日本，看到家庭农场还大量存在。农村虽有雇工经营的农户，两极分化并不严重。在欧美各国发现，老的资本主义国家中农村家庭经营占的比重均在80%～90%以上，经营规模很大。一个农场，土地少的是几公顷，多的是几十、几百公顷，不雇工，只在农忙时雇点学生打工，一切现代技术都能应用。家庭经营与农业现代化不是对立物，彼此可以相容。（《自述》113页）美国家庭经营不仅经营自己的土地，也租赁他人的土地。在现代化国家的农场中，美国有95%、德国有86%、日本几乎100%都是家庭经营。（《自述》203页）

（三）家庭承包制源于自留地和包产到户的实践

杜老说：承包制是参照自留地而来的，集体化时期的自留地是集体土地家庭经营，自留地产量比集体的高出几倍。我在调查时，听到农民说，你们按照自留地的办法就可以解决大问题。（《自述》第203页）杜老指出：农村改革的历史也就是家庭农业发展的历史。人民公社《六十条》给农民留了一个自由空间，即自留地制度，这是土地公有，家庭经营的模式。一家人在一小块土地上有了一点自主权，就能创造出生产奇迹。有的干部群众从中受到启发，联想到在中国曾流传过的“承包经营”，人们想到，假如把公有土地承包给家庭经营，国家和社员一定是双方得益。因此，有了包工、包产直到包干的办法。包产到户终于在80年代得到中央的认可，这使我们重新发现了家庭农业的意义和作用。（《文集》895页）

(四)小农户家庭农业是家庭农场

1981年10月，杜润生在一次国务院会议上，以“重新认识家庭农场”为主题作了发言。(《自述》132页)后来他还指出：土地生产要受自然气候的支配，需要因地制宜，进行现场决策，必须找到现场决策人。在这个意义上，家庭农场是现成的，也是传统的机制。现在，全世界都证明最适于农业的形式是家庭农场。(《自述》161页)1998年10月，杜老指出：我们也提倡规模经营，也认为家庭经营规模太小，有限制性，但到头来还是靠超小型的家庭农场。(《文集》886页)1999年10月，杜老强调：要长期保留家庭农场，发展家庭经济，因为它有较强的生命力。(《文集》966页)2002年1月，杜老在一次农经论坛上讲话指出：家庭承包制度30年不变的政策必须稳定下来，家庭农场废除不了，全世界都是如此。(《自述》276页)同月在一次国际研讨会上，杜老以“家庭农场与规模经济”为题作了讲话。(《文集》1247页)2002年5月，杜老又指出：改革前22年和改革后23年，两个阶段农村经济发展状况的比较证明：家庭农场这个制度是有生命力的。它可能容纳生产力的进一步发展，应当稳定下来。(《自述》282页)从杜老的著述中大致可以看出，杜老一向认为，我国家庭经营农业就是家庭农场，不论是旧社会的家庭农业，还是新时期实行承包经营的小农户家庭农业。

二、杜老的农村土地产权制度思想

杜老关于农地产权的论述，主要有三个方面：首先，集体所有制是适合我国国情的土地所有权制度；其次，家庭承包制的特征是“公有私营、两权分离”；第三，土地承包经营制度应坚持“三权原则”。

（一）集体所有制是适合我国国情的制度

杜老回忆说：讨论时有些不同意见，对土地公有，有人主张土地国有，不搞集体所有，但多数不赞成。因为国有最终也要落实到谁管理。在前苏联，虽然说是国有，后来是集体农庄长期使用。实际上是集体所有代替国有，但集体所有，未明确这个“集体”到底指谁。（《自述》156页）杜老指出：土地是自然物，是一国之土，国家总是要管理的，必须保留某种权限。集体所有权，正在演变成公民自治社会的所有权。（《自述》203页）杜老强调：我国农村改革的主流既非重分原有集体财产，也非重建农村的私有制，而只是改变其所有权的存在形式，完成了耕地的所有权与经营权（占有、使用和收益的权利）的分离。（《文集》316页）

(二)家庭承包制是公有私营、两权分离

杜老指出:农村改革把集体统一经营转换成了家庭承包责任制,形成一种公有私营的土地制度。所有权和使用权的两权分离,过去在中国社会也曾经存在过,但不是很普遍,比如,村庄的祠堂地、村社土地一类。至于地主土地,农民租用,是私有制下的两权分离。与公有私营是有区别的。(《自述》153 页)土地政策既要坚持所有权,又要强化经营权;既保持承包的稳定性,鼓励农民行为长期化,又鼓励有偿转移,为规模经营留下余地。农民的土地使用权,代表一定的收益权,也可以说拥有部分地租收益权,在这基础上建立有偿转让制度,体现价值法则。(《文集》401 页)

(三)土地承包经营制度应坚持"三权原则"

杜老指出:对农业用地,中央提出:明确所有权,稳定承包权,搞活使用权三条指导性原则。这是照顾历史传统和现实改革成果,又体现由市场配置资源、改善土地资源利用方式的要求而设计的。其中土地公有,使用权长期化是前提。(《文集》686 页)中央规定土地承包合同 30 年不变,"明确所有权,稳定承包权,搞活使用权"。这是个很好的体制,还应继续实行下去,使之长期化、法制化。(《文集》905 页)我们的土地制度原则应该是:确立

土地所有权，稳定土地承包权，搞活土地使用权。我认为，最要紧的一项改革是发育土地使用权市场。（《文集》627 页）土地制度要明确集体所有权，稳定家庭承包权，搞活土地使用权。农民有了使用权，不能没有法定的收益权和处置权。（《文集》640 页）杜老强调：总之是要继续贯彻执行：明确集体所有权，稳定家庭承包权，搞活土地使用权这三项原则。这是继家庭承包制以后，又一项新的制度安排，这样的制度安排要旨是土地能流动，使用权进入市场，优化要素组合，促进结构变化，为农业现代化提供新的推动力。（《文集》661 页）

三、杜老的土地承包期长期化思想

杜老关于土地承包期制度的论述，可以概括为两个方面：一是，土地承包期应长期化；二是，曾经主张实行永佃制，甚至提及私有制。

（一）土地承包期应长期化

杜老说：应当把家庭承包制稳定下来，让农民有稳定感，使承包关系长期化、固定化。从农业固定资产的投资效益来说，三年五年短了一些。承包期限长一点，可在 10 年以上，鼓励农民作长期打算，以利于改良耕地，增加投入，提高生产，避免掠夺式经营。（《文集》144 页）

关于土地承包年限，综合群众要求是："太短不干，太长不信"，短了怕收不回投资；"一年上化肥，两年上厩肥，三年上磷肥，十年八年改水地"。考虑到各地的不同条件，文件规定承包期为 15 年。（《文集》155 页）现在农民对盖房子，对口粮田不惜投资，原因很清楚，就是对私房和自留地的长期占有，已成为众所周知的不成文法。这一点，很值得重视。它给我们的启示是，农民使用权长期化，更是当前应确定的核心问题。为了克服农民的短期行为和干部滥用权力问题，就必须把使用权的期限明确下来。1984 年的 1 号文件，正式提出土地承包期延长到 15 年以上，满足了群众长期稳定的要求，又可以协商转让土地，这就把市场原则引进来了，向形成土地市场前进了一步。但缺点是 15 年为期显短。（《自述》156 页）中央制定了土地承包长期不变的政策，目的在于巩固承包经济，鼓励农民对土地投资，确立长期经济行为。但是"承包土地 15 年不变"的政策宣布以来，农民对土地的投入比之于对住房投入的兴趣要小得多。现在农民正在盘算这样的问题：多投入划算不划算，多投入将来的收益归于谁。必须重申确保长期承包经营的政策，否则农业就没有持续增长的基本支撑点。（《文集》313 页）如何搞好土地使用权？必须使土地承包权长期化，短期副作用大。每年都变动不行，你三两天就变动，哪有什么市场？今后使用权长期化，30 年 50 年都可以。（《文集》588 页）

（二）曾经主张实行永佃制

杜老回忆说：在中央的一次会议上，在对 15 年合同期的讨论中，我曾介绍中国过去的土地“永佃权”办法，对此表示怀疑者不少。可以在 15 年期满后，再递增 15 年，慢慢就把承包田自留地化了。（《自述》156 页）在开始搞承包制时，我提出过永佃权，多数同志不赞成，但都赞成承包，赞成时间可长一点。（《自述》203 页）当时把包产到户和包干到户，统称为家庭联产承包责任制，曾考虑过土地用于农耕，最忌掠夺性短期行为，因此想比照历史上有过的经验——“永佃制”（即无限期租赁）设计承包制。权衡过利弊，提出酝酿，赞同者少，怀疑者多，认为不符合责任制概念。（《文集》830 页）杜老指出：如何解决土地所有权问题，当前有两种思路：一是尽量实行私有化，即使不能够取消公有制，也要把承包权扩大到最大限度。如搞永佃制。另一种思路是稳定承包制，界定产权、所有权、使用权，保障所得，以鼓励长期经营行为。（《文集》433 页）一句话，这个制度不是私有制，但可以说是一个时段的私有制。这个制度可以将集体公有制的优点和私有制的优点通过明晰产权归属，形成一个有效益的机制，激励农民发展生产。（《自述》204 页）杜老还说：目前的不断调整，是平均主义思想在新的历史条件下再现。停止调整只能在一定程度上处理农村集体和承包户的关系，只是治标之策。根治之道，建议通过修改宪法，改变土地集体所有制，回到“耕者有其田”或土地国有农民承包使用，加上发育土地市场，有偿流转，取代行政调整。（《自述》283 页）可通过立法，赋予农民完整的土地财产权，取代土地承包制。（《文集》1416 页）现在法律只是赋予农民土地使用权，从长远看，最终要给农民完整的一束土地财产权。（《文集》1423 页）

四、杜老的稳定土地承包关系思想

杜老关于稳定土地承包关系的论述，与其承包期长期化思想相辅相成，可以概括为三个方面：一是，一轮承包期内允许“大稳定、小调整”，倡导“生不增，死不减”；二是，后来越来越主张严格禁止土地调整；三是，稳定土地承包关系应法制化。

（一）一轮承包期内允许“大稳定、小调整”

1982 年 12 月，杜老说：农村人口的流动和增减，会引起重新调整的要求。小调整只是零星进行，不宜大动作。（《文集》113 页）1993 年 9 月，杜老认为：土地使用权可以长期化，生不增，死不减，用国家法律形式予以公布，侵犯者承担法律责任。（《文集》577 页）同年 10 月，杜老指出：每年都变动不行，你三两天就变动，哪有什么市场？最好能够实现“生不增，死不减”，添了人口不给加土地，老人死了不给减土地，产权要固定一个时期。（《文集》588 页）同年 12 月，杜老又指出：过去几年，按人口增减来调整耕地，大多数是三年一变，影响农民的政策稳定感。中央已规定承包长期化，在承包期内，应实行“增人不增地、减人不减地”。（《文集》628 页）1994 年 5 月，杜老指出：目前的问题是农民感到承包权不稳定，各地随人口增减，3 年一动，原定 15 年承包期，各项制度尚未完全落实，即已到期。中央决定，延长承包期，30 年为约定期，允许有偿转让使用权，倡导生不添，死不减。（《文集》661 页）同年 11 月，杜老又指出：经过公决，可规定：“增人不增田，减人不减田”，以阻止频繁调整和继续分割耕地。新增人口，可用其他办法照顾。（《文集》687 页）

（二）越来越主张严格禁止土地调整

1998 年 5 月，杜老指出：作为农村人留下一块土地是必要的，需要把它当做家庭保险依靠。因而继土改平分土地、改革平均承包土地之后，人人一份口粮田，“生增死减”等也成为部分农民的要求。不是耕者有其田，而是有人就有田。此时如果把土地定期调整制度定下来，变成轨道依赖，既助长少数基层干部权力滥用，也会妨碍农民保护土地、建设土地，并制约长远经营意识的形成，加快土地质量退化。(《文集》833 页)同年 10 月，杜老指出：中央提出土地承包稳定 30 年不变，我很拥护。我看土地占有不可能永远保持绝对平均。现在平均承包土地，只是在市场经济竞争中求得起跑线的公平。至于竞争带来的不公平，不能单靠行政手段，用调整土地的办法解决，那样就会影响农民的预期。如果农民认为你三五年就会调整一次土地，对产权的预期非常不稳定，那他就不会好好地投资了。真正的调整要靠市场，靠土地市场。(《文集》889 页)同年 12 月，杜老又指出：在市场经济条件下，不断地用行政手段给农民调整土地，我们是不赞成的。用平均主义的办法调整土地，生一个人给一份地，死一个人取消一份地，这不是个好办法。(《文集》905 页)增人不增田，减人不减田，目的在于避免对土地的频繁调整。最初贵州湄潭出现，并进行试验，其可贵价值就在于这种创造有市场意义。我们主张效率公平兼顾，起点的公平是必要的，过程的公平也是必要的。国务院规定，可以用 5%的机动田来解决某些市场流转解决不了的土地问题，即市场失灵问题。按照 5%的比例，全国 20 亿亩土地中就有 2 000万亩，够用了。重要的事情是发育土地市场。一方面强调稳定，另一方面要强调流动。流动不能靠频繁的行政调整，不能提倡随人口变化频繁调整，这是小农平均主义。必须靠市场优化土地资源的配置，它在这方面具有不可替代的作用。福利式分配应另有福利制度，用社会保障和财政转移支付的办法去解决。目前农村还得靠每个家庭，不应反对家庭内部调整。（《自述》204 页）2000 年 1 月，杜老指出：我们主张建立有偿转让的土地市场，以市场调整来代替人为调整。某些地区受人口增长的压力太大，农民又缺乏农外就业机会，可制定一些限制措施，防止过度频繁、大幅度的调整。如数量限制，在大约 10％的土地范围内调整；时间限制，必须稳定 5～10 年后才可调整；人口类型的限制，生小孩不调整，媳妇如转户可调整。对这些限制方法，还没有最终的意见。我看限制是必要的，无论如何不能使农民因为调整而不愿增加土地投入，实行掠夺性经营。（《文集》995 页）2002 年 1 月，杜老强调：中央做出决策，现行家庭承包土地政策 30 年不变，必须坚持贯彻执行，做到 30 年内生不增死不减，不论大调整小调整均应一律禁止。（《文集》1250 页）

（三）稳定土地承包关系应法制化

1999 年 1 月，杜老指出：稳定家庭承包制，必须就承包地建立一套法律保障体系，否则长期而有保障这句话就成了空话。土地家庭承包不能说是世界上最好的，但确是一种较好的制度选择。稳定这个已创造的制度是首要任务，其核心是为保障土地的长期使用权建立法律保障。（《自述》202 页）2002 年 6 月，杜老在给田纪云同志的信中指出：30 年土地使用权，已经由 1998 年 8 月修订的

《土地管理法》确定下来，1998 年 10 月十五届三中全会《关于农业和农村工作若干重要问题的决定》又进一步确认，要赋予农民长期而有保障的土地使用权。如果在新法中允许土地调整，其实际意义将是：农民得到的不是 30 年土地使用权，而是期限更短的使用权。（《自述》285 页）在有明确允许调整的法律之下，农民将不会有长期的土地使用安全感，因此就没有动力在他们的地块上进行长期投入。重大的长期土地投入，都需要花很多年才能获得收益；一旦调整的思路被正式的重新引入，10 年的时限也会被广大的村干部所突破。如果赋予村干部重新调整农民土地使用权的法律权力，那些少数对中央政策执行不力或阳奉阴违的村干部将进一步变本加厉，滥用这种权力，任意违背农民意愿搞反租倒包，扶持少数外乡老板或者大公司，从而造成大批农民失业现象。在中国 2.1 亿农户中，已经有 8 500 万到 9 800 万农户得到了法律规定的 30 年土地使用权合同（46.7%的农民），他们对其 30 年的使用权充满信心（40.3%的农民）。如果在新法中允许土地调整，他们的使用权信心将受到严重削弱。这些农民将会认为，中央政策又要改变。这样一来，人大为建立农村法制所作的努力，将受到严重影响。用行政手段调整取代市场有偿转让，动摇土地使用权稳定的 30 年基本政策，并可能影响到国家的法制威信。（《自述》287 页）

五、杜老的解决承包地细碎化思想

杜老关于解决承包地细碎化问题的论述，散见于其讲话和文章中。

杜老回忆指出：现实中不能令人满意的一个问题，就是土地分割得非常细碎。各地分配土地的具体办法，一是把土地分成上、中、下三等，按等级计算“分数”，然后按“分数”配给土地。但农民要求，分配时必须好坏搭配，结果不得不把好地、坏地平均分成了若干块，最多的一户农民有分到 9 块土地的。有一些地方是按产量，按上、中、下折成价，平均分配到户，尽可能的连片，按一片一片地分，产生的差额，用现金而不是用土地补齐。这就前进了一步，但所占比重不算大。（《自述》154 页）1983 年 3 月，他指出：有的地方土地分得过碎，成为不稳定的因素，应当引导农民逐步调整。尽可能通过经济办法，不搞突击，由农户双方协商，自愿自动进行调整。安徽滁县地区有过这种经验。（《文集》123 页）同年 9 月，他指出：至于土地调整，主要是为了解决承包地过于零散，在目前生产条件下，应在自愿的基础上调换一下地块，群众是有要求的。（《文集》148 页）同年 12 月，他又指出：实行联产承包制时，除少数地区外，农民大多不接受我们提倡的按劳承包，而欢迎按人承包，人人有一份责任田，肥瘦搭配。结果土地划得很零散，带来诸多不便。现在醒悟过来了，纷纷要求调整，稳定一个长时期。（《文集》155 页）不少地方责任田划得太零散，不便耕作，费工费力。每户 20 多块，有的种丢了，有的种错了。农民希望每家“最好一块，可以两块，不过三块”。（《文集》156 页）1984 年 3 月，他指出：现在我们已经发现，有的地方土地分得过分零散。大部分地区是按人头或按人劳比例承包土地。这样，就把土地分得过于零散了。群众要求按人承包，这是可以理解的。对群众的意愿，不要勉强，只能通过实践经验，因势利导，加以调整。在经过了两三年实践之后，农民已感到确实不方便了，纷纷提出调整要求。因此，1984 年中央 1 号文件提出建议：可以有组织的在自愿原则基础上，进行调整，叫“大稳定小调整”，以方便耕作。（《文集》190 页）

六、学习领悟杜老农地制度思想的体会

杜老关于农地制度的一系列重要论述，博大精深，富有经济、政治及文化内涵。笔者研读后，对一些问题的认识豁然开朗，受益匪浅。同时，笔者也感到，受当时历史阶段、个人认知程度等方面的局限，杜老有的论述和观点值得商榷。也正因此，笔者在前些年学习研究的基础上，近期专门就杜老的农地制度论述进行了梳理挖掘，以完整

深刻地理解其思想内涵，以及由各项政策所产生的现实影响，以期对当前和下一阶段的农地制度有所启迪。

（一）杜老是农地制度思想的集大成者

杜老诞生于1913年7月，逝世于2015年10月，享年102岁。他将毕生的主要精力，倾注于“三农”事业，特别是农村土地制度。从新中国建立前后的土地改革，历经农业合作化运动、粮食统购统销、“大跃进”和人民公社，到推行和完善土地家庭承包制，他都有独到精辟的见解，尤其是对于农地制度卓有建树。纵览杜老的诸多著述，深入领悟他对家庭经营、农地产权、承包期、承包关系、细碎化问题等各个方面的具体论述，颇感内容广博，富有智慧，思想深邃。

（二）杜老农地制度思想的深远影响

杜老的农地制度思想，是极为丰富和宝贵的财富，对于以“集体所有、承包经营”为特征的农地制度形成和完善，产生了广泛而深刻的影响。特别是承包期长期化、稳定承包关系等方面的思想，均转化为有关的中央政策和法律法规的核心内容。笔者尤其印象深刻的是，从杜老《给田纪云同志的信》可以看出，将要提交全国人大常委会讨论的《农村土地承包法》草案，包含一条允许在30年承包期内进行一次或几次土地调整的规定（比如说允许每

10 年调整一次），杜老对此提出了异议，并列举出通过这样一条规定至少可能带来九个方面的后果；2002 年通过的《农村土地承包法》，充分采纳了杜老的意见，对土地调整作出了严格规定。杜老认为，一方面承包期要尽可能长，另一方面承包期内承包关系要尽可能稳定，两个方面合二为一，才能形成长期而有保障的承包经营权；在不触及土地集体所有制的前提下，实现农户承包经营权利的最大化，有利于经营者稳定预期、增加投入，从而刺激生产力的释放，促进农业生产的长期持续发展。

（三）杜老农地制度思想的主要缺陷

笔者经过反复研读、推敲，感觉杜老农地制度思想的一个特点是，重视效率、轻视公平。杜老说，“承包地怎么分配，我们提倡不要过分分散”，原想按劳动力分包土地，这是从效益原则着眼的；“群众实行的结果，是按人承包”。杜老指出，“不能提倡随人口变化频繁调整，这是小农平均主义”，“增人不增田，减人不减田，目的在于避免对土地的频繁调整”，“现在搞平均主义，却会破坏生产”。2002 年 5 月，杜老以“稳定家庭承包制，严禁土地调整”为题撰文，强调指出，农村土地调整行为是对现行体制稳定的主要障碍，这与某种传统的平均主义思想有一定联系；“一人一份土地”被误认为是合理而合法的结构模式，实行起点公平是必要的，但起点公平不可演绎为结果公平；农民从生产需要出发，本能地了解产权必须保持稳定，稳定才可树立预期，才敢于投资，搞长期建设，实现增产增收。同年 6 月，杜老在给田纪云同志的信中，反对《农村土地承包法》草案中关于允许在 30 年承包期内进行土地调整的规定。总之，可以看出，杜老对于农地制度的设计，重效率、轻公平，认为“效率”与“公平”在较大程度上是对立的，平均主义的均田做法损害农业生产效率，认为“公平”应从农地制度外解决。因此，他越来越反对“搞平均”，越来越强调“要稳定”，主张严禁进行土地调整。这些主张和政策的后果是，造成农村有越来越多的无地农民，使这部分农民丧失了作为集体成员本应有的土地权益。随着 30 年承包期的实施，这个群体对多年没有承包地的意见越来越大，对等到二轮承包期满越来越没有耐心，这是目前一个比较突出的问题。

关于“人地矛盾”问题的争议[①]

——基于农村土地承包法立法与释义中两种不同意见的研究

我国农村土地兼有生产资料和生活保障两重功能，因此农地制度应坚持“效率优先、兼顾公平”的基本原则，既要促进农业经济发展，又要保障农村社会稳定。对于如何认识和解决“公平”问题，在《农村土地承包法》立法与释义的过程中，形成了两种截然不同的意见。本文就此作分析研究。

一、立法过程中有两种截然不同的意见

先介绍一下《农村土地承包法》所遵循的立法程序。

2000年3月15日，第九届全国人民代表大会第三次会议通过《立法法》。该法第三节“全国人民代表大会常务委员会立法程序”规定：全国人民代表大会专门委员会

① 此文完成于2016年5月。原载于“三农中国”网。

可以向常务委员会提出法律案，由委员长会议决定列入常务委员会会议议程；常务委员会第一次审议法律案，在全体会议上听取提案人的说明，由分组会议进行初步审议；常务委员会第二次审议法律案，在全体会议上听取法律委员会关于法律草案修改情况和主要问题的汇报，由分组会议进一步审议；常务委员会第三次审议法律案，在全体会议上听取法律委员会关于法律草案审议结果的报告，由分组会议对法律草案修改稿进行审议；法律草案修改稿经常务委员会审议，由法律委员会根据常务委员会组成人员的审议意见进行修改，提出法律草案表决稿，由委员长会议提请常务委员会全体会议表决。

《农村土地承包法》的立法权限在全国人民代表大会常务委员会，其立法过程正是遵循上述法定程序进行的。

（一）全国人大农业与农村委员会起草并提请审议的一审稿，把“自然灾害”作为唯一可以适当调整承包地的“特殊情形”

由九届全国人大农业与农村委员会组织起草的《农村土地承包法（草案）》，经农业与农村委员会第二十三次全体会议讨论通过后，于2001年5月10日提请全国人大常委会审议。该草案第二十六条规定：

承包期内不得调整承包地。但部分农户因自然灾害失去承包地且没有生活保障的，经所在地县级人民政府批准，可以适当调整承包地。

2001年6月，第九届全国人民代表大会常务委员会第二十二次会议审议了《农村土地承包法（草案）》。全国人民代表大会农业与农村委员会副主任委员柳随年对“适当调整”作了说明：

征求意见的过程中，一些地方提出，现阶段，土地不仅是农民重要的生产资料，也是他们的生活保障。30年承包期内会发生很大变化，完全不允许调整承包地难以做到，建议在特殊情况下应当允许按照法律规定的程序进行必要的小调整。经过反复研究，我们认为，过去承包关系不稳定，主要原因在于通过行政手段频繁调整承包地，带来不少问题，群众意见很大。因此，承包期内必须坚持“增人不增地，减人不减地”。今后出现人地矛盾，主要应当通过土地流转、开发新土地资源、发展乡镇企业和第二、三产业等途径，用市场的办法解决，不宜再用行政手段调整承包地。只有在个别情况下，经过批准，才可以适当调整承包地。据此，草案规定：承包期内不得调整承包地。但部分农户因自然灾害失去承包地且没有生活保障的，经所在地县级人民政府批准，可以适当调整承包地（第二十六条）。同时规定，可以将依法预留的机动地、通过依法开垦增加的土地、承包方自愿交回的承包地等，承包给新增劳动力，以解决人地矛盾（第二十七条）。

由上述条文和说明可见，草案一审稿仅把“自然灾害”列为唯一可以适当调整承包地的“特殊情形”。

（二）全国人大法律委员会、全国人大常委会法制工作委员会修改后的二审稿、三审稿、表决稿，把“征用占用”、“人地矛盾”也列入了可以适当调整承包地的“特殊情形”

1. 全国人大法律委员会、全国人大常委会法制工作委员会对承包法草案修改时，对可以适当调整承包地的“特殊情形”作了较大修改

2002年秋，全国人大农业与农村委员会副主任委员柳随年撰文《人大十年回顾》。该文指出：由农业与农村委员会起草的《农村土地承包法（草案）》（一审稿）提交全国人大常委会审议后，修改权就交给全国人大法律委员会、全国人大常委会法工委了。交给法律委、法工委后，怎么修改基本上由他们说了算，有时一些原则性的修改报党组甚至报中央都不告诉农业与农村委员会。农村土地承包法在一审后，法工委将原草案规定的承包期内不得调整和不得收回承包地等重大原则性条文作了比较大的改动，不征求农委意见就上报了。

2. 全国人大法律委员会提请审议二审稿时，建议把“自然灾害、征用占用、人地矛盾”作为可以适当调整承包地的“特殊情形”，并将此意见提请全国人大常委会一并审议

2002 年 6 月，第九届全国人民代表大会常务委员会第二十八次会议对《农村土地承包法（草案）》（二次审议稿）进行了再次审议。6 月 24 日，全国人大法律委员会副主任委员顾昂然就《农村土地承包法（草案）》修改情况作了汇报：

关于承包土地的调整。草案第二十六条规定：“承包期内不得调整承包地。但部分农户因自然灾害失去承包地且没有生活保障的，经所在地县级人民政府批准，可以适当调整承包地。”有的委员和一些地方、部门提出，为了保护承包人的权益，不应随意调整承包地。同时考虑到实践中除自然灾害以外，还有承包地被依法征用占用、人口增减导致人地矛盾突出，适当调整个别农户之间承包地的情形，应当按照中央关于“大稳定、小调整”的前提是稳定的原则，对调整承包地作出严格规定。因此，法律委员会建议依照土地管理法的规定将该条修改为：“承包期内，发包方不得调整承包地。”“承包期内，因自然灾害严重毁损承包地等特殊情形对个别农户之间承包的耕地和草地需要适当调整的，必须经本集体经济组织成员大会或者成员代表会议三分之二以上成员同意，并报乡（镇）人民政

府和县级人民政府农业行政主管部门批准。承包合同中约定不得调整的，按照其约定。"（草案二次审议稿第二十六条）

……

草案二次审议稿已按照上述意见作了修改，法律委员会建议全国人大常委会再次审议。

由以上情况可知，全国人大法律委员会把"人地矛盾"列为可以对承包地进行适当调整的"三种特殊情形"之一，并将此意见提请全国人大常委会进行审议。

6 月 27 日，在九届全国人大常委会第二十八次会议审议农村土地承包法草案（二审稿）时，农业与农村委员会副主任委员柳随年发言指出：

关于承包地的调整。一审稿明确规定，除自然灾害以外，不得以其他任何理由调整承包地。二审稿第二十六条第二款规定："承包期内，因自然灾害严重毁损承包地等特殊情形"，可以按照一定的程序调整承包地。这个修改从表面上看问题不大，问题是如何理解"等"字，如果按照法律委员会在说明中说的包括承包地被依法征用占用、人口增减导致人地矛盾突出，那问题就大了。我认为，这两个口子一开，实际上等于否定了承包地不断调整的原则。目前乱征地、滥占地由于补偿不足导致一些农民无法保证正常的生活，有些地方用调整承包地的办法解决，农民意见很大。农村土地承包法通过后，如果继续采取调整其他农民承包地的办法来解决这个问题，不仅侵犯了农民的权益，而且会继续助长乱征地、滥占地。今后应明确规定，谁征用占用承包地，谁就要负责给予足够的补偿，安排好农民的生活，不能再调整其他农民的承包地。对承包期内产生的人地矛盾，除了用预留的机动地、新开地和承包方交回的承包地等解决外，主要用市场的办法，通过土地承包经营权流转，或者发展二、三产业来解决。人地矛盾突出决不能成为调整承包地的理由。因此建议将“等”字删除。

九届全国人大常委会第二十八次会议审议认为，草案二次审议稿吸收了常委会初次审议的意见和有关方面的意见，修改得比较好。同时，也提出了一些修改意见。

3. 审议通过《农村土地承包法》时，维持在“三种特殊情形”下可以适当调整承包地的意见

2002 年 8 月，第九届全国人民代表大会常务委员会第二十九次会议先后对《农村土地承包法（草案）》（三次审议稿）、《农村土地承包法（草案）》（建议表决稿）进行了审议。草案的三次审议稿、建议表决稿，均保留了二次审议稿中关于土地调整的“等特殊情形”的立法意见，即“自然灾害、征用占用、人地矛盾”三种特殊情形下可以适当调整承包地。8 月 29 日，第九届全国人民代表大会常务委员会第二十九次会议审议通过了《农村土地承包法》；同日，国家主席江泽民签署第 73 号令予以公布。

《农村土地承包法》第二十七条规定：

承包期内，发包方不得调整承包地。

承包期内，因自然灾害严重毁损承包地等特殊情形对个别农户之间承包的耕地和草地需要适当调整的，必须经本集体经济组织成员的村民会议三分之二以上成员或者三分之二以上村民代表的同意，并报乡（镇）人民政府和县级人民政府农业等行政主管部门批准。承包合同中约定不得调整的，按照其约定。

由此可知，《农村土地承包法》以法律的形式确定，在自然灾害等特殊情形下，可以对承包地进行适当调整。按照法律委员会提请全国人大常委会审议的意见，“特殊情形”包括“自然灾害”、“征用占用”、“人地矛盾”三种特殊情形。

二、法律释义中争议双方坚持各自意见

2000 年 7 月起施行的《立法法》，第四节“法律解释”中规定：法律解释权归全国人民代表大会常务委员会。常务委员会工作机构研究拟定法律解释草案，由委员长会议决定列入常务委员会会议议程。法律解释草案经常务委员会会议审议，由法律委员会根据常务委员会组成人员的审议意见进行审议、修改，提出法律解释草案表决稿。法律解释草案表决稿由常务委员会组成人员的过半数

通过，由常务委员会发布公告予以公布。全国人民代表大会常务委员会的法律解释同法律具有同等效力。

由上述法律规定可知，法律解释的法定主体是全国人大常委会，其他机构或部门不是法律解释的法定主体。但是，据了解，《农村土地承包法》的解释没有严格按照上述法律规定执行。全国人大常委会并没有发布农村土地承包法解释；全国人大常委会法工委、全国人大农业与农村委员会分别编发了农村土地承包法释义。

（一）全国人大常委会法工委、国务院法制办按照立法本意，作出“三种特殊情形”可以适当调整承包地的释义

1. 全国人大常委会法工委民法室的问答

2002 年 9 月，农村土地承包法普法教材编委会编发《农村土地承包法问答及实施指南》（中国农业出版社）。该书由全国人大常委会法制工作委员会民法室主编。其中，关于“特殊情形”的回答如下：

关于在哪些情况下可以调整承包地，第二十七条第二款的规定是“因自然灾害严重毁损承包地等特殊情形”，即只有在特殊情形下，才可以适当调整承包地。这里的“特殊情形”，主要包括以下几个方面：①部分农户因自然灾害严重毁损承包地的；②部分农户的土地被征用或者用于乡村公共设施和公益事业建设，丧失土地的农户不愿意

“农转非”，不要征地补偿等费用，要求继续承包土地的；③人地矛盾突出的。关于人地矛盾突出的，一般是指因出生、婚嫁、户口迁移等原因导致人口变化比较大，新增人口比较多，而新增人口无地少地的情形比较严重，又没有其他生活来源的，在这种情况下，允许在个别农户之间适当进行调整。在实践中，有些地方的做法是，新增人口按照先后次序排队候地，到调整期时“以生顶死”，在个别农户之间进行“抽补”，将死亡或者户口迁出的农民的土地调给新增人口，调整期一般为五至十年。

上述问答口径与草案二审稿审议时法律委员会的汇报意见是一致的，即在“三种特殊情形”下，可以对承包土地进行适当调整。

2. 全国人大常委会法工委的释义

2002年11月，全国人大常委会法制工作委员会编发《农村土地承包法释义》（法律出版社）。该书关于“特殊情形”的释义如下：

这里的“特殊情形”，主要包括以下几个方面：①部分农户因自然灾害严重毁损承包地的；②部分农户的土地被征收或者用于乡村公共设施和公益事业建设，丧失土地的农户不愿意“农转非”，不要征地补偿等费用，要求继续承包土地的；③人地矛盾突出的。关于人地矛盾突出的，一般是指因出生、婚嫁、户口迁移等原因导致人口变化比较大，新增人口比较多，而新增人口无地少地的情形比较严重，又没有其他生活来源的，在这种情况下，允许在个别农户之间适当进行调整。在实践中，有些地方的做法是，新增人口按照先后次序排队候地，到调整期时“以生顶死”，在个别农户之间进行“抽补”，将死亡或者户口迁出的农民的土地调给新增人口，调整期一般为 5 至 10 年。

该《农村土地承包法释义》主要是由全国人大法工委民法室编写的，因此与上述民法室编发的《农村土地承包法问答及实施指南》内容是一致的。

3. 全国人大常委会法工委关于《草原法》的有关释义

2002 年 12 月，第九届全国人大常委会第三十一次会议审议通过了修订的《草原法》。该法第十三条第二款规定：

在草原承包经营期内，不得对承包经营者使用的草原进行调整；个别确需适当调整的，必须经本集体经济组织成员的村（牧）民会议三分之二以上成员或者三分之二以上村（牧）民代表的同意，并报乡（镇）人民政府和县级人民政府草原行政主管部门批准。

2004 年 12 月，全国人大常委会法工委编发《草原法释义》（法律出版社）。该书对第十三条中“确需适当调整”的释义如下：

本款所指的“确需适当调整”的情形，主要包括以下几个方面：①部分农户因自然灾害严重毁损承包草原的；

②部分农户的草原被征收或者用于乡村公共设施和公益事业建设，丧失草原的农户要求继续承包草原的；③人地矛盾突出的。关于人地矛盾突出的，一般是指因出生、婚嫁、户口迁移等原因导致人口变化比较大，新增人口比较多，而新增人口没有草原可以承包，又没有其他生活来源的，在这种情况下，允许在个别承包经营者之间适当进行调整。

由此可见，全国人大常委会法工委对《草原法》中“确需适当调整”的释义，与《农村土地承包法》中“适当调整”的释义是继续保持同一口径的。

4. 国务院法制办公室的解释

2009 年 9 月，国务院法制办公室编发《农村土地承包法注解与配套》（中国法制出版社）。该书对第二十七条中“特殊情形”给出的“注解”如下：

这里的特殊情形，主要包括以下几个方面：①部分农户因自然灾害严重毁损承包地的；②部分农户的土地被征收或者用于乡村公共设施和公益事业建设，丧失土地的农户不愿意“农转非”，不要征地补偿等费用，要求继续承包土地的；③人地矛盾突出的。人地矛盾突出，一般是指因出生、婚嫁、户口迁移等原因导致人口变化比较大，新增人口比较多，而新增人口无地少地的情形比较严重，又没有其他生活来源，在这种情况下，允许在个别农户之间适当进行调整。本款规定的调整指的是“小调整”，是对个别农户之间承包的土地进行小范围适当调整，即将人口减少的农户家庭中的富余土地调整给人口增加的农户。

可以看出，国务院法制办公室的上述注解与全国人大常委会法工委的有关释义是一致的。

（二）全国人大农业与农村委员会对法律中“等特殊情形”不作解释、不愿响应

1. 全国人大农业与农村委员会办公室的释义

2002 年 9 月，全国人大农业与农村委员会编发《农村土地承包法释义与适用》（人民法院出版社）。本书由农业与农村委员会副主任委员柳随年任顾问，农业与农村委员会办公室副主任王宗非主编，农业与农村委员会法案室副主任王超英、处长何宝玉等参加编撰。该书对法律中“等特殊情形”的释义如下：

只有出现自然灾害等特殊情况，才允许按照规定进行个别调整；至于什么是特殊情况，必须严格依法解释，发包方不得随意自行解释。

可以看出，该释义强调指出“至于什么是特殊情况，必须严格依法解释，发包方不得随意自行解释”，但是该释义却并未对“等特殊情形”作出解释。

2. 全国人大农业与农村委员会法案室的释义

2002 年 9 月，全国人大农业与农村委员会法案室处

长何宝玉编发《农村土地承包法释义及实用指南》（中国民主法制出版社）。该书由全国人大农业与农村委员会副主任委员柳随年任顾问，农业与农村委员会办公室副主任王宗非、法案室副主任王超英等参加编撰。该书于2012年7月再版。书中对“等特殊情形”的释义如下：

只有出现自然灾害等特殊情况，才允许进行个别调整。什么是特殊情况，必须严格依法解释，不得随意自行解释。

该释义同样强调指出“什么是特殊情况，必须严格依法解释，不得随意自行解释”，但是该释义却并未对“等特殊情形”作出解释，仍然采取了“避而不谈”的态度。

3. 全国人大农业与农村委员会法案室的问答

2002年9月，全国人大农业与农村委员会法案室副主任王超英编发《农村土地承包法实用问答》（中国法制出版社）。本书由农业与农村委员会办公室副主任王宗非、法案室处长何宝玉等参加编撰。该书对法律中“等特殊情形”的回答如下：

只有出现自然灾害严重毁损承包地等特殊情况，才允许按照规定进行个别调整。至于什么是特殊情况，必须严格依法作出解释，发包方不得随意自行解释。

本问答同样强调指出“至于什么是特殊情况，必须严格依法作出解释，发包方不得随意自行解释”，但是本问答却并未对“等特殊情形”作出解释，仍然是“避而不谈”的态度。

4. 全国人大农业与农村委员会法案室副主任王超英的解释，对“三种特殊情形”给予了响应

2002年11月，农业部编发《农村土地承包法培训讲义》（中国农业出版社）。该书由柳随年、陈耀邦任顾问，农业部副部长刘坚主编，全国人大农业与农村委员会办公室副主任王宗非、法案室副主任王超英等参加编撰。王超英在《切实保障农民的土地承包经营权》一讲中指出：

只有出现自然灾害严重毁损承包地等特殊情况，才允许按照规定进行个别调整。至于什么是特殊情况，必须严格依法做出解释，发包方不得随意自行解释。在九届全国人大常委会第二十八次会议上，全国人大法律委员会汇报《农村土地承包法（草案）》修改情况时，对于个别调整的情况提出，“实践中除自然灾害以外，还有承包地被依法征用占用、人口增减导致人地矛盾突出，适当调整个别农户之间承包地的情形”。

在上述讲义中，王超英对法律委员会提出的“三种特殊情形”给予了响应。这是笔者所涉猎到的文献中，农业与农村委员会有关负责人唯一一次对“三种特殊情形”给予的响应。

三、主要结论

从前面两部分梳理、分析的有关情况，可以得出两条基本结论：

第一，《农村土地承包法》的立法本意，“等特殊情形”指三类特殊情形。根据《农村土地承包法》的立法过程可知，法律草案一审稿中的“特殊情形”，到二审稿时修改为“等特殊情形”，三审稿、建议表决稿中也均为“等特殊情形”，审议通过并公布的《农村土地承包法》中确定为“等特殊情形”；法律委员会所作的说明中，“等特殊情形”是指自然灾害严重毁损承包地、承包土地被依法征用占用、人口增减导致人地矛盾突出这三类情形，在这“三类特殊情形”下，可以按照法定程序对承包地进行适当调整。上述法律草案和修改说明一并经全国人大常委会进行了审议，审议通过《农村土地承包法》时维持了这个重要修改意见。因此，《农村土地承包法》的立法本意，“等特殊情形”指三类特殊情形，这是确凿无疑的。

第二，《农村土地承包法》的法律解释，“等特殊情形”应解释为三类特殊情形。按照关于法律解释的法律规定，法律解释权归全国人大常委会。在全国人大常委会未公布农村土地承包法解释的情况下，相比较而言，全国人大常委会法工委的解释比全国人大农业与农村委员会的解释更具有权威性，因为法工委是全国人大常委会拟定法律解释草案的工作机构。而且，全国人大常委会法工委关于“等特殊情形”的解释，与全国人大法律委员会提请全国人大常委会审议的意见是一致的。因此，《农村土地承包法》中“等特殊情形”应解释为“三类特殊情形”，不应再存争议。

参考文献

国务院法制办公室．农村土地承包法注解与配套［M］．北京：中国法制出版社，2009.

柳随年．我在人大十年［M］．北京：中国民主法制出版社，2003.

农村土地承包法普法教材编委会（全国人大常委会法工委）．农村土地承包法问答及实施指南（主编赵向阳、副主编李文阁）［M］．北京：中国农业出版社，2002.

农业部．农村土地承包法培训讲义（顾问柳随年、陈耀邦，主编刘坚）［M］．北京：中国农业出版社，2002.

全国人大常委会法工委．草原法释义（主编卞耀武）［M］．北京：法律出版社，2004.

全国人大常委会法工委．农村土地承包法释义（主编胡康生）［M］．北京：法律出版社，2002.

全国人大农业与农村委员会办公室．农村土地承包法释义与适用（顾问柳随年、主编王宗非）［M］．北京：人民法院出版社，2002.

全国人大农业与农村委员会法案室．农村土地承包法实用问答（主编王超英）[M]．北京：中国法制出版社，2002.

全国人大农业与农村委员会法案室．农村土地承包法释义及实用指南（顾问柳随年、主编何宝玉）[M]．北京：中国民主法制出版社，2002（2012年7月再版）.

落实"长久不变"的思路与对策[①]

一、提出"长久不变"的意义

稳定农村土地承包关系有利于农田基础设施建设，有利于保护耕地产出能力，也有利于促进土地经营权长期稳定流转。因此，中央在政策上一贯强调要稳定土地承包关系，要保持土地承包关系长期稳定。

2008 年 10 月，党的十七届三中全会则明确提出"现有土地承包关系要保持稳定并长久不变"。2009 年以来，历年中央 1 号文件都重申了"长久不变"这一要求。可以说，土地承包关系"长久不变"是未来农村土地承包经营制度的核心，对于保障现代农业发展意义重大。

但是，如何实现"长久不变"，目前尚没有明确的路径。政府有关部门、学术界虽取得了一些研究成果，但总起来看，尚没有形成比较统一、比较可行的意见，如何落实"长久不变"仍是一个问号。

① 此文完成于 2015 年 1 月。原载于《经济内参》、《三农中国》第 24 辑。

笔者对此坚持进行了多年不懈研究，近期终于找到了问题症结，理清了解决思路，明确了落实办法。

二、实现“长久不变”的前提

我国农村土地实行家庭承包经营已三十多年，家庭经营的制度优势得到比较充分的发挥；但同时，也还一直存在两个不容忽视的问题，一是承包地块的细碎化问题，二是难以制止的土地调整问题，可以说是“两大顽疾”。“两大顽疾”是实现土地承包关系“长久不变”难以逾越的“两个障碍”。

关于细碎化问题。我国农村人口多、户数多，户均承包经营土地面积狭小，属超小规模、典型的小农经济。加之20世纪80年代初推行家庭承包制的时候，为了追求公平，绝大多数地方都是按照地块远近、土壤肥瘦、旱地水田等多种因素分别分田到户，造成承包地块过于细碎。杜润生先生多次讲到，由于家庭承包推行得比较快，没能在政策上引导各地避免承包地细碎化问题，这是80年代开展家庭承包工作留下的一大遗憾。目前，户均承包土地面积约7.5亩、块数约5.7块，块均面积1.3亩。这是现有土地承包关系中的一个突出问题，这样的细碎化现状不宜长久不变。小规模经营难以改变，细碎化经营也难以改变吗？

关于土地调整问题。从二轮承包以来的情况看，“增人不增地，减人不减地”政策，对于多数农民来说不易理解、不易接受。“增人增地、减人减地”仍是群众普遍认为天经地义的道理。因此，在一些地方一年一小调、几年一大调仍然存在，难以制止。这是因为，干部往往就理论出政策，而群众则往往就实际讲政策，管不了你理论那一套。群众不能真心接受的政策，落实起来就很难。

实行“长久不变”，需以清除“两个障碍”为前提。如果“两个障碍”不清除，“长久不变”就落实不好，甚至落实不了。

三、落实“长久不变”的思路

在清除“两个障碍”的基础上，采取相应政策措施，使“土地承包关系保持稳定并长久不变”妥善落实。从涵义上看，“长久不变”是对“保持稳定”的进一步强调和强化，是“保持稳定”的承继与发展。“长久”即“更长期”，“不变”即“更稳定”，“长久不变”即“更加长期稳定”。因此，较之于二轮承包的“长期稳定”，下一步“长久不变”应有更长的承包期，且承包期内不得调整土地承包关系，这是落实“长久不变”的关键所在。

关于清除“两个障碍”。首先，坚持实事求是的原则，解决细碎化问题。1993 年的中共中央 11 号文件在提出

"在原定的耕地承包期到期之后，再延长三十年不变"政策时，就明确规定："少数第二、第三产业比较发达，大部分劳动力转向非农产业并有稳定收入的地方，可以从实际出发，尊重农民的意愿，对承包土地作必要的调整"。历史经验可资借鉴。在实施土地三轮承包（2028年左右）之前，为妥善解决承包地块细碎化问题，应在政策上明确"允许承包土地过于细碎的地方作必要的调整"。其次，按照追根溯源的办法，解决土地调整问题。下文逐步论述。

关于承包期更长一些。二轮承包期三十年，受到各方面普遍认可，认为这是一个比较合宜的土地承包经营期限。其作用有两个方面，一是承包经营期限较长，给农户进行生产经营吃了一颗"定心丸"；二是承包经营期限又不算太长，经济社会经过三十年的发展会有相当程度的变化，特别是伴随城镇化进程大量农村人口转移到城市，三十年承包期到期后，可以促进已具备条件的迁移农户"离土"，这样有利于务农农户扩大土地承包经营规模。从这两个方面考虑，实行"长久不变"，土地承包经营期限也不宜过长。建议仍以三十年为承包期；或者稍长一些，以四十年或五十年为承包期。

关于不得调整承包地。这是一项非常难以落实到位的政策。群众普遍认为，添了人口，就应该给地，即"补地"；减了人口，就应该割地，即"抽地"。这是农民群众朴素的、固有的思想，在较大程度上是合理的。而政策上之所以认为调地不合理，一是因为调地成本高，二是因为不利于稳定生产经营预期。实际问题与上头政策相比较，农民更看重实际，政策缺乏说服力和约束力。“增人不增地，减人不减地”，是农民群众不能普遍真心接受的政策，落实起来就会很难。对此，可以通过改革完善“按户承包”制度来有效解决。

四、改进“按户承包”的缘由

基于上述，提出改进“按户承包”制度的缘由有三：

其一，现有“按户承包”不严格。我国农村改革后，实行“按户承包”的家庭承包经营制度。家庭经营符合农业生产的特点和要求，具有很大的制度优势和旺盛的生命力。但是，土地“按户承包”往往仅是形式上的，而实际是“按人算地、按户经营”。也就是说，同样是一个农户，因人口多少不同，其承包地多少也不同。比如，二轮承包的时候，同门同户的兄弟二人已各自成家立户，年长者已有一个孩子、年轻者还没有孩子，两户分到的地是不一样的，前者分到三个人的地、后者仅分到两个人的地。显然，这不是严格意义上的“按户承包”。

其二，“增人增地、减人减地”有合理性。政策上之所以提倡“增人不增地，减人不减地”，是缘于土地调整的成本高，不利于稳定农户对土地的生产经营预期；而并非缘于“增人增地、减人减地”思想本身具有不合理性。这是一种典型的“治理错位”。试想，如果调地的成本是很低的、也基本不影响生产经营预期，那么可不可以调地呢？如此，则难以再否定调地的思维。

其三，“按户承包”的土地权属可以明晰到人。户均承包地块约 6 块，而户均人口约为 4 人。也就是说，人均 1.5 块，即一个人可以有 1 块地或 2 块地。试想，如果每户的 6 块地可以平等而不需要切割地分配给 4 名家庭成员，有的成员有 1 块地，有的成员有 2 块地，但成员之间的地是均衡的；这样的土地权属关系，退地、补地的成本则很低。土地承包权属具体到人，符合明晰产权的要求，将带来明显的制度优势。

缘于以上三点，建议开展“按人承包、按户经营”改革试点。

五、实行“按人承包”的办法

实行“按人承包”的基本思路是：按人包地，按户选地，按户经营。

关于按人包地。一个组（或村）按人（集体经济组织成员）承包土地。每人都给预置一份地，每一份地的块数尽量少（最好为 1 块）。预置每一份地所遵循的主要原则是效益均等，即综合考虑地块远近、土壤肥瘦、生产条件、产量高低、补贴多少等因素，使每一份地所产生的经济效益相当。

关于按户选地。对于每一个农户，其家庭成员的地块应连片选，实现“一人一小块、块块相连”，实际效果是“一户一大块”。先选地的农户应避免造成后选地的农户地块分散。具体选地办法以示例说明如下：

假设一个组共有 90 户、350 人参加包地。

把全组耕地预设为 350 份，每一份设置一个标号，如地 1、地 2、地 3……依次类推，至地 348、地 349、地 350。

90 户户主进行抓阄，阄号为户 1、户 2、户 3，依次类推，至户 88、户 89、户 90。

抓到“户 1”的农户先选地，如果有 3 口人，则选地 1、地 2、地 3；如果有 4 口人，则选地 1、地 2、地 3、地 4；如此类推。

假设“户 1”有 3 口人，选了 3 份地。

抓到“户 2”的农户接着选地，如果有 3 口人，则选地 4、地 5、地 6；如果有 4 口人，则选地 4、地 5、地 6、地 7；如此类推。

其余农户依次类推。

按照这个办法，绝大多数农户可以承包到一大块地。

关于按户经营。农户家庭仍是生产经营基本单位，按照家庭决策进行种植和经营管理。这是农户经济的自然规律。

按照上述办法改革后，实行“按人承包、按户经营”，可以彻底解决前述“两大顽疾”，其制度优势非常显著。一是“按人包地”，土地承包权属明晰到人。每一轮承包仍设定一定的承包期，承包期内“人在地在、长久承包”，“人去地退、新人接地”。可以彻底解决以往的土地调整问题，最大程度地实现“耕者有其田”。对于什么情况应退地、什么条件可接地，可以按照中央有关精神作出相应的明确规定。二是“按户选地”，达到“一户一大块”的效果。可以彻底解决以往的地块细碎化问题，有利于促进适度规模经营。三是“按户经营”，保持家庭经营基本模式。延续家庭经营的制度优势和旺盛的生命力。

关于湖北沙洋在确权登记工作中推行“按户连片”耕种的调研报告[①]

湖北省沙洋县在确权登记工作中推行“按户连片”耕种的做法受到社会舆论关注，我们深入当地开展了专题调查研究。调研组在三坪村、鄂冢村、马新村、童沙村等实地了解情况，并多次召开座谈会进行交流探讨。总体看，沙洋县抓住确权登记时机，大力推行“按户连片”耕种模式，已完成连片耕种 85.3 万亩、占全县耕地的 89.6%，大大方便了农民耕作，农业生产成本约降低二至三成，深受农民群众拥护和支持。有关情况报告如下：

一、主要做法和进展情况

沙洋县位于江汉平原西北腹地，属丘陵平原地带。1998 年 12 月，沙洋撤区设县，耕地面积 95.3 万亩，承包

① 此文原载于《农村经营管理》2016 年第 1 期。调研组共四位同志，本书作者为报告执笔人。

农户12.4万户，户均耕地7.7亩。过去，由于按照距离远近、土质肥瘦、水源好坏等因素平均分配土地，使承包地块分散化、碎片化，全县耕地块数达107.7万块，户均8.7块，每块地约0.88亩。随着农村生产力水平的逐步提高，土地“细碎化”的弊端日益显现。早在1997年二轮延包后，特别是在2002年左右，为进一步完善土地承包关系，沙洋县农民就自发探索实践“按户连片”耕种模式。近年来，县委县政府从实际出发，对农民意愿和呼声及耕地状况进行了多次调研，在试点基础上，利用土地承包权确权登记的时机在全县推行连片耕种，目前已取得阶段性的成效。

（一）完善二轮承包工作期间，三坪村成功探索实践“按户连片”模式

90年代末，沙洋县进行农村土地二轮承包工作，按照中央政策主要采取延包方式。毛李镇三坪村抢抓时机，积极探索实践按户连片耕种。一是宣传发动。税费改革前，由于耕地细碎化，费用支出较重，群众意见较大，村干部充分吸收群众意见，对全村230户进行动员，做到宣传发动全覆盖，群众达成共识，所有农户都签订了土地按户连片耕种的协议。二是打好基础。1998—2000年，“村两委”组织村组干部、党员代表、村民代表到官垱镇双塚村、后港镇安坪村等地取经学习，并集中力量实施公用设

施建设，解决用水、用电问题，为归并集中、连片承包奠定基础。三是集中民意。1999 年制定初步方案后，召开群众会议近 100 次，挨家挨户征求意见，共收集到涉及面积划分、水源灌溉等意见建议 1 000 多条。2002 年形成了实施方案，全村 6 个组都制定了具体实施办法。各组按照土质好坏、位置远近、水源条件等把组内土地划为若干片（1 组四片、2 组五片、3 组九片、4 组五片、5 组五片、6 组四片），对相对较差的片区采取土地面积折算的办法。划片前，全村共修通 3 米宽的机耕道 59 条，总长近 20 公里。在电力部门大力支持下，给每个片区架通了电路。四是分组实施。2002 年秋，6 个组分别完成土地丈量工作，对每块地编制地名、确定面积后汇编成册，对抗旱设备使用等一系列问题形成决议。通过抓阄的方式确定各户承包地位置，之后按照应承包面积（按照户籍人口计算）确定具体地块界限。抓到承包地位置编号后有不如意的，农户间可于当天自行协商交换。各户签字确认后，办理土地承包经营权证。大多数农户实现了“一户一片田”，大大方便了耕种。

（二）开展确权登记工作后，全县安排三个村进行“按户连片”试点

沙洋县确权登记试点工作自 2014 年 4 月底开始。试点工作中发现了三坪村的典型做法，感到具有潜在的示范

效应。在深度调研后形成《承包经营土地按户归并集中——沙洋县毛李镇三坪村调查报告》，对于全县确权登记工作具有重要引导意义，湖北省政府办公厅《政府调研》和《三农研究》向全省作了推介。沙洋县委、县政府决定，于8月下旬开始结合确权登记工作推行“按户连片”耕种，选择官垱镇鄂冢村、拾桥镇马新村、马良镇童沙村作为试点村。三个村分别因地制宜、以组为单位实行土地“按户连片”，得到了群众的积极拥护。到9月底，三个试点村均顺利完成连片试点，受到各方面一致好评，全县上下初步形成了推行“按户连片”耕种的良好环境和氛围。

鄂冢村有6个村民小组。由于村民对征地的预期值很高，特别是承包地处于公路沿线的农户，他们认为将来被征地、获得征地补偿的可能性很大，他们期望承包地被征从而获得可观的补偿费，所以不愿放弃自家承包地的承包权。该村干部群众从这个实际情况出发，选择了“各户承包地承包权不变、通过交换经营权实现连片耕作”的办法。交换经营权的大致做法是：如果哪个农户家有比较大的地块，即保留这个地块的经营权，并以这个地块为起始，通过协商把临近这个大地块的几个小地块的经营权交换到自家来，从而实现连片耕作。全村共完成“按户连片”面积1 989亩，连片率94.7%。村支书严永中告诉我们，“这个做法很公平，但太繁琐，村干部工作量大。各户的经营权和承包权不一致了，使承包经营关系变复杂了。还是重新分地的办法好，但是地段好的农民不同意，我们做不下工作来，如果政策上统一要求重新分地、按户连片就好了。”马新村有 15 个村民小组。其中，第 4、7、9、14 四个组采取“重新分地、面积不变”的办法（其实质是集体统一组织进行“承包经营权交换”），其他 11 个组采取“农户间协商、交换承包地”的办法。交换承包地的大致做法，类似上述交换经营权的做法，即以原有较大的地块作为基础，通过协商把临近的小地块交换到自家来。全村完成按户连片耕种面积 6 095 亩，连片率 96.0%。童沙村有 12 个村民小组。其中，第 7、8、9、12 四个组采取“重新分地、面积改变（即增人增地、减人减地）”的办法，其他八个组采取“农户间协商、交换承包地”的办法。全村完成按户连片耕种面积 4 817 亩，连片率 99.2%；全村农户中实现“一户一片田”的约占 40%，“一户两片田”的约占 60%。村支书张家武坦诚地说，“有四个组重新分了地，这突破了《土地承包法》规定，但是群众都是同意的，作为试点是成功的。”

（三）在试点经验基础上，2015 年在全县推行“按户连片”耕种

三个典型村试点成功后，沙洋县形成了《沙洋县首开全省先河结合土地确权试点优化分散经营的调查报告》和《按户划片耕种——解决土地“碎片化”经营的有效实践》

两篇调研报告。省、市领导给予充分肯定，媒体舆论积极宣传推介。特别是，省委书记李鸿忠于11月、12月两次对沙洋县的调研报告作出批示。按照省、市领导的批示精神，积极响应老百姓的期盼，沙洋县决定2015年在全县范围内全面推行“按户连片（自选动作）+确权登记（规定动作）”工作，以彻底解决土地分散化、碎片化问题。一是加强宣传培训，做到“三个知晓”。首先，让领导干部全知晓。5月底，沙洋县召开了县、镇、村三级干部参加的土地确权登记工作动员大会，县“四大家”领导全体出席，拉开了全县推行“按户连片”耕种工作的序幕。县委理论中心组召开扩大会议，专题学习推广“按户连片”耕作工作的有关精神和部署。其次，让镇村干部全知晓。各镇逐级召开“按户连片”工作培训会320次，共培训13 177人次。各镇组织村干部、村民代表到三坪村、鄂家村现场观摩学习。第三，让农民群众全知晓。通过电视字幕飞播等多种方式，广泛宣传“按户连片”耕种的好处。全县通过手机报发送“按户连片”宣传短信7.8万人次，悬挂宣传标语1 445条，发放《连片耕种颂》13万份，回收有效《按户连片耕种征求意见表》13万份。做到了宣传动员全覆盖，形成了连片耕种的氛围。二是加强组织领导，突出“四个到位”。首先，工作组织到位。成立了由县委书记揭建平任组长、县长谢继先任第一副组长，县直21个相关部门主要负责人为成员的确权登记工作领导小组，副县长杨宏银兼任领导小组办公室主任。镇、村两级相应成立工作班子。其次，工作方案到位。根据中央、省、市文件精神，结合沙洋县实际情况，想农民之所想、急农民之所急，科学合理制定了全县结合确权登记推行“按户连片”耕种的工作方案。镇、村、组三级相应制定具体实施方案。第三，工作经费到位。沙洋县确权工作共需经费 3 856 万元，除中央、省两级财政补助外，从县级财政经费中列支 1 261 万元全力支持确权工作。第四，工作督导到位。从县确权登记领导小组成员单位抽调 8 名业务骨干成立确权专职班子，负责确权登记和“按户连片”工作的协调与督办。下乡督办不打招呼、不定时间，直接进村入户。每周召开一次督办例会，截至 10 月底已召开 21 次，及时督办、协调解决进展中的有关问题。

目前，沙洋县已完成按户连片耕地面积 85.3 万亩，总体连片率已达 89.6%。其中，采取“各户承包权不变、农户间协商交换经营权”模式的土地面积约 75.9 万亩，占连片耕种总面积的 89%；采取“农户间协商交换承包经营权”模式的连片面积约 6.8 万亩，占 8%；采取“土地重分”（一般面积不变）模式连片面积约 2.6 万亩，占 3%。总体看，沙洋县积极推进农村土地承包经营权确权登记颁证工作（规定动作），并整县推行“按户连片”耕种（自选动作），使农户耕种的土地连成一片、最多不超过两片，大大方便了耕作，深受农民群众拥护和好评。

9月上旬，《人民日报》、《财经国家周刊》（新华社主办）刊发沙洋县按户连片耕种经验。10月中旬，《经济要参》（国务院发展研究中心主办）、《农民日报》将沙洋县“按户连片＋确权登记”经验归纳总结为湖北土地确权的“沙洋模式”。

二、主要成效和模式分析

（一）按户连片耕种模式的成效

通过推行“按户连片”，最大限度地实现农户耕种“去碎片化”，使农业生产成本降低约二至三成，家庭经营模式在现有条件下得到了明显优化。一是化解了务农劳动“累”的困境。留守农村务农的大多是上了年纪的老人，在耕种地块分散、零碎的情况下，农活的劳动强度是很大的。“按户连片”后，可以大幅度提高机械化作业率，农活劳动强度大的困境迎刃而解。太山村第10组村民李富才说，他家有12亩田，过去分散在8个地方、共20多块，耕种很不不便，特别是农忙季节忙得团团转，既费神又费力；今年（2015年）按户连片以后，面积不变，耕种则方便得很了，感受是实实在在的。二是化解了分散流转“差”的困境。过去由于地块分散，往往造成一个农户家里有的地块流转出去了，有的地块没转出去、还得自己种的情况。转入方想流转土地，由于涉及多家的地块，需要跟众多的农户协商，明显增加了交易成本。各家各户的土地连片后，再遇到土地流转就简便多了。从前分散、细碎的土地不仅难以流转，而且流转价格只有 400 元左右；连片后，便于耕种、便于流转，土地流转价格上升到每亩 700 元左右。三是化解了公共设施“乱”的困境。农户都希望能修建机耕道便于机械下田，但过去往往因为土地难协调而搁置。2014 年，鄂冢村借助“按户连片”试点的契机，多渠道筹集资金，修建机耕道 16 条、总长达 5 公里。按户连片后，水、电的管理和使用明显改善，减少了浪费和矛盾纠纷。鄂冢村村民张功才说，现在“一个水泵、一根水管、一根电线”就解决了过去的用水用电难题。四是化解了种田成本“高”的困境。过去由于地块插花，农户到田间整地、施肥、插秧、浇水、收割等生产活动，一般需要经过其他农户的地块或田埂，往往形成制约因素。田块太散、太小，收割机难以去小地块收割，只能请人帮忙，但人难请、费用高，而且劳动时间长；连片后，收割机可以大小田一起作业，且收割费用由每亩 120 元降到 100 元。太山村李富才说，“原来要两个水泵、200 米水管，现在只用一个水泵 50 米水管就行了。原来整田需要 5 天，现在只需 2 天；过去插秧要 3 天，现在只需 1 天；过去打药需要 3 天，现在只用半天!”五是化解了统一耕作“难”的困境。过去由于同一片区农户种植的品种不一致、成熟期不一致，病虫害发病情况也不一致，阻碍了统防统治等社会化服务的推进；连片后，具备了开展社会化服务的基础条件，问题随之化解。以前由于土地分散、细碎，推广“稻虾共生”等高效种养模式存在较大难度；按户连片后，便于土地流转和管理协调，相邻的农户可以联合共建防逃等公共设施，从而实现产业结构调整升级。

（二）按户连片耕作模式的主要经验

沙洋县“按户连片＋确权登记”工作进展顺利，取得了可喜的效果，这主要得益于“顺应民意、科学推动、形成合力”。一是合乎实际、顺应民意。沙洋县“按户连片”耕作源于农民自发的探索实践，是农民群众的所需所愿，也是政府抓住时机、应势推动的结果。曾集镇太山村支书范诗文创作了打油诗《连片耕种颂》，纪山镇副镇长李俊进行了完善，“分散种田弊端大，旱涝灾害冇得法。东一块来西一块，半天巡田管不来。整田施肥和收割，哪样都得人肩驮。连片耕种就是好，泾渭分明没计较。田好管来水好调，机械作业效率高。忙月过得挺逍遥，连年丰收喜眉梢。”二是试点先行、科学推动。县委县政府领导班子初步形成“按户连片＋确权登记”工作思路后，先于2014年选择三个典型村开展试点并取得成功，再于2015年在全县推开并取得阶段性显著成果，做到了既不盲目推行、又不错过时机，这体现了县领导班子执政为民、抢抓机遇、科学发展的优良作风。三是领导挂帅、形成合力。县委书记、县长亲自挂帅，县“四大班子”全力支持，各级党政领导抓住机遇、主动作为，在确权登记和按户连片工作中心系百姓、勇于担当，有力地推动了工作，深受干部群众好评。许许多多的工作人员都认识到“按户连片”是为民办实事、办大事、办好事的难得机遇，集中精力、不辞辛苦，认真扎实地做好各项具体工作。“干部多吃一份苦，农民少流一滴汗”，这是沙洋县各级干部的共识。

杨宏银副县长说，“按户连片”耕作模式既是农民的自发探索，又是政府的引导推广，是诱致性制度变迁（群众探索）与强制性制度变迁（政府推行）的完美结合，从而使“按户连片”在全县遍地开花结果，取得了意想不到的效果。

（三）按户连片模式利弊分析

第一种模式，“各户承包权不变、农户间协商交换经营权”，这种模式充分利用和体现了“三权分置”理论，是应用最为广泛的一种模式。其利是，可以保留原承包户对土地的承包权，保障在被征地时获得预期补偿，减少因征地引发利益纠纷；其弊是，承包权与经营权分离后，各家各户的承包地与耕种地不一致，使土地承包经营关系更为复杂，且农户间协商互换经营权的程序比较繁琐。以鄂家村为例，有的农户换一两次，多的则需换五六次，全村共换了 1 000 多次，每换一次就得签一份合同。第二种模式，“农户间协商交换承包经营权”，一般发生在有个别农户不同意“换地”、不同意“重新分地”的村组。其利是，实现承包权、经营权的一并交换，即经营权人与承包权人保持一致，土地承包经营关系比较清晰；其弊是，农户间协商互换承包经营权的程序比较繁琐。第三种模式，“土地重分”，发生在全体农户同意“按户连片”的村组，各户土地面积一般不变。其利是，相对于前两种模式来说操作程序较为简便，连片效果更佳；其弊是，实施中必须得到全体农户同意，不然容易留下纠纷矛盾和上访隐患，特别是“增人增地、减人减地”的土地重分不符合中央农村土地承包政策，风险较大。

关于涉及征地补偿办法问题。我们入村调研的第一站是鄂冢村，该村“各户承包权不变、农户间协商交换经营权”的做法让我们感到很新鲜，这么繁琐的交换程序，农民群众竟然实实在在就这么做了；同时也有一些不解，一个村民小组内的土地，竟然还分不同地段？将来被征的可能性越大，这样的承包地就越成为“香饽饽”，其原因究竟是什么？后来听杨宏银副县长、陈春生局长介绍，得知全县“按户连片”耕种面积中绝大多数都是采取的在村组内“各户承包权不变、农户间协商交换经营权”做法。据介绍，城郊耕地被征地后一般每亩补偿 3.8 万元左右，位置偏远的耕地补偿费则仅为 2 万元左右。补偿费的分配办法是，其中30%补给集体，70%补给农户。补给农户的部分主要由原承包户享有，仅以地面青苗费形式补偿经营权人。以每亩征地补偿标准为3.0万元测算，承包户可以获得约2.0万元的补偿收入，农民认为这是一笔可观、划算的收入。正是这样的征地补偿预期，使小组内处于优势位置（比如靠近公路，征地可能性大）地块的承包户不愿意交换承包权。

三、有关建议

沙洋县紧紧抓住农村土地确权登记这个重要机遇，举全县之力解决阻碍现代农业发展的土地细碎化问题，取得了显著的经济效益和社会效益。全县各级干部特别是县领导班子的责任意识、决策水平和工作精神，都值得给予高度肯定。结合沙洋县的经验和全国农村土地承包经营权确权登记工作开展情况，提出以下政策建议：

（一）明确鼓励解决土地细碎化的相关政策

我国农村承包土地细碎化问题普遍存在。2013年中央1号文件明确提出，“结合农田基本建设，鼓励农民采取互利互换方式，解决承包地块细碎化问题。”《农村土地承包法》第四十条也规定，“承包方之间为方便耕种或者各自需要，可以对属于同一集体经济组织的土地的土地承包经营权进行互换。”借鉴沙洋县经验，如果抓住承包地确权登记的机遇，在各地普遍引导鼓励实施“按户连片”耕作，对于解决承包地细碎化问题、降低农业生产成本、加快发展现代农业，无疑具有重大的现实意义。建议在有关文件中提出相应的政策：鼓励有条件的地方，在充分尊重农民意愿和做好土地确权登记工作的前提下，探索开展互换并地、连片耕种的方法，引导农民通过自愿互换承包地解决地块细碎化问题。

（二）进一步宣传按户连片耕种模式好经验好做法

沙洋县推行“按户连片”耕种的三种模式各有利弊，但总的趋势是着力解决土地细碎化问题，促进适度规模经营，加快发展现代农业。建议通过编发简报、媒体宣传等形式将“沙洋模式”中的好做法及时推广到适宜地区、适宜村组，指导各地探索做好“按户连片＋确权登记”工作，既有效解决农村承包地细碎化问题，又高效开展农村土地确权登记颁证工作。

关于安徽怀远“一户一田”耕种模式的调研报告[①]

近日，我们赴安徽省怀远县专题调研“一户一田”耕种模式情况。到徐圩乡殷尚村实地了解情况，在殷尚村村委会、徐圩乡政府分别召开座谈会，查阅了“一户一田”村组资料，同乡村干部、农民群众广泛沟通讨论。有关情况报告如下。

一、“一户一田”耕种模式的基本情况

怀远县位于蚌埠市西部，淮北平原南部。二轮延包以来，将田地按等级分到每家每户，形成好田差田家家有，一家有几块田甚至十几块田，田块面积由几分到几亩不等的情况，造成了农户承包地“细碎化”现象。近年来，耕地“细碎化”现状越来越不适应农业快速发展的要求，影响了农民种田的积极性，制约了现代农业建设。难则思

① 此文完成于2016年10月。调研组共五位同志，本书作者为主要执笔人。

变，群众想改变土地“细碎化”现状的愿望强烈。

（一）殷尚村先行探索试点

殷尚村共有 19 个村民组，925 个农户，耕地面积 12 000多亩。结合农村土地承包经营权确权登记工作，殷尚村东部、大一两个生产组 79 户农户自发组织起来，以签字摁指印的方式，决定进行小田并大田，试行“一户一田”的耕种模式。两个生产组原先的 426 块“零碎田”，合并成 81 块的“集中田”，基本做到了一户一块承包地，彻底结束了耕种地块零碎的历史。

2014 年初，该村东部组有农户 20 户，103 口人，耕地面积 467 亩。当年 4 月，东部组邵志敏、邵东洋等几位村民代表提出“干脆小田并大田吧”，把本组当前过于分散、零碎的承包地，以互换并块的方式进行重新合并，形成户均“一块田”。这个想法立即得到全组村民的一致赞同。村民自发成立组织，研究制订方案，找法律政策依据，争取乡村两级支持，认真丈量土地，公平公正地把承包土地重新合并分配到户。该组在乡村两级的指导下，在并地过程中坚持“以原二轮承包分地人口不变”为基本原则。2014 年 5 月 20 日，该组并地工作全面完成，20 户原 168 块土地合并后，按照“一户一田”重新承包分配到户，使 19 户实现了“一块田”，另外 1 户有 2 块田，实现了一户一块田的目标。各户的地块面积，少的 10 亩多，多的达到 30 多亩，成方连片，便于耕作。东邵组“一户一田”的实施，充分体现了村民的创新精神，是解决土地细碎化问题的有益探索和有效举措。

东邵、大一两个组“一块田”的成功试验，在全村引起强烈反响，其他各组群起效仿。目前，全村已有 14 个村民组完成“一户一田”，共合并田块面积 9 000 多亩，占该村耕地总面积的 3/4。殷尚村村委会主任魏伟深有感触地介绍：实行“一户一田”，解决了承包地块过于零碎的问题，便于耕作和管理，有利于使用大机械，有利于病虫害统防统治；其次，在实施并块前，对沟、路、渠、桥、涵等公共设施用地进行统筹规划，对不再必要的公共用地进行复耕，大幅度节约了公共用地面积，可以较好地解决过去集体公益事业用地难的问题；第三，比较彻底地改变了原来承包土地四邻过多、容易产生边界纠纷的问题，也有利于农村土地流转，实现规模化经营，并块后土地流转费可增加二三百元。

（二）徐圩整乡推广试行

徐圩乡位于怀远县西部，辖 14 个行政村，有 229 个村民小组，1.2 万个农户、5.71 万人，耕地面积 12.5 万亩，农民人均耕地面积 2.2 亩。由于“一户一田”耕地模式带来诸多实际效益，在殷尚村合并地块成功后，周边村民纷纷效仿，并引起了徐圩乡党委政府的高度重视。经过认真研究，全面谋划，拟在全乡试点推行"一户一块田"模式。

2016年2月，徐圩乡党委、政府印发《关于成立徐圩乡"一块田"工作指挥部的通知》，成立专门指挥部，由乡党委书记蔡永任政委、乡长杨光任指挥长，乡领导班子其他成员分别任副政委、副指挥长。2016年3月，徐圩乡召开了"一户一田"工作动员大会，把东邵组的成功经验在全乡进行试行推广，以解决多年来群众想办却办不成的事。坚持"群众自愿，政府引导，试点推进"的原则，提出了"全面试行，整乡推进"的目标，并在具体操作中就有关内容进行了规范和拓展，主要有五个方面：

"一个坚持"。坚持尊重农民意愿的原则，以村民小组为单位，"试点先行，群众自愿，逐步实施"，成熟一个推进一个，引导群众通过自愿协商逐步推广，不搞"一刀切"、"齐步走"式的强行推进。"二个保障"。按照"群众有愿望，政府有作为"的要求，徐圩乡发挥"政策指导"和"组织引导"两方面的保障作用，成立"一块田"工作指导组，及时为有意向合并田块的村民组提供政策咨询，规范操作流程，完善组织领导。"三个结合"。在全面推广中，徐圩乡将"一户一田"试点工作与村民关注问题、当前有关工作及将来发展规划进行有效结合，做到了将"田块合并"与"宅田统筹"相结合，预留机动地与农村公益设施规划建设相结合，互换并地工作与确权登记颁证工作相结合。“四个处置”。徐圩乡在“一户一田”耕地模式推广过程中，注意处置好宅基地、“三边（路边、沟边、田边）四荒”地、五保户承包地、外出农户返乡要地这四个相对集中的问题。提倡实行“宅田统筹”处置办法，过去开荒多出土地依法收归集体，五保户用地在去世后收归集体，外出务工返乡要地纠纷通过双方协商或依法仲裁解决。“五个不变”。为确保试点工作开展的合法性和有效性，徐圩乡在推广“一户一田”改革中，坚持农村土地集体所有性质不变，土地家庭承包经营制度不变，以村民小组为土地承包范围不变，以二轮承包时分地人口为基数不变，农村耕地发展现代农业的用途不变。

推行“一块田”模式，涉及农民群众切身利益，政策性操作性很强，必须周密组织，稳妥实施。一是宣传发动。乡、村利用春节农民返乡时机，深入到组、农户座谈交流，召开村、组全体党员、干部、群众代表会议，开展大讨论，吃透法律、政策精神，找准关键问题，统一干部群众思想，及时妥善解决可能出现的问题。利用各种宣传形式，深入宣传农村土地互换并块，实现户均“一块田”的意义，大力营造浓厚的工作氛围。二是制订方案。制定科学合理、周密可行的方案，是确保“一块田”模式顺利落地的关键步骤。以村民组为单位，在乡、村统一组织下，以农户土地确权面积为基础，在充分尊重民意、广泛征求意见的基础上，切实结合实际，制定村民组具体实施方案。按照民主的原则，实施方案主要确定三个方面的问题，即确定地块等级、确定集体公益事业规划建设用地；确定集体公用沟、路、渠、林用地；确定并地互换地块序号，确定并地面积及地块等级系数，确定并地找补地块位置和面积。制订方案要切实坚持群众路线，充分尊重农民创新精神，做到思路群众出、意见群众提、工作群众做、办法群众想，确保方案公开、公平、公正。三是抽签换地。确定地块分配的先后顺序后，组织农户进行两轮抽签。第一轮抽农户顺序签，确定农户下一轮抽签的先后顺序；第二轮抽地块顺序签，按照一轮抽签所得顺序号，农户依次抽取承包地块位置的先后顺序。按照第二轮抽签结果，抽得"1 号"的农户首先分得承包地，地块位置为地块分配的起始位置；抽得"2 号"的农户，紧接着"1 号"农户的地块分得承包地；以此类推。按照各户应得承包地面积，进行现场测量，确定各户地块边界，并打桩定界。四是完善手续。每个步骤都要登记造册，做好文字材料记录，认真履行村民代表、经办人、审核人、承包农户签字手续。实行"一户一表，一村一册"，形成完整档案材料。统一上报到乡，集中归档备案，实行规范管理。五是检查验收。徐圩乡成立专项验收工作组，对实行"一块田"的村、组逐个进行检查验收，并将村组实施的情况、遇到的问题、解决的办法和取得的成效进行总结，形成可复制、可推广的经验模式。

（三）蚌埠市委市政府积极扶持

蚌埠市委市政府对试行“一户一田”工作给予了充分肯定，并积极出台财政资金扶持政策。2015年，赋予了市农村土地流转工作领导小组统一领导各县（区）农户自愿互换并地工作的职能，以保障全市“一块田”承包经营试点工作的顺利推进。2016年9月，蚌埠市政府办印发《蚌埠市促进现代农业发展政策》，其中明确：对按照规定程序通过互换并地等方式解决承包地细碎化，实施“一块田”合并土地100亩以上的村、整村推进后“一块田”合并土地20亩以上的村，按照互换地面积每亩100元标准进行奖补。

2016年5月，蚌埠市农委印发《关于扩大农户互换并地实现“一块田”承包经营试点工作指导意见》（蚌农林〔2016〕80号），进一步明确了有关扶持政策：对通过农户互换并地，实施“一块田”合并土地100亩以上的村，市财政按照互换地面积每亩100元的标准进行奖补。补助资金主要用于并地地块农田基础设施建设。互换并地过程中地块测绘、变更影像信息、数据库调整等所发生的费用，由县（区）财政承担。农户互换并地实现户均“一块田”或“两块田”承包经营，免费变更换发土地承包经营权证，所需费用由县（区）财政支付。

在资金支持的基础上，蚌埠市政府强调“一户一田”工作必须坚持政府只指导不强推，只指导不包办，在充分尊重民意的基础上，制定严格规范的操作流程，在具体步骤上，制定了17个流程，并归纳为成立组织、宣传动员、制订方案、组织实施、核实公示、换证建档、组织验收等七个阶段以规范程序。

二、“一户一田”耕种模式的主要成效

目前，怀远县徐圩乡已进行试点的村民组85个，占村民小组的37.1%；涉及农户占总农户数的27.5%，共合并田块面积46 159亩，占12.5万亩耕地的37%。2016年底，全乡“一户一田”面积将达到6万亩，占耕地总面积的48%；2018年底，全乡将全面实现“一户一田”的经营模式。地块合并，实现“一块田”后，生产效益、土地利用效率和社会效益等方面成效明显。

一是生产效益明显提高。承包地并块整合后，农户耕种、灌溉、收割等环节的工时大幅度减少，物力、财力等投入也明显降低。小麦、玉米、水稻等粮食生产，亩均可降低生产成本约二成。殷尚村东邵组68岁的邵东洋介绍说：他家原来9块地，因为地块小，小麦机收每亩需70元，9块地要收三四天；现在一大块地，小麦机收每亩只需50元，仅用3个小时就能全部收完。不仅生产成本降低，加之农户有效耕地面积增加、单产有所提高等因素，生产经营效益得到明显增加，户均增收20%以上，农民

得到了实实在在的利益。

二是土地利用得到改善。过去，由于地块小，墒沟田埂多。实施“一户一田”的过程中，众多小地块之间的田埂、垄沟得到整平，部分小地块之间的水渠和生产路得到复垦，有效耕地面积得到一定幅度的增加。如殷尚村东邵组，467 亩地中有 150 多条墒沟，至少占地 20 亩；实行“一块田”后，田埂被推平，墒沟减少到 30 多条，可增加耕地面积 5%左右，平均每户多分耕地 1 亩多。徐圩乡全面完成“一块田”改革后，预计新增有效耕地面积 5 000 亩左右。这对于保护有限的耕地，增加国家粮食安全保障能力，具有重大现实意义。预留的公共用地为兴办公益性事业和基础设施解决了实际问题。

三是社会效益逐步显现。过去，土地零碎，四邻太多，地块毗邻的农户为了地界容易发生纠纷；机械操作不便，也挫伤了农民种田的积极性。实行“一块田”后，因地邻的减少，相应纠纷也大幅减少，有利于农村和谐稳定；同时，农民种粮和进行农业结构调整的积极性大增。

三、思考与建议

实行“一户一田”耕种模式，是农民群众为改善土地零碎现状而进行的耕地互换行为。据了解，除安徽省怀远县、蒙城县进行了探索实践外，河南商丘、广西崇左、广东清远、湖北荆门、新疆沙湾、内蒙古赤峰通辽等地也不同程度在部分乡村开展了这项工作，受到了农民群众的欢迎和支持，群众得到了实惠。总体来看，各地“互换并地”、“按户耕作”和“一户一块田”等做法有几个共同特点。

首先，地类等级差别逐步缩小是互换并地的客观条件。20世纪八九十年代，由于地域土质存在差别、用水用电条件不同、距离村庄有远有近等因素，一个村组的耕地普遍存在地类等级差异，这是形成承包土地细碎化的客观原因。1992年殷尚村东邵组的土地主要分为好、中、差三类。土地等级差异的主要因素是土地排水情况，高处不受淹的地为好地，一般能放水的地为中地，洼地易淹为差地。由于东邵组较小，土地远近差异不大；不同地块的土质略有差异，但差异较小。近年来随着农田水利设施的逐步改善，土地等级差别逐步缩小，为互换并地达到“一户一田”提供了客观条件。1992—2013年，殷尚村共投入土地整治资金两千多万元，主要是农业综合开发、农田水利基础设施、土地综合整治等财政项目资金，用于挖沟、修桥、铺路等建设，逐步使地类差异有所缩小。

第二，政策指导鼓励扶持是互换并地的必要保障。按照法律、政策开展工作，是基层干部群众的基本意识。进行互换并地，需要依照现行法律和政策的规定。2003年3月施行的《农村土地承包法》第三十二条规定，“通过家庭承包取得的土地承包经营权可以依法采取转包、出租、互换、转让或其他方式流转”，明确允许土地承包经营权可以互换；第四十条进一步明确，“承包方之间为方便耕种或各自需要，可以对属于同一集体经济组织的土地的土地承包经营权进行互换”。2005 年 3 月施行的《农村土地承包经营权流转管理办法》（部长令 2005 年第 47 号）第十七条规定，“同一集体经济组织的承包方之间自愿将土地承包经营权进行互换，双方对互换土地原享有的承包权利和承担的义务也相应互换，当事人可以要求及时办理农村土地承包经营权变更登记手续”。近年来，中央政策进一步重视解决农村承包土地细碎化问题，鼓励引导通过“互换”方式积极解决这个问题。2013 年中央 1 号文件明确，“结合农田基本建设，鼓励农民采取互利互换方式，解决承包地块细碎化问题”。2016 年中央 1 号文件指出，“依法推进土地经营权有序流转，鼓励和引导农户自愿互换承包地块实现连片耕种”。中办发〔2014〕61 号文件明确规定，“鼓励承包农户依法采取转包、出租、互换、转让及入股等方式流转承包地”，“鼓励农民在自愿前提下采取互换并地方式解决承包地细碎化问题”。

第三，承包地确权登记颁证为解决土地细碎化创造了时机。地类差异普遍缩小，为实行互换并地、解决承包地细碎化问题的客观条件越来越成熟，中央部署的一系列农村改革和承包地确权登记颁证为推进解决土地细碎化创造了时机，通过总结各地经验，完善政策，加强指导，大胆实践推行，意义更加重大。怀远县徐圩乡党委书记蔡永把开展"一户一田"工作提炼为四句话，"小试验、大方向，探路子、作示范"。他说：我们搞的是"小试验"，但这一定是运用确权登记颁证成果，深化农村土地经营制度改革的"大方向"；我们目前的工作，就是为此积极"探路子"，如果总结出来的经验能够为普遍推行"作示范"，我们的工作就更值得了。

在调研过程中，当地干部群众反映困扰的问题，需要进一步研究。一是承包地确权登记颁证成果运用问题。调研组认为，尽管基层干部群众对"一户一田"工作有较大的积极性，但互换并地工作不能孤立开展，应当在深化农村土地制度改革的"大盘子"中统筹安排。从怀远县的情况看，除先期开展的殷尚村是先互换并地、后登记颁证外，其他多数村组是在确权登记完成后又逐步试行"一户一田"的。这些后期试行的村组进行并田时，确权登记工作已经完成了，只差证书没有颁发到户；而实现"一户一田"后，原有的四至、空间坐标及面积都发生了改变，已经实现"一户一田"的村组需要重新登记确权。确权成果没有得到合理的利用，互换并地过程中地块测绘、变更影像信息、数据库调整等所发生的费用还加大了地方财政负担形成了浪费，同时，后期进行土地整理也存在"一事一议"向农民集资问题。二是需要进一步研究明确相关政策问题。蚌埠市在开展"一户一田"试点工作中，坚持"群众百分之百同意方能开展试点”的指导原则，以保证工作顺利开展和村组和谐稳定。但在实施过程中，个别农户由于过去拱地头儿、开荒等，实际占有耕地多于其他农户，有抵触反对的意见；有的农户承包地靠近道路，位置相对较好，有可能被征占转为建设用地，存在增值空间，也不同意调地。同时，有部分不同意调地、换地的农户按法律进行司法维权，也会导致此项改革推进困难。

各地推进“互换并地”、“按户耕作”和“一户一块田”等做法，实践证明取得了良好的经济、社会效果。建议加大工作力度，进一步总结规范，出台相应措施，推动其健康发展。一是进一步总结有关经验和做法。在推进承包地确权登记颁证工作中，各地涌现了一批好的典型和经验，形成了解决土地细碎化的成功案例，要在把握好政策导向的基础上，及时总结各地好的做法，加大系列宣传力度，形成宣传氛围，从而引导各级干部、农民群众结合确权登记成果和农村改革推行土地互换耕种。二是加强互换并地资金项目支持。建议相关部门进一步研究政策扶持资金和项目支持整合，结合承包地确权登记成果运用，用项目引导各地探索可行路径，推进土地细碎化的解决。三是建议出台专门的指导文件。进一步梳理和整合相关土地细碎化的政策，适时出台系统明确的指导意见，从顶层制度设计上鼓励农民土地平整互换，实现以家庭承包为基础的整块田经营。

关于广东清远农村土地整合与确权情况的调研报告①

近日，我们赴广东省清远市，就农村土地整合与确权工作情况进行调研。深入阳山县潭村、升平村和英德市石门台村、塘坑村等实地了解土地整合与确权的具体情况，并在清远市召开座谈会进行交流研讨。有关情况报告如下。

一、主要做法及成效

清远市地处粤北山区，是广东省陆域面积最大的地级市。实行家庭承包制后，户均承包土地约 3.5 亩，一户少的六七块地，多的达二三十块，既零碎又分散，丢荒现象比较严重。20 世纪 90 年代以来，一些村庄通过村民理事会的协调，农民自发采取置换整合土地等方式解决细碎化

① 此文原载于《农村经营管理》，2017 年第 1 期。调研组共四位同志，本书作者为主要执笔人。

问题，发展承包土地连片经营。近年来，清远市围绕农村土地资源、财政涉农资金、涉农服务平台“三个整合”全面推进农村综合改革工作，受到了各方面关注。2014 年 4 月，清远成为中央农办农村综合改革联系点；2014 年 11 月，农业部等 13 部委将清远列为全国第二批农村改革试验区。

（一）省农业厅及时给予支持指导

按照中办发〔2014〕61 号文件“鼓励农民在自愿前提下采取互换并地方式解决承包地细碎化问题”等政策精神，广东省农业厅对农村土地整合与确权工作高度重视，于 2015 年 3 月印发了《关于鼓励通过互换解决农户承包地细碎化问题的指导意见》（粤农〔2015〕59 号），明确要求：以农村土地承包经营权确权登记颁证为契机，通过与高标准农田建设、农业综合开发、土地整理、中低产田改造、农田水利建设等涉农项目挂钩，完善田间配套设施，提高耕地质量和土地利用率，激励农民在自愿、互惠互利的基础上进行互换并地，实现承包地块相对连片后，进行确权登记颁证，促进农业增效、农民增收和现代农业发展。

（二）先整合后确权，实行“五步法”

2015 年 7 月，清远市农业局印发《清远市农村土地承包经营权确权登记颁证工作方案》，明确提出：坚持“先整合后确权”的原则，在群众自愿基础上，以完善田间配套设施、提高耕地质量为动力，鼓励、引导在集体经济组织成员内部进行土地互换并地、解决农户承包地细碎化问题后，再稳妥推进土地承包经营权确权登记颁证工作。清远市政府副秘书长胡兴桂介绍说，全市各地农村开展土地整合坚持“五步法”。①调查摸底。组织人员丈量农户原有耕地，掌握农户承包土地的面积、类别、所处位置、肥瘦程度等情况。②起草方案。各村起草土地整合初步方案以及土地整合后的发展规划，多渠道征求全体村民的意见建议，进一步修改完善方案和规划。③表决方案。召开村民大会或户代表会议，对本村土地整合方案和发展规划进行讨论和表决，经100%的农户同意通过后，各户代表在方案上签名并摁手印确认。④治理耕地。开展田块平整及规格化、田间机械化作业路建设、排灌渠道建设、引水渠道建设等，改善农田基础设施条件，解决土地级差问题。如，阳山县升平村的5个村民小组，经与上级部门反复沟通，整合涉农资金25.4万元，在此基础上村委会投入5万元，引导村民投工投劳折资16万元，总计投入46.4万元，建设环村机耕路2.7公里、“三面光”灌渠3.2公里，使田间运输、灌溉得到明显改观，比较彻底地解决了地类差异问题。⑤连片发包。由经济合作社（指村民小组一级的集体经济组织，下同）根据本村土地整合方案，将土地连片发包给农户，实现“一户一地”或“一户两地”。如，阳山县潭村的10个村民小组，共226户、782亩耕地，2015年12月起试点土地置换整合工作，把原有承包土地1 206块整合为317块，实现“一户一地”的有136户，“一户两地”的89户，有1户为一户三地。

（三）土地置换整合取得初步成效

截至2016年10月底，共有17 475个经济合作社签名同意开展土地整合，占总数的89.3%；同意整合耕地面积216万亩，占总耕地面积的83.2%。目前，已完成整合的耕地面积为103.4万亩，占同意整合耕地面积的47.9%，占总耕地面积的39.8%。全市已有14 297个经济合作社部署土地确权工作，已实测承包土地面积50.41万亩，颁发承包经营权证书11 754户，发证面积为6.41万亩。市农业局局长张伟杰分析认为，整合土地解决细碎化问题有“五个好处”。一是农民不用在多地块之间来回奔波，连片后方便进行机械化作业，节省劳动力，节约生产成本；二是一户的几块甚至二三十块土地整合在一起，减少了田埂、水渠等，扩大了土地可耕作面积；三是连片土地的价值提高，便于流转，促进增收，也有助于金融抵押和担保；四是将原来多地块多品种种养，转变为单一品种集中进行规模化生产，能够有效提高土地生产规模效益；五是减少了邻里之间争水、争地块的矛盾纠纷，促进邻里和睦、乡风文明。如，英德市石牯塘镇叶屋村小组，在叶时通（组长、村民理事会负责人）的带领下，于2010年将全组所有旱地、水田及鱼塘进行统筹，由集体出资完善农田基础设施，将农户原来零碎的土地整合连片后，再重新发包给农户（农户按照各自意愿申请经营旱地、水田或鱼塘，水田与旱地的兑换比例为1：2），实现每户土地连片经营。2010年该组村民人均纯收入不足3 000元，2015年已提高到3万元以上，从过去的贫困村变成了如今的“明星村”。

二、清远的工作经验

清远市开展农村土地整合与确权工作初步形成了“四条经验”。

一是整合涉农财政资金集中用于土地整合。2014年11月，清远市委办、政府办印发《清远市财政涉农资金整合实施方案（试行）》。将55类省级以上非普惠性项目资金通过规划引领、打造平台，引导资金向项目聚集以达到整合效果；同时，将21类市级以下非普惠性项目资金和4类普惠性项目资金纳入涉农资金整合范围。截至2015年底，全市累计整合涉农资金12.49亿元。2016年3月，财政部、发改委等八部门印发《关于开展市县涉农资金整合优化试点的意见》，确定清远市为全国首个涉农资金整合地市级试点单位。首先，加大非普惠涉农项目资金整合力度，集中财力办大事办急事。针对非普惠性涉农资金存在的项目分散、使用分散、管理分散，导致资金使用效益低下的问题，清远市、县两级积极探索推进中央、省、市、县四级非普惠性涉农资金整合，以发挥涉农资金的整体合力。2015 年，涉农财政资金整合以县为实施主体，以 24 个农村综合改革试点镇为项目平台，以“消除土地级差，支持土地整合”为主要内容推进实施，将土地整合作为涉农资金整合的重点抓手来推进。市级财政安排 3 300 万元推动土地整合工作，安排 24 个试点镇各 100 万元用于创建 10 个以上“土地整合示范村”，奖励 3 个土地整合先进县（市）各 300 万元。截至 2015 年底，全市共整合非普惠性涉农资金 8.93 亿元。2016 年 4 月，市财政涉农资金整合办印发《清远市财政涉农资金整合 2016 年工作要点》，鼓励各地以“消除土地级差，支持土地整合”为内容引导各类涉农资金整合，实现以规划引领项目、以项目引导资金；加快示范村的土地整合步伐，创建“农村综合改革（土地整合）示范村”，发挥示范带动作用，推动各地积极开展土地整合。其次，发挥村民自治作用，允许将“一卡通”普惠补贴资金纳入整合范围。清远市每年通过“一卡通”发放的生态公益林和种粮直补（含农资综合直补）合计 4 亿多元。在市政府开展涉农资金整合前，各地已有不少自然村自发组织开展资金整合。正是在村民积极进行自发探索的基础上，清远市按照有关资金管理办法，制定规范的资金整合流程。通过发挥村民自治作用，在群众自愿的基础上，由村民与村小组集体签订《授权委托书》，委托银信部门以代扣形式将农户“一卡通”涉农补贴资金转到所在村小组的集体账户，由村民理事会统筹用于村公共事业和公共设施建设，集中力量办实事办好事。截至 2015 年底，全市有 18 113 个经济社签名同意开展资金整合，占总数的 92.62%，共整合普惠性涉农资金 3.56 亿元，投入建设了农业生产基础设施项目 3 479 宗、村容村貌整治项目 6 704 宗、其他建设项目 4 468 宗，切实有效地解决了村内的实际问题。

二是充分发挥村民小组理事会的作用。2012 年以来，在群众自发探索建立村民理事会的经验基础上，清远市积极引导群众在自然村（村民小组）成立村民理事会，以完善农村基层治理和自我服务。村民理事会由热心公益事业的农村党员、村民代表、各大姓每房代表、退休干部和教师、村中乡贤和致富能人等组成，实行“村党组织提事，村民理事会议事，村民代表大会决事，村委会执事”的民主决策机制。2014 年，清远市委、市政府印发《关于提高农村组织化水平进一步深化农村改革的实施意见》，进一步完善基层党组织建设、村民自治、农村公共服务“三个重心下移”，明确要求“充分发挥村民理事会作用”，“在村民小组或自然村全面建立村民理事会”。截至 2016

年 9 月底，清远全市村民理事会达 16 727 个，实现了自然村全覆盖。在村级党组织领导、村委会指导下，村民理事会着重协助村委会兴办农村公益事业，协调解决农村土地流转、土地整合、农业基础设施建设中的问题，协调群众利益，调解邻里纠纷，监督村民履行村规民约，已成为基层村民自治与加强服务的重要社会力量。

三是因地制宜探索土地整合的模式。清远市各地农村因地制宜，结合本村实际情况，充分尊重群众意愿，积极探索实行适合本村的土地整合和确权模式。①“集体统筹，重新承包”模式。在经济不发达，农村劳动力外流相对较少，农民对土地依赖程度较高的地方，一般采用这种模式。由经济合作社统筹本社所有耕地（包括水田、旱地，鱼塘可纳入水田），集中规划、统一整理，划分成若干连片的地块后，以二轮延包为基础，重新发包给社员农户，使每户获得一片（或两片）耕地。②“集体统筹，有偿承包”模式。在经济欠发达，有部分村民外出务工，部分村民留在村中从事种养的地方，较多采用这种模式。由经济合作社统筹所有旱地（包括农户自主开垦的荒地）和林地，划分成若干连片地块，有偿发包给申请经营的社员农户。如，英德市西牛镇新城村小组，1998 年经村民会议表决通过后，从各户手中整合全部 1 228 亩山林地，以每年 30 元/亩、承包期 20 年进行发包，使集体增收 73.68 万元；2007 年，又将 260 亩旱地全部整合，划分成若干地块，以每年300元/亩为底价、承包期10年进行竞标经营，社中36户农户得以经营成片的果园，同时集体增收78万元。③“集体统筹，统一经营”模式。在经济较发达的城郊村，村民大部分外出务工，常采用这种模式。由经济合作社统筹全组土地（水田、旱地和林地），统一进行经营，这种模式又可以分为两类情况。一类是，成立土地股份合作社。如，佛冈县石角镇中华里村民组，经营所得的80%分红给合作社成员，15%用于扩大生产、弥补亏损，5%用于发展村中公益事业。另一类是，由集体统一流转给专业大户、家庭农场、农业龙头企业等进行经营，这种情况在清远市的清城区、清新区比较常见。

四是多种形式探索实行土地确权的模式。清远各地的经济合作社在有关文件政策指导下，从社情民意出发，充分考虑当前与长远，慎重采取适宜的土地确权模式。①确四至到户。土地整合、连片承包后，明确各户所承包地块的面积、四至（位置）等，进行确权登记颁证。这是全市农村土地确权的主要模式。②确面积不确四至。以二轮承包土地面积为基数，把承包经营权以面积、份额或股份形式确给农户。目前，清城、清新、英德、佛冈等地，经济发展较好的村庄倾向于采取第二种确权模式，以防止今后征地工作的难度，发挥土地集体所有制的优势。

三、存在问题与建议

清远市开展土地整合和确权工作取得了初步成效，但仍面临一些困难和问题。一是由于存在土地级差等因素，土地整合过程中协调农户利益的工作难度大，开展土地整理、解决土地级差所需资金压力很大，通过村集体统筹和村民自筹更是难以有效解决。清远全市近 2 万个村民组，多数村组的土地不平整，修路开渠等基础设施建设的投入需求大，据测算，平均一个村民组开展土地治理约需 30 万元。二是土地整合是一项探索性的工作，一些地方农民对土地整合的意义和效果仍缺乏理解、有所顾虑，整合土地的积极性还没有调动起来。三是开展土地确权的经费压力也比较大，工作面广量大，所需经费较多，但地方财力有限，不利于工作推进。

根据清远市开展农村土地整合与确权工作的实际情况，调研组提出以下建议：

一是引导各地结合确权工作解决细碎化问题。开展农村土地确权登记颁证工作，为群众在自愿基础上开展互换并地提供了机遇。土地测量、权属确认等基础性工作，为开展土地整合提供了便利条件。建议鼓励各地从实际情况出发，在农民自愿前提下，结合确权颁证开展土地整合，实现确权颁证工作成效最大化。

二是宣传清远市整合资金解决土地级差的做法。清远市加大涉农财政资金整合力度，集中投入建设农田基础设施，农业生产条件明显改善，有效解决了土地级差问题，破除了进行土地整合的主要障碍，对于解决土地细碎化问题产生了良好效果，农民群众切切实实得到了实惠。建议在《农民日报》进行报道宣传，以供各地借鉴。

三是密切跟踪清远市农村综合改革进展情况。清远市作为全国农村改革试验区和涉农资金整合试点单位，在涉农财政资金整合等方面探索了好经验，同时，也在集体如何统筹土地经营等方面尝试了一些突破现有政策的做法。这些创新的利弊和效果如何，还有待实践的检验。建议对此密切跟踪，及时总结，认真研究，为全面深化农村改革提供有益的参考。

落实集体所有权　完善家庭承包制[①]

20世纪50年代末，我国完成了农业生产资料的社会主义改造，农村土地实行农民集体所有制，这是一个重大的制度性成果，是农业农村经济体制的“根”。改革开放以来，农村土地实行集体所有、家庭承包经营，使用权同所有权分离，理顺了农村最基本的生产关系，极大地促进了生产力的发展。目前，我国正处于传统农业向现代农业加速转型的重要历史阶段，需要以普通农户家庭为基本经营单位，积极培育家庭农场、专业合作社等新型经营主体，并发展多种形式便捷有效的社会化服务，从而构建起有效率有活力的新型农业经营体系。农地制度必须适应现代农业发展的需要，通过完善创新，优化顶层设计和政策措施，从而实现农村土地“效率”与“公平”两个目标。必须始终坚持农村土地集体所有权的根本地位，充分体现和保障集体所有权，防止集体所有权虚置，并不断探索农村土地集体所有制的有效实现形式，创新完善家庭承包经

① 此文完成于2017年1月。

营制度，促进现代农业更好更快发展。

一、农村土地集体所有权主体的概况

农村土地集体所有制是农业合作化的产物。1956 年 6 月，第一届全国人大三次会议通过了《高级农业生产合作社示范章程》，规定：农业生产合作社按照社会主义的原则，把社员私有的主要生产资料转为合作社集体所有；入社的农民必须把私有的土地和耕畜、大型农具等主要生产资料转为合作社集体所有；生产队是农业生产合作社的劳动组织的基本单位。1958 年 8 月，中共中央政治局通过《关于在农村建立人民公社问题的决议》。1961 年 6 月中央工作会议通过的《农村人民公社工作条例（修正草案）》规定：农村人民公社一般地分为公社、生产大队和生产队三级；以生产大队的集体所有制为基础的三级集体所有制，是现阶段人民公社的根本制度；全大队范围内的土地，都归生产大队所有，固定给生产队使用。1962 年 9 月党的八届十次全会通过了《农村人民公社工作条例（修正草案）》，规定：人民公社的基本核算单位是生产队；生产队范围内的土地，都归生产队所有。

可见，高级社成立之初，中央有关制度安排的初衷是由生产大队（村级集体经济组织）作为基本核算单位和农地所有权的主体。自 1956 年高级社成立时起至 1961 年的六年间，农村的基本核算单位是“生产大队”，农村土地的所有权主体是“生产大队”。之后，把核算单位和土地所有权主体变更为“生产队”，是为了达到“谁生产谁分配”的一致性，以调动生产队的积极性。

中华人民共和国《宪法》（1975 年）规定：“中华人民共和国的生产资料所有制现阶段主要有两种：社会主义全民所有制和社会主义劳动群众集体所有制。”“现阶段农村人民公社的集体所有制经济，一般实行三级所有、队为基础，即以生产队为基本核算单位的公社、生产大队和生产队三级所有。”《宪法》（1982 年）规定：“中华人民共和国的社会主义经济制度的基础是生产资料的社会主义公有制，即全民所有制和劳动群众集体所有制。”“农村和城市郊区的土地，除由法律规定属于国家所有的以外，属于集体所有；宅基地和自留地、自留山，也属于集体所有。”《土地管理法》（1998 年）规定：农民集体所有的土地依法属于村农民集体所有的，由村集体经济组织或者村民委员会经营、管理；已经分别属于村内两个以上农村集体经济组织的农民集体所有的，由村内各该农村集体经济组织或者村民小组经营、管理；已经属于乡（镇）农民集体所有的，由乡（镇）农村集体经济组织经营、管理。

总体来看，按照组织层级的不同，农村集体土地有三种所有权组织形式，即组级集体经济组织所有（原生产队）、村级集体经济组织所有（原生产大队）和乡级集体经济组织所有（原人民公社）。三种所有权组织形式随着历史发展有所变化，主要是因为一些地方组级集体经济组织逐步弱化，土地所有权演变为归村级集体经济组织所有。据有关资料（丁关良，2002），1978年由生产队核算的农村集体土地占95.9%，由大队核算约占3%，由公社核算的约占1.1%。据农业部1987年对1200个村的调查，土地所有权归组级集体经济组织的有65%，归村级集体经济组织的有34%。据农业部2016年统计，目前组级集体经济组织数为774282个，村级集体经济组织数为243761个；归组所有的耕地面积为76102.0万亩（二轮承包合同面积，即计税面积），归村所有的耕地面积为57853.5万亩（计税面积）。

确定集体土地所有权边界，并进行登记颁证，是有效行使集体所有权权能的基础，也是农村土地集体所有制法制化的必然要求。为此，2010年中央1号文件首次明确提出，加快农村集体土地所有权确权登记颁证工作，力争用3年时间把农村集体土地所有权证确认到每个具有所有权的农民集体经济组织；2012年、2013年中央1号文件也都对这项工作提出了明确要求。自2010年起，国土资源部联合财政部、农业部成立了全国加快推进农村集体土地确权登记发证工作领导小组及办公室，联合下发了《关于加快推进农村集体土地确权登记发证工作的通知》，之后又会同中农办、财政部、农业部联合下发了《关于农村集体土地确权登记发证的若干意见》，积极推进农村集体土地确权登记发证工作。截至 2012 年底，全国农村集体土地所有权累计确权登记发证约 620 万宗，发证率达到 94.7%，基本完成了农村集体土地所有权确权登记发证任务，取得了阶段性成果。

二、农村土地集体所有权的主要权能

集体土地所有权，是构建农地权利体系的基石。按照物权法原理，他物权必然产生于自物权即所有权，自物权是他物权之母权，无母权则无他物权。因此，其他农地权利类型均由集体土地所有权派生。以下依照《农村土地承包法》有关规定，梳理农村土地集体所有权的主要权利以及义务。

（一）农村土地集体所有权的权利

主要有五个方面：

1. 集体的发包权

农民集体所有的土地依法属于村农民集体所有的，由村集体经济组织或者村民委员会发包；已经分别属于村内两个以上农村集体经济组织的农民集体所有的，由村内各该农村集体经济组织或者村民小组发包。村集体经济组织或者村民委员会发包的，不得改变村内各集体经济组织农民集体所有的土地的所有权。

2. 集体的调整权

承包期内，发包方不得调整承包地。承包期内，因自然灾害严重毁损承包地等特殊情形对个别农户之间承包的耕地和草地需要适当调整的，必须经本集体经济组织成员的村民会议2/3以上成员或者2/3以上村民代表的同意，并报乡（镇）人民政府和县级人民政府农业等行政主管部门批准。承包合同中约定不得调整的，按照其约定。下列土地应当用于调整承包土地或者承包给新增人口：集体经济组织依法预留的机动地；通过依法开垦等方式增加的；承包方依法、自愿交回的。

3. 集体的监督权

发包方享有监督承包方依照承包合同约定的用途合理利用和保护土地、制止承包方损害承包地和农业资源的行为等权利。

4. 集体的收回权

承包期内，发包方不得收回承包地。承包期内，承包方全家迁入小城镇落户的，应当按照承包方的意愿，保留其土地承包经营权或者允许其依法进行土地承包经营权流转。承包期内，承包方全家迁入设区的市，转为非农业户口的，应当将承包的耕地和草地交回发包方；承包方不交回的，发包方可以收回承包的耕地和草地。

5. 集体的经营权

机动地方面：本法实施前已经预留机动地的，机动地面积不得超过本集体经济组织耕地总面积的5%。不足5%的，不得再增加机动地。本法实施前未留机动地的，本法实施后不得再留机动地。“四荒”地方面：不宜采取家庭承包方式的荒山、荒沟、荒丘、荒滩等农村土地，通过招标、拍卖、公开协商等方式承包，应当签订承包合同，当事人的权利和义务、承包期限等由双方协商确定。以招标、拍卖方式承包的，承包费通过公开竞标、竞价确定；以公开协商等方式承包的，承包费由双方议定。荒山、荒沟、荒丘、荒滩等可以直接通过招标、拍卖、公开协商等方式实行承包经营，也可以将土地承包经营权折股分给本集体经济组织成员后，再实行承包经营或者股份合作经营。在同等条件下，本集体经济组织成员享有优先承包权；发包方将农村土地发包给本集体经济组织以外的单位或者个人承包，应当事先经本集体经济组织成员的村民会议2/3以上成员或者2/3以上村民代表的同意，并报乡（镇）人民政府批准。

（二）农村土地集体所有权的义务

义务主要包括：维护承包方的土地承包经营权，不得非法变更、解除承包合同；尊重承包方的生产经营自主权，不得干涉承包方依法进行正常的生产经营活动；依照承包合同约定为承包方提供生产、技术、信息等服务；执行县、乡（镇）土地利用总体规划，组织本集体经济组织内的农业基础设施建设等。农村集体经济组织作为土地发包方，有下列行为之一的，应当承担停止侵害、返还原物、恢复原状、排除妨害、消除危险、赔偿损失等民事责任：干涉承包方依法享有的生产经营自主权；违反本法规定收回、调整承包地；强迫或者阻碍承包方进行土地承包经营权流转；假借少数服从多数强迫承包方放弃或者变更土地承包经营权而进行土地承包经营权流转；以划分“口粮田”和“责任田”等为由收回承包地搞招标承包；将承包地收回抵顶欠款；剥夺、侵害妇女依法享有的土地承包经营权等。

中共中央办公厅、国务院办公厅印发的《关于完善农村土地所有权承包权经营权分置办法的意见》，指出：土地集体所有权人对集体土地依法享有占有、使用、收益和处分的权利。农民集体是土地集体所有权的权利主体，要充分维护农民集体对承包地发包、调整、监督、收回等各项权能，发挥土地集体所有的优势和作用。农民集体有权依法发包集体土地，任何组织和个人不得非法干预；有权因自然灾害严重毁损等特殊情形依法调整承包地；有权对承包农户和经营主体使用承包地进行监督，并采取措施防止和纠正长期抛荒、毁损土地、非法改变土地用途等行为。承包农户转让土地承包权的，应在本集体经济组织内进行，并经农民集体同意；流转土地经营权的，须向农民集体书面备案。集体土地被征收的，农民集体有权就征地补偿安置方案等提出意见并依法获得补偿。通过建立健全集体经济组织民主议事机制，切实保障集体成员的知情权、决策权、监督权，确保农民集体有效行使集体土地所有权，防止少数人私相授受、谋取私利。

三、落实土地集体所有权存在的问题

从《宪法》、《土地管理法》、《物权法》、《农村土地承包法》等对农村土地所有权的规定看，我国现行法律对农地所有权的归属规定得非常明确，即除法律规定属于国家所有的以外，农地属于农民集体所有。但现实中，集体土地所有权却被有意无意地轻视甚至忽视了，其权能被弱化。农民对农地所有权归属状况的认识也比较模糊，甚至混乱，而且地区性差异较大。据2007年的一次大规模田野调查（陈小君，2010），在1799份有效问卷中，面对“您认为您的承包地（田）的所有权是谁的?”这一问题，受访农户中有41.91%选择“国家”，有29.57%选择“村集体”，有6.23%选择“村小组”，有3.56%选择“乡（镇）集体”，有17.62%选择“个人”。农民对土地所有权认识的模糊，一方面，表明土地确权颁证尚未到位，对土地权属及其权能的宣传不够；另一方面，也表明土地集体所有权的权能落实不到位，农民普遍对集体所有权的权能落实缺乏切身体会。

（一）组级集体经济组织薄弱，难以履行发包权能

从农村集体经济组织的历史沿革看，20 世纪 60 年代以来，组级集体经济组织是农村集体经济组织的主要形式。但是随着社会经济发展，尤其是农村税费改革后，为减小农村基层组织开支压力，一些乡村进行合村并组，并减少组干部人数，使组级集体经济组织明显弱化。许多地方反映，村民小组虽客观存在，但已经没有组织机构、账户、公章等身份要素，权利难以落实。有的村民组只有一名小组长，甚至小组长也是由村委会干部兼任的。在农村集体土地所有权确权颁证工作中，基层干部反映，即使登记发证到村民小组，从现实情况看，其难以作为经营管理集体土地的代表，也难以独立承担民事、经济责任。由于干部力量弱，村民小组一般难以承担土地发包权能，难以组织开展土地发包工作，不得不由村委会代为组织实施。在农村村民自治体制中，村委会是村民小组的上级组织；但是，组级集体经济组织并无上级组织，它自身具有较强的独立性。在小组干部薄弱、组织不健全的情况下，组级集体经济组织虽然是土地所有权人，却难以承担起其所有权应有的权能。

（二）法规政策存在争议，集体难以履行调整权能

从实行家庭承包制以来的总体情况看，农村集体经济组织在三方面缺乏调整土地的权能。

一是二轮承包“起点”缺乏土地调整权能。中发〔1993〕11号文件明确，“为了稳定土地承包关系，鼓励农民增加投入，提高土地的生产率，在原定的耕地承包期到期之后，再延长三十年不变。”也就是说，二轮承包“起点”采取了延包政策。《国务院批转农业部关于稳定和完善土地承包关系意见的通知》（国发〔1995〕7号）提出，“积极、稳妥地做好延长土地承包期工作。……要根据不同情况，区别对待，切忌‘一刀切’。原土地承包办法基本合理，群众基本满意的，尽量保持原承包办法不变，直接延长承包期；因人口增减、耕地被占用等原因造成承包土地严重不均、群众意见较大的，应经民主议定，作适当调整后再延长承包期。”这是符合农村实际、具有重要指导意义的文件。但是，《中共中央办公厅、国务院办公厅关于进一步稳定和完善农村土地承包关系的通知》（中办发〔1997〕16号）又严格要求，“土地承包期再延长30年，是在第一轮土地承包的基础上进行的。开展延长土地承包期工作，要使绝大多数农户原有的承包土地继续保持稳定。不能将原来的承包地打乱重新发包……承包土地‘大稳定、小调整’的前提是稳定。”可以看出，中

办发〔1997〕16 号文件精神与国发〔1995〕7 号文件精神不尽一致，相比较而言，国发〔1995〕7 号文件的规定更符合农村实际情况。由于二轮承包起点缺乏土地调整政策，土地细碎化问题、人地矛盾问题都没有能够得到较好解决，错失了一次解决问题的机遇。

二是承包期内对“人地矛盾”问题缺乏土地调整权能。我国农村土地兼有生产资料和生活保障两重功能，因此农地制度应坚持“效率优先、兼顾公平”的基本原则，既要促进农业经济发展，又要保障农村社会稳定。尽管各地农村在第一、二轮土地承包时普遍采取“人人有份”均田制承包，客观上契合了农民“耕者有其田”的愿望，但是经过一段时间后，农户家庭成员变动即会导致新的人地矛盾。对于如何认识和解决“公平”问题，在《农村土地承包法》立法与释义的过程中，形成了两种截然不同的意见。①仅“自然灾害情况”才可调整承包地。由九届全国人大农业与农村委员会组织起草的《农村土地承包法（草案）》，经农业与农村委员会第二十三次全体会议讨论通过后，于 2001 年 5 月 10 日提请全国人大常委会审议。该草案第二十六条规定：“承包期内不得调整承包地。但部分农户因自然灾害失去承包地且没有生活保障的，经所在地县级人民政府批准，可以适当调整承包地。”该草案仅把“自然灾害”列为唯一可以适当调整承包地的“特殊情形”。②“三种特殊情况”可调整承包地。全国人大法律委员会、全国人大常委会法制工作委员会修改后的二审稿、三审稿、表决稿，把“征用占用”、“人地矛盾”也列入了可以适当调整承包地的“特殊情形”。2002 年 8 月，第九届全国人民代表大会常务委员会第二十九次会议先后对《农村土地承包法（草案）》（三次审议稿）、《农村土地承包法（草案）》（建议表决稿）进行了审议。草案的三次审议稿、建议表决稿，均保留了二次审议稿中关于土地调整的“等特殊情形”的立法意见，即“自然灾害、征用占用、人地矛盾”三种特殊情形下可以适当调整承包地。颁布施行的《农村土地承包法》第二十七条规定：承包期内，因自然灾害严重毁损承包地等特殊情形对个别农户之间承包的耕地和草地需要适当调整的，必须经本集体经济组织成员的村民会议 2/3 以上成员或者 2/3 以上村民代表的同意，并报乡（镇）人民政府和县级人民政府农业等行政主管部门批准。由此可知，《农村土地承包法》以法律的形式确定，在自然灾害等特殊情形下，可以对承包地进行适当调整。按照法律委员会提请全国人大常委会审议的意见，“特殊情形”包括“自然灾害”、“征用占用”、“人地矛盾”三种特殊情形。但是，由于立法过程中就存在争议，《农村土地承包法》关于“三种特殊情形”下可调整土地的法律规定，在具体落实中也背离了法律规定的本意。在农村土地承包工作有关文件中，关于特殊情形下调整土地的政策精神，与立法过程中全国人大农委的意见基本是一致的，实行“增人不增地，减人不减地”政策，没有落实《农村土地承包法》关于“三种特殊情形”可以调整土地的法律规定。

基于这样的情况，农村“人一地”不平衡问题普遍难以解决，造成矛盾积累。据调查（陈小君，2010），农民对农地调整的看法存在较大分歧，对于“增人不增地，减人不减地”的政策，受访农户中只有25.9%认为“好”，表示不认同的受访农户占71.7%，这个数据不容忽视。这项调查还表明，某些地区农地调整问题已经成为一个焦点，一部分家庭因人口减少而占有较多的农地，而一部分农户却由于人口增加、承包土地未相应增加造成耕地不足，从而引发了土地占有的不平衡问题，这违背了农民由来已久的朴素的“公平”观念，致使不少农户心存不满甚至由此生怨。在贵州访谈时，甚至有家里人口减少、占有较多土地的农民认为可以接受“小调整”。可见，有不少农民、基层干部、法官认为“生不增、死不减”政策脱离了农村的实际，有必要进行修正。特别是，二轮土地承包经营权的期限是30年，在这样一个较长的时间段内，农户家庭内部成员生死和婚嫁现象会有发生，导致“待地农民”、“无地农民”问题逐步积累的困境，“死人有地种，活着的人却地无一垅”的现象已不鲜见，这一问题已经成为一些乡村土地问题的焦点。近年来，连续数年有全国人大代表就此问题提出修改《农村土地承包法》第二十七条的建议，要求赋予集体经济组织在承包期内调整承包土地的权利，以满足新增集体组织成员对承包土地的需求。

三是承包期内对“细碎化”问题缺乏土地调整权能。1982 年中央 1 号文件提出，“社员承包的土地应尽可能连片，并保持稳定。”由此可见，对土地承包工作有可能造成的地块细碎化问题，是有所认识的，是提出了初步意见的。但是，全国农村土地承包工作进展比较快，没能及时引导各地避免承包地细碎化问题。本来，应该总结推广一些地方按粮食产量分配土地的办法，不应普遍实行按土地等级分别承包到户。20 世纪 80 年代初，推行家庭承包制是中国农村一次重大的制度变革，在一轮承包“起点”，工作比较匆忙、政策考虑不周，这有其客观性，对此不应求全责备。但是，在一轮承包“期内”，在二轮承包“起点”，在二轮承包“期内”，都没有给予足够重视，出台能够比较彻底解决细碎化问题的政策，这方面就需要反省和反思了。

悉数 2002 年颁布的《农村土地承包法》条款，没有任何关于解决承包地细碎化问题的政策规定，可见对此问题不重视。直到土地承包法实施十年后，2013 年中央 1 号文件提出，“结合农田基本建设，鼓励农民采取互利互换方式，解决承包地块细碎化问题。”中办发〔2014〕61 号文件提出，“鼓励农民在自愿前提下采取互换并地方式解决承包地细碎化问题。”2016 年中央 1 号文件提出，

"鼓励和引导农户自愿互换承包地块实现连片耕种。"

（三）个别农户私搭乱建，集体虽能监督却难惩治

随着农村经济的发展，农村基础设施和村民经济条件的不断改善，村民对宅基地的要求也越来越高，公路沿线建房盛行。因缺乏统一规划，农民建房选址随意性很大，多数选择在自家的承包地或交通便利的公路两侧，哪里地势好、"风水好"、交通方便，住宅就建到哪里。公路沿线有承包地的，就在自己的承包地里建房；有的村民干脆弃耕不种私自买卖公路沿线集体土地获取利润，致使土地违法行为逐步向城乡结合部、公路沿线扩散。由于随意性大，宅基地的选择以及住房的朝向、层高、面积等大多是根据"风水"而定，大量的良田好土被当作宅基地使用，擅自改变了耕地用途，违法占用耕地建房的数量一直居高不下。对于承包地里违法建房问题，农村集体经济组织虽然可以监督，但是并无惩治权能；基层土地管理部门为了经济利益，也往往采取罚款的办法了事。

（四）法规政策存在矛盾，集体难以履行收回权能

《农村土地承包法》明确规定，"承包期内，承包方全家迁入设区的市，转为非农业户口的，应当将承包的耕地和草地交回发包方；承包方不交回的，发包方可以收回承包的耕地和草地。"但是，国务院办公厅《关于积极稳妥

推进户籍管理制度改革的通知》（国办发〔2011〕9号）却又规定，“现阶段，农民工落户城镇，是否放弃宅基地和承包的耕地、林地、草地，必须完全尊重农民本人的意愿，不得强制或变相强制收回。”国务院《关于进一步推进户籍制度改革的意见》（国发〔2014〕25号）再次强调，“现阶段，不得以退出土地承包经营权、宅基地使用权、集体收益分配权作为农民进城落户的条件。”可见，相关法律规定和实际政策完全矛盾。不仅文件政策的合理性、可行性值得探讨，而且“文件大于法律”也很不严肃，有违社会主义法制精神。

（五）经营管理滋生腐败，集体经营权能亟须规范

农村集体经济组织对于机动地、四荒地有经营管理职能，但是从实践看，易滋生腐败，使集体利益流失到干部个人手中。

机动地是实行家庭联产承包责任制后的产物。1982年中央1号文件指出，“集体可以留下少量机动地，暂由劳多户承包，以备调剂使用。”1995年《国务院批转农业部关于稳定和完善土地承包关系意见的通知》指出，“严禁发包方借调整土地之机多留机动地。原则上不留机动地，确需留的，机动地占耕地总面积的比例一般不得超过5%。”1997年中共中央办公厅、国务院办公厅《关于进一步稳定和完善农村土地承包关系的通知》明确要求：严

格控制和管理“机动地”。在延长土地承包期的过程中，一些地方为了增加乡、村集体收入，随意扩大“机动地”的比例，损害了农民群众的利益。因此，对预留“机动地”必须严格控制。目前尚未留有“机动地”的地方，原则上都不应留“机动地”。今后解决人地关系的矛盾，可按“大稳定、小调整”的原则在农户之间进行个别调整。目前已留有“机动地”的地方，必须将“机动地”严格控制在耕地总面积5%的限额之内，并严格用于解决人地矛盾，超过的部分应按公平合理的原则分包到户。中共中央、国务院《关于一九九八年农业和农村工作的意见》指出，“对于随意缩短承包期、收回承包地、多留机动地等错误做法，要做好工作，切实纠正。”《农村土地承包法》明确规定：“本法实施前已经预留机动地的，机动地面积不得超过本集体经济组织耕地总面积的百分之五。不足百分之五的，不得再增加机动地。本法实施前未留机动地的，本法实施后不得再留机动地。”由这些政策规定可见，由于机动地经营管理易发腐败问题，集体经营机动地的路子基本上被撤掉了。

四、有关政策建议

基于上述分析，为切实落实农村集体土地所有权人的权能，亟须健全农村集体经济组织尤其是组级集体经济组织，赋予其必要的土地调整权能，探索建立集体对耕地监管保护的有效措施，修订禁止收回承包地的有关政策，并建立健全机动地等集体经营地的管理制度。着重提出以下三方面政策建议。

（一）赋予集体必要的土地调整的权能

现行农地制度的主要缺陷可以归结为“两大问题”：一是承包土地细碎，生产经营很不便利，既不利于降低农业生产成本，又不利于发展适度规模的现代农业；二是人地关系不清，无地人口越来越多，既不利于维护农民的土地权益，也不利于促进农村和谐稳定。形成第一个问题的原因，主要是缺乏引导和扶持政策，工作推动力度不足；形成第二个问题的原因，主要是认为“公平”有损“效率”，禁止进行必要的土地调整。对于第二个问题及成因，仍然存在较多争论和较大分歧，这里有必要着力进行研讨。研讨的核心问题是，“公平”损害“效率”吗？

“稳定土地承包关系”一直是农村土地承包政策的核心。一轮承包期内，关于土地承包关系的政策是“大稳定、小调整”。1991 年《中共中央关于进一步加强农业和农村工作的决定》要求，“已经形成的土地承包关系，一般不要变动”。中发〔1993〕11 号文件指出，“为避免承包耕地的频繁变动，防止经营耕地规模不断被细分，提倡在承包期内实行‘增人不增地、减人不减地’的办法”。

1998 年十五届三中全会《决定》要求，“稳定完善双层经营体制，关键是稳定完善土地承包关系”，“稳定土地承包关系，才能引导农民珍惜土地，增加投入，培肥地力，逐步提高产出率；才能解除农民的后顾之忧，保持农村稳定。这是党的农村政策的基石，决不能动摇。要坚定不移地贯彻土地承包期再延长三十年的政策，同时要抓紧制定确保农村土地承包关系长期稳定的法律法规，赋予农民长期而有保障的土地使用权。”正是按照《决定》精神，有关部门着手起草制定农村土地承包法。2002 年通过的《农村土地承包法》第四条规定：“国家依法保护农村土地承包关系的长期稳定。”第二十条规定：“耕地的承包期为三十年。”第二十七条规定：“承包期内，发包方不得调整承包地。”立法意图是，通过设定较长的承包期和严格控制土地调整这两方面的政策，保护土地承包关系长期稳定。2008 年中央 1 号文件要求，“各地要切实稳定农村土地承包关系”，“严格执行土地承包期内不得调整、收回农户承包地的法律规定”。2008 年十七届三中全会《决定》要求，“赋予农民更加充分而有保障的土地承包经营权，现有土地承包关系要保持稳定并长久不变”。此后，历年的中央 1 号文件一再强调土地承包关系要保持稳定并长久不变。由于一贯坚持“稳定土地承包关系”政策，严格禁止土地调整，在促进了农业经济发展的同时，也形成了上述“两大问题”，不利于现代农业发展与农村和谐稳定。

根据笔者多年调研情况，农村的实践表明，“效率”与“公平”并不矛盾，而且可以兼得；目前，“稳定土地承包关系”与“保障国家粮食安全”的关联性已经较小。笔者在多地调研访谈的结果都是这样。比如，内蒙古土默特右旗上茅庵村农民说，“二轮承包时我们村是小调。实际还是大调好，但当时不让大调。”我问他，“你觉得调地会影响粮食产量吗?”他说，“怎么会影响粮食产量？动不动地都是这么个种法，影响不了粮食产量。”我追问他，“动地会影响施肥、打井吗?”他说，“不会啊。该施肥还得施肥，该打井还得打井。”他家有 5 块承包地，其中 4 块地用黄河水，1 块用机井水。机井是大队打的。他说，“承包到户前就打了井了。大概是 1976 年打的。现在还能用。”因此，需要反思的是，实行家庭承包以来的农地政策，在逐步强调“稳定”的同时，政策思路本身是否也逐步“固化”了呢？这样的政策还符合农村的实际吗？或许，当前已经到了亟须思想再次解放的时候了。

现实中，土地调整至少有两大好处。一是解决承包地细碎化问题。承包地细碎化是困扰农业生产的老问题，各地村组集体普遍有解决细碎化问题的愿望。因此，村组有土地调整的机会时，会认真考虑这一问题，进行统筹安排，尽量使农户新承包的地块连片。二是解决“人-地”矛盾问题。土地调整是解决“人-地”矛盾的必要途径，以均衡集体经济组织成员之间的土地利益。无论逻辑推理还是实践验证，都可以得出这样的结论：当矛盾积累到一定程度的时候，小调整可以解决小问题，大调整可以解决大问题。对于土地调整问题，到底调好还是不调好？最终调还是不调？如何才能趋利避害？农民群众自己最清楚。因此，应按照实事求是的原则，把决策权交给农民集体，由群众民主议定。

农地制度及其具体政策，集中体现在《农村土地承包法》和中央有关文件中。结合上述研讨，建议将《农村土地承包法》第二十七条修改为：（删除“承包期内，发包方不得调整承包地”）承包期内，因自然灾害严重毁损承包地、承包土地被依法征用占用、人口增减导致人地矛盾突出、承包地块过于细碎等特殊情形，经本集体经济组织成员的村民会议 2/3 以上成员或者 2/3 以上村民代表的同意，并报乡（镇）人民政府和县级人民政府农业等行政主管部门批准，可以对承包土地进行必要的调整。承包合同中约定不得调整的，按照其约定。

（二）修订禁止集体收回承包地的政策

城市化过程中，只有逐步减少农民，才能慢慢扩大农村农户的承包地规模。在承包“起点”，是清理、明晰集体经济组织成员名册和权益的重要时机。此时，让已实现市民化的农户退出承包地，优化农村土地承包关系，是农民群众普遍认可的做法。已完成市民化的农户，退出其原有承包地是应当的。

在承包“期间”，也应建立适当的承包地退出制度。笔者认为，对于城市化过程中的农民来说，其承包地好比“脐带”。“脐带”是有特定功能的。人类的“脐带”，其存在并发挥作用的时间段为10个月左右。承包地作为进城农民最基本的社会保障，这个“脐带”存留一定时间是必要的，比如十年左右；但如果时间过长，显然既不必要、也不合理。建议修正中央有关文件中：“现阶段，农民工落户城镇，是否放弃宅基地和承包的耕地、林地、草地，必须完全尊重农民本人的意愿，不得强制或变相强制收回”，“现阶段，不得以退出土地承包经营权、宅基地使用权、集体收益分配权作为农民进城落户的条件”等规定，认真落实《农村土地承包法》中“承包期内，承包方全家迁入设区的市，转为非农业户口的，应当将承包的耕地和草地交回发包方；承包方不交回的，发包方可以收回承包的耕地和草地”规定。

（三）完善集体经营管理机动地的权能

有必要深刻认识、准确把握农村集体收入的体制机制问题。在我国农地所有权制度的发展过程中，虽然农地所有权的主体形式发生了多次变革，但农地所有权人的利益仍然以不同的形式在一定程度上得以实现。然而，我国2006年在全国范围内取消了农业税，并同时取消了“村提留”和“乡统筹”。其中，“村提留”在性质上是农民集体对土地所有权享有利益的体现。在农民承担的各种税费中，“村提留”是农民集体每年依法从本集体成员生产收入中，提取的用于本集体内或扩大再生产、兴办公益福利事业和日常开支的费用。“村提留”的存在正是为了满足集体成员的共享利益，严格说来不属于农民负担的范畴，在农民依赖土地生产和生活且“村提留”与土地收益挂钩的情况下，农民集体提取“村提留”恰好是其实现土地所有权的经济价值的一种手段。可见，“村提留”的取消，实质上剥夺了农民集体应享有的土地所有权利益，使农地所有权人完全丧失了其应有的经济利益。在农村税费改革后，大多数村集体收入的来源基本断绝，紧靠财政转移支付维持日常运转，无力承担乡村公益事业建设。如何发展壮大农村集体经济，构建实现集体土地所有权的有效模式是一个重大课题。

在集体土地所有权制度运行过程中，必须重视农民集体的利益实现机制，使其能够基于其土地所有者的身份享有土地所有者的经济收入。据调查（陈小君，2012），在480份有效问卷中，对于壮大集体经济组织的方式的多项选择，大多数受访农户认为应通过“财政转移支付”的方式解决，占受访农户的68.5%；选择“收取一定比例的耕地承包费”的农户占到受访农户的35.63%，表明有部分农户还是愿意在合理的范围内通过交纳一定的耕地承包费来壮大农村集体经济。

根据前文研讨，建议改革完善“农地制度模型”。现行“农地制度模型”的结构与功能是：农村集体土地主要用于农户承包经营，实行“增人不增地，减人不减地”；机动地少留或不留，且机动地主要用于解决“人地矛盾”。应建立新的更为科学更为完善的“农地制度模型”，即农村集体土地中90%用于农户家庭承包经营，承包期间产生的“人地矛盾”通过“退地-接地”解决；集体土地的10%用于集体经营和收益，切实解决集体收入问题；承包期间产生的“人地矛盾”不应通过集体经营地来解决。按照新的“农地制度模型”实施农村土地承包经营，必需建立对集体经营地的管理和审计制度，切实防止村组干部在经营中发生腐败行为，确保集体经营收益不受损失。

参考文献

陈小君，等．农村土地法律制度的现实考察与研究：中国十省调研报告书［M］．北京：法律出版社，2010.

陈小君，等．农村土地问题立法研究［M］．北京：经济科学出版社，2012.

丁关良．农村土地承包经营权初论——中国农村土地承包经营立法研究［M］．北京：中国农业出版社，2002.

刘强．行政村农地产权制度的变迁与创新——“村治”体制下农地产权主体“一元化”研究［D］. 北京：中国人民大学，2008.

农业部农村经济体制与经营管理司，农业部农村合作经济经营管理总站. 中国农村经营管理统计年报（2015 年）［M］. 北京：中国农业出版社，2016.

王金堂. 土地承包经营权制度的困局与破解：兼论土地承包经营权的二次物权化［M］. 北京：法律出版社，2013.

农村土地承包经营权之“用益物权”分析[①]

2007年3月我国颁布《物权法》，自10月起施行。《物权法》作为民事权利基本法，首次以国家法律形式明确农村土地承包经营权为“用益物权”，对于保护农村土地承包经营权，促进“物尽其用”发挥了重要作用。2017年是《物权法》施行十周年，进行回顾思考并做前瞻研究，具有一定意义。本文依据《物权法》对农村土地承包经营权的相关规定及释义，结合近年农村的实践情况，对其“用益物权”性质进行分析，并提出有关建议。

一、农村土地承包经营权在物权体系中的定位：新型用益物权

1. 财产权分为物权与债权

财产权是以财产利益为客体的民事权利，根据性质不

---

① 此文原载于《农村改革调研报告》2017年第22号、《农村经济文稿》2017年第9期。

同，可以分为物权与债权两种类型。物权与债权的联系十分密切，二者都是重要的民事权利。物权与债权的类型区分，与民法典体系编排以及民事特别法的设置都有密切联系，主要体现在（王利明，2016）：物权与债权的区分，是民法学的基本问题，直接关系到整个民法典体系的构建；物权与债权的区分，不仅关系到物权独立存在的必要性以及物权法制定的价值，而且决定了物权法的内容以及体系的构建；物权具有绝对性，主要通过物权法和物权类特别法（如土地管理法、农村土地承包法等）进行保护，债权具有相对性，主要通过债权法和债权类特别法（如合同法、侵权法等）进行保护；需要分别规定物权制度和债权制度，在民事责任中也要区别侵权责任与违约责任。民法是调整平等主体之间关系的法律，伴随市场经济的发展而逐步完备；物权法是规范财产关系的民事基本法律，是民法的重要组成部分。

2. 物权分为自物权和他物权

物权是一种财产权，是权利人在法律规定的范围内对一定的物享有直接支配并排除他人干涉的权利。因物的归属和利用而产生的民事关系适用物权法。物权法的作用主要体现在定纷止争、物尽其用两个方面（胡康生，2007）。物权法的基本功能是确认物权、物尽其用、保护物权，并以物尽其用作为其基本任务（王利明，2016）。因此，我国《物权法》第一条指出：制定本法是为了明确物的归属，发挥物的效用，保护权利人的物权。《物权法》第二条指出：物权是指权利人依法对特定的物享有直接支配和排他的权利，包括所有权、用益物权和担保物权。其中，所有权属于自物权，体现了所有权人对所享有的物的全部利益；用益物权和担保物权属于他物权，体现了对他人所有物的利用关系。从所有权与他物权的关系看，所有权是他物权产生的基础，他物权是对所有权的价值的利用。

3. 他物权分为用益物权和担保物权

他物权所体现的利益一般分为两种（王利明，2016）：用益物权人所享有的利益是物的使用价值，用益物权又称使用价值权，如土地使用权人基于其对土地的使用权而使用土地从而可获取一定的收益；担保物权人所享有的利益是依法获取物的交换价值，担保物权又称交换价值权，当债务人届期不清偿时，债权人可以依法变卖担保物。随着社会经济的发展，物权正从以“抽象所有”为中心向“具体利用”发展。尤其是用益物权，相对于所有权具有独立性，越来越表现出其具体价值和实际意义（房绍坤，2007）。

4. 所有权与用益物权的关系

“物的所有”和“物的利用”是既对立又统一的关系，用益物权是从所有权中分离出来的他物权。用益物权制度自古罗马以来已历经数千年不断变化完善和发展，各国物权法（财产法）越来越关注对物（财产）的利用，而不是传统的对物（财产）的归属，物的利用已经发展成为物权法的核心思想。所有权具有恒久性，只要所有物存在，所有权人对所有物便享有永久的权利；而用益物权则具有期限性，虽然设定的期限往往较长，但不是永久期限（胡康生，2007）。

5. 土地承包经营权是一种新型用益物权

《物权法》第五条规定“物权的种类和内容，由法律规定”，这是“物权法定”的基本原则。《物权法》第三编对用益物权的种类和内容作出了规定。第一百一十七条规定：“用益物权人对他人所有的不动产或者动产，依法享有占有、使用和收益的权利。”用益物权作为物权的一种，着眼于财产的使用价值，因而又可称为“使用价值权”（王利明，2016）。《物权法》第三编第十一章对土地承包经营权作出了规定。第一百二十五条规定：“土地承包经营权人依法对其承包经营的耕地、林地、草地等享有占有、使用和收益的权利，有权从事种植业、林业、畜牧业等农业生产。”《物权法》第一次在法律上明确宣示土地承包经营权是一种用益物权，明确了其物权的性质和地位，它是一种新型的用益物权，如表 1 所示。

表 1　土地承包经营权之用益物权属性

<table>
<tr><td rowspan="4">财产权</td><td rowspan="3">物权</td><td>自物权</td><td colspan="2">所有权</td></tr>
<tr><td rowspan="2">他物权</td><td>用益物权</td><td>土地承包经营权
建设用地使用权
宅基地使用权
地役权
…</td></tr>
<tr><td>担保物权</td><td>抵押权
质权
留置权</td></tr>
<tr><td>债权</td><td colspan="3">……</td></tr>
</table>

二、我国有关法律对农村土地承包经营权的物权性保护

土地承包经营权是我国农村集体经济组织实行家庭承包经营为基础、统分结合的双层经营体制的产物。实践中，人们大多认为土地承包经营权是一种债权，只能通过合同法进行保护。但是，土地承包经营权虽是根据土地承包合同设立的，并不能据此认定土地承包经营权为债权；物权和合同并非互相排斥，相反合同往往是物权产生的主要途径。土地承包经营权不以租金为要件，而且具有社会保障的性质（赖华子，2006；杨峰，2008）。尽管学术界存有争议，但是回顾我国法律关于土地承包经营权的保护

方式却可以看出，一直以来是把其作为物权进行保护的，列述如下：

1981 年《经济合同法》没有对农村土地承包经营权作出规定，因为当时家庭承包经营制度处于推行阶段，不具备纳入法律予以规范的基本条件。

1986 年 4 月颁布的《民法通则》第二十七条规定：“农村集体经济组织的成员，在法律允许的范围内，按照承包合同规定从事商品经营的，为农村承包经营户。”第二十八条规定：“个体工商户、农村承包经营户的合法权益，受法律保护。”该法第五章为“民事权利”，其中，第一节为“财产所有权和与财产所有权有关的财产权”，第二节为“债权”；在第一节中，第八十条规定：“…公民、集体依法对集体所有的或者国家所有由集体使用的土地的承包经营权，受法律保护。承包双方的权利和义务，依照法律由承包合同规定。土地不得买卖、出租、抵押或者以其他形式非法转让。”可见，《民法通则》是把土地承包经营权作为物权进行保护的，而不是作为债权，尽管土地承包经营权也具有债权的一些特征。

1986 年 6 月颁布的《土地管理法》第十二条规定：“集体所有的土地，全民所有制单位、集体所有制单位使用的国有土地，可以由集体或个人承包经营，从事农、林、牧、渔业生产。承包经营土地的集体或个人，有保护和按照承包合同规定的用途合理利用土地的义务。土地的承包经营权受法律保护。”《土地管理法》没有明确规定土地承包经营权为物权还是债权；但是，依据之前所颁布《民法通则》，土地承包经营权的物权性质是确凿无疑的。

1993年修改后的《经济合同法》第二条规定：“本法适用于平等民事主体的法人、其他经济组织、个体工商户、农村承包经营户相互之间，为实现一定经济目的，明确相互权利义务关系而订立的合同。”可见，《经济合同法》未把农村土地承包经营权（农村集体经济组织与承包农户之间）纳入适用范围。这表明，农村土地承包经营权不是《经济合同法》所调整的债权关系，它已由《民法通则》规定为物权性质。

1999年《合同法》仍未把农村土地承包经营权纳入适用范围。再次表明，土地承包经营权不是《合同法》所调整的债权关系。而且，《合同法》第十三章规定了租赁合同，其中：第二百一十二条规定“租赁合同是出租人将租赁物交付承租人使用、收益，承租人支付租金的合同”，而农村土地承包经营权所承担的税费负担只是一定的义务，并不是完全意义上的租金，可见土地承包合同不是严格意义的租赁合同；第二百一十四条规定“租赁期限不得超过二十年。超过二十年的，超过部分无效”，而中共中央、国务院的中发〔1993〕11号文件明确规定“在原定的耕地承包期到期之后，再延长三十年不变”，可见土地承包合同不是租赁合同。显然，《合同法》相关条文的精神，依然基于《民法通则》对土地承包经营权的物权性规定。

《关于〈中华人民共和国农村土地承包法（草案）〉的说明》（柳随年，2001）指出：“对家庭承包的土地实行物权保护，土地承包经营权至少30年不变，承包期内除依法律规定外不得调整承包地，承包方不得收回承包地，土地承包经营权可以依法转让、转包、入股、互换等，可以依法继承。对其他形式承包的土地实行债权保护，当事人的权利义务、承包期和承包费等，均由合同议定，承包期内当事人也可以通过协商予以变更。”可见，《农村土地承包法（草案）》把家庭承包方式的土地承包经营权作为物权进行保护。尽管颁布施行的《农村土地承包法》并没有明确规定土地承包经营权为物权，但是土地承包经营权的物权性质已比较清晰。

《物权法》在《农村土地承包法》的基础上，明确地将土地承包经营权规定为一种用益物权，这是对农村土地承包经营制度的重大完善。但是也应看到，我国法律对于农村土地承包经营权的物权性保护是渐进的，而不是一蹴而就。正因如此，《物权法》颁布实施后，并没有对农村土地承包经营权带来立竿见影的影响。《物权法》对于土地承包经营权保护的意义，在于国家法律正式确认其为用益物权，对其影响则是长远性的。

三、《物权法》对农村土地承包经营权的主要规定及有关探讨

1. 土地承包经营权的主体

《物权法》第一百二十四条指出："农村集体经济组织实行家庭承包经营为基础、统分结合的双层经营体制。农民集体所有和国家所有由农民集体使用的耕地、林地、草地以及其他用于农业的土地，依法实行土地承包经营制度。"第一百二十五条规定："土地承包经营权人依法对其承包经营的耕地、林地、草地等享有占有、使用和收益的权利，有权从事种植业、林业、畜牧业等农业生产。"可见，农村土地实行家庭承包经营制度，即以户为单位进行承包经营，农户是土地承包经营权的主体。

农户是《民法通则》确定的具有民事权利能力和民事行为能力的民事主体。农村分配土地的时候，面积按照"人人有份"计算，每名成员都获得一定数量的土地；而承包合同签订按照"户为单位"进行，把农户作为土地承包经营权的主体。概言之，农村土地实行"按人分地、按户承包"制度，这是农村土地承包制度的基本特征。但是，《物权法》没有对这一基本特征作出明确规定。

一些学者研究认为：《农村土地承包法》在土地承包经营权主体设定上的缺陷被《物权法》完全"继承"了

（韩志才，2007）。以家庭承包方式取得的土地承包经营权，其主体在形式上是农户，而实质上是集体经济组织成员。忽视家庭成员作为集体经济组织成员应该享有的土地权利，使得妇女的土地承包经营权得不到保障。农村土地承包以"农户"作为权利主体，事实上限制、吞噬了农民个人的权利，尤其是使得妇女的承包经营权得不到保障（亓宗宝，2009）。

2. 土地承包经营权的设立

《物权法》第九条规定：不动产物权的设立、变更、转让和消灭，未经登记不发生效力，但法律另有规定的除外。可见，原则上不动产物权登记是不动产物权的法定公示手段，是不动产物权设立、变更、转让和消灭的生效要件，也是不动产物权依法获得承认和保护的依据。这里"法律另有规定的除外"，主要有三方面情况，土地承包经营权是其中一种情况。《物权法》第一百二十七条规定："土地承包经营权自土地承包经营权合同生效时设立。"可见，土地承包经营权是依据合同发生效力，而不是必须经过登记才发生效力。

在《物权法》起草过程中，土地承包经营权是否需要经过登记才能设立，存在不同观点（王利明，2016）：赞成说认为，土地承包经营权必须要经过登记才能产生物权设立的效力；反对说认为，土地承包经营权不需采取登记的方式，可以直接基于当事人之间的合同而设立；折中说认为，土地承包经营权在设立时只要订立承包合同，合同一旦生效即为设立，初始设立后，如果权利人意欲对之处分，则为维护交易安全，应当办理登记。《物权法》没有采纳土地承包经营权的设立必须登记的观点，这样规定有助于降低土地承包经营权的设立成本，是具有一定的合理性的。土地承包经营权的设立，不以登记为生效的要件，这种设立方式虽为特例，但符合我国农村的实际情况（胡康生，2007）。一是承包方案经集体讨论同意，集体经济组织成员相互熟悉，承包的地块人所共知，能够起到相应的公示作用；二是承包经营权登记造册和发放证书往往滞后于承包合同的签订，不能因此而否定承包经营权已经设立。

为了有效保障当事人的权利，《物权法》第一百二十七条又规定："县级以上地方人民政府应当向土地承包经营权人发放土地承包经营权证、林权证、草原使用权证，并登记造册，确认土地承包经营权。"2015 年 3 月施行的《不动产登记暂行条例》，明确了"耕地、林地、草地等土地承包经营权"属于登记事项。但是，颁发权属证书属于行政法意义上的行政确权，与土地承包经营权的设立生效是两个不同的概念。

3. 土地承包经营权的期限

《物权法》第一百二十六条规定："耕地的承包期为三十年。草地的承包期为三十年至五十年。林地的承包期为三十年至七十年；特殊林木的林地承包期，经国务院林业行政主管部门批准可以延长。前款规定的承包期届满，由土地承包经营权人按照国家有关规定继续承包。”

物权与债权对应着两种不同的财产结合关系。一般而言，物权对应着较为稳定、牢固的财产结合关系，而债权则对应着较为松散的财产结合关系（王利明，2016）。物权相对于债权来说，都是一种长期稳定的财产权，例如，所有权是一种无期限限制的物权，他物权较之于债权一般也都具有长期性和稳定性的特点。物权具有永久性或长期性，而债权具有期限性，债权是相对短暂的权利。但是，如果允许用益物权永续存在，则可能导致所有权的虚化，甚至导致所有权名存实亡，因此用益物权仍是一种有期物权（王利明，2016）。

4. 土地承包经营权的调整

《物权法》第一百三十条规定：“承包期内发包人不得调整承包地。因自然灾害严重毁损承包地等特殊情形，需要适当调整承包的耕地和草地的，应当依照农村土地承包法等法律规定办理。”本条是关于承包地能否调整的规定。在相当长的时期内，土地不仅是农民的基本生产资料，而且是农民最主要的生活保障。稳定土地承包关系，是党在农村政策的核心内容。《物权法》对此作出明确规定：“承包期内发包人不得调整承包地”。

同时也应看到，在这样长的承包期内，如果情况发生特殊变化，完全不允许调整承包地也不尽合理（胡康生，2007）。按照全国人大法工委的释义，这里的“特殊情形”，主要包括三个方面：一是部分农户因自然灾害严重毁损承包地的；二是部分农户的土地被征收或者用于乡村公共设施和公益事业建设，丧失土地的农户要求继续承包土地的；三是人地矛盾特别突出的。关于人地矛盾突出的，一般是指因出生、婚嫁、户口迁移等原因导致人口变化较大，新增人口较多，不调整会直接影响农民基本生活的。对于这三种“特殊情形”，能否调整，还要看 2/3 以上的村民或者村民代表是否同意调整，不同意的，也不能调整。

5. 土地承包经营权的收回

《物权法》第一百三十一条规定：“承包期内发包人不得收回承包地。农村土地承包法等法律另有规定的，依照其规定。”而《农村土地承包法》第二十六条规定，“承包期内，承包方全家迁入设区的市，转为非农业户口的，应当将承包的耕地和草地交回发包方。承包方不交回的，发包方可以收回承包的耕地和草地。”

按照全国人大法工委的释义：承包人全家迁入设区的市，转为非农业户口的，他们已经不属于农村集体经济组织的成员，享受城市居民最低生活保障等社会保障，不宜再享有在农村作为生产生活基本保障的土地承包经营权。这种情况，如果允许其仍然保有承包地，显然是不公平的；根据上述法律规定，所承包的耕地和草地就应当交回；承包方如果不交回，发包方有权收回（王利明，2016）。

四、有关建议

自1986年《民法通则》对农村土地承包经营权实施物权性保护以来，《土地管理法》、《农村土地承包法》、《物权法》逐步加强了对其保护力度。2017年3月颁布的《民法总则》于10月起施行，第五十五条规定：“农村集体经济组织的成员，依法取得农村土地承包经营权，从事家庭承包经营的，为农村承包经营户。”总的看，我国民法典对于农村土地承包经营权的物权保护体系已经建立。必须深入贯彻落实有关法律规定，并按照法理与实践相结合的原则深化研究，进一步完善相关法律法规。

1. 完善土地承包经营权的主体

农村土地承包经营权是建立在集体成员权基础上的一种权利。由于每个成员在本集体中均享有成员权，也由于农村土地是农民的基本生产资料和生活保障，因此凡是本集体经济组织的成员应当人人有份（全国人大常委会法工委民法室，2007）。只有每个农民都有权获得一份土地的承包经营权，才可以有效地维护农民的利益；将土地承包经营权主体规定为集体经济组织成员个人，才能反映土地承包经营权本身具有的“社区成员权”属性（亓宗宝，2009）。在法律上明确“土地承包经营权主体”关系到土地利益的归属，关系到权利人的利益保护，所以明晰土地承包经营权的主体意义重大（韩志才，2007）。从长远看，目前的“按人分地、按户承包”制度，应当逐步改革为“按人承包、按户经营”，切实保障集体成员土地权益，并延续家庭经营的制度优势。

2. 确定土地承包经营权的期限

土地承包经营权的期限是其有效存续的期间，期限制度是土地承包经营制度的重要内容。我国农村土地“一轮承包”期限为15年，“二轮承包”期限为30年。2007年《物权法》实施，以国家法律形式首次确认农村土地承包经营权为用益物权，给予物权性法律保护；2008年党的三中全会明确要求，土地承包关系要保持稳定并长久不变。新形势下，研究确定“三轮承包”期限，并适时予以公布，是切实落实物权性保护的一项重要内容。从二轮承包运行情况看，30年是比较合宜的承包期，对于保护承包经营权、发挥土地效益起到了良好作用。确定“三轮承包”期限，一方面，应加强对承包经营权的物权性保护；另一方面，要防止使集体土地所有权虚置。为此，建议“三轮承包”期限确定为30年或50年，这是在综合考量的基础上，较为适当的期限。不太赞同以70年或90年为“三轮承包”期限，这样的期限过长。

3. 积极保护待地人口土地权益

按照《物权法》的规定及释义，在"三种特殊情形"可以适当调整承包地，全家迁入设区的市应交回承包地。这两方面政策措施，有利于解决待地人口的承包地权益问题，有利于促进农村土地权益的公平公正，因此应当积极贯彻落实。应当认识到，对土地承包经营权给予物权保护，不仅要保护既有承包者的土地权益，也应解决和保护待地人口应得的土地权益。实施物权性保护，是为了促进"物尽其用"、发挥土地效益，这是着眼于"效率"；但是，实施物权性保护并不排斥"公平"，不应以舍弃待地人口的土地权益为代价。《物权法》的有关规定和释义既是符合法理的，也是符合农村实际需要的，既注重了"效率"，也兼顾了"公平"。因此，应当认真贯彻落实，促进农村经济发展与和谐稳定。

参考文献

丁关良．土地承包经营权基本问题研究［M］．杭州：浙江大学出版社，2007.

房绍坤．物权法用益物权编［M］．北京：中国人民大学出版社，2007.

韩志才．土地承包经营权研究［M］．合肥：安徽人民出版社，2007.

胡康生．中华人民共和国物权法释义［M］．北京：法律出版社，2007.

亓宗宝．农村土地承包经营权法律保障研究［M］．北京：法律出版社，2009.

全国人大常委会法工委民法室．《中华人民共和国物权法》条文说明、立法理由及相关规定［M］．北京：北京大学出版社，2007.

王利明．物权法研究［M］．第4版．北京：中国人民大学出版社，2016.

杨峰．用益物权制度比较研究［M］．南昌：江西人民出版社，2008.

尹飞．物权法·用益物权［M］．北京：中国法制出版社，2005.

农村妇女土地承包经营权：问题与对策[①]

人们常把大地喻作母亲，然而作为女性，农村无数母亲与土地的关系总是笼罩着一层若隐若现的阴云，农村妇女因为婚嫁的原因而失去承包地和相关的集体福利，出现“半边天”没有“一寸地”的情况（赵玲，2014）。本文分析农村妇女土地承包经营权问题的主要表现与形成原因，并提出有关政策建议。

一、农村妇女土地承包经营权问题的主要表现

（一）农村妇女土地承包经营权问题呈现明显阶段性

我国农村推行家庭联产承包责任制后，公平问题一直是农村土地政策的重要考虑内容。“农嫁女”土地权益问

① 此文原载于《农村改革调研报告》2017 年第 29 号。

题自实行家庭承包制后逐步出现，呈现出明显的阶段性特点。

一轮承包期间问题较为少见。承包到户之初，农村土地一般实行“按人分地，按户承包”模式，即按“人人有份”核算承包面积，以“农户家庭”作为承包单位。之后，在一轮承包期间，为解决妇女婚嫁、生老病死等家庭人口变化带来的土地问题，一般实行周期性的土地调整办法。土地调整一般是3～5年进行一次，有的地方调整较为频繁，甚至年年调地。妇女婚后到丈夫家生活，她在娘家的土地被收回，在婆家村待土地调整时就可以分到土地。在这样的制度安排下，村庄内部土地按人均分，农户家庭的土地分配维持着公平。一轮承包期间，由于根据人口变化分配土地，所以婚姻迁移并没有对妇女的土地分配产生不利影响；但是，从承包权的安全性和农业生产效率的角度考虑，短期承包的做法引起了很大争议，为了鼓励使土地质量提高和农业产出增加，延长土地承包期限的政策逐步得到推广（丹尼斯·海尔，2009）。

二轮承包期间问题逐步突显。实行土地第二轮承包后，情况变得复杂起来。中发〔1993〕11号文件提出，“在原定的耕地承包期到期之后，再延长三十年不变”，“提倡在承包期内实行‘增人不增地、减人不减地’的办法”；国发〔1995〕7号文件要求，“对于确因人口增加较多，集体和家庭均无力解决就业问题而生活困难的农户，尽量通过‘动账不动地’的办法解决”；中办发〔1997〕16号要求，“承包土地‘大稳定、小调整’的前提是稳定”，“严格控制和管理‘机动地’”；1998年修订的《土地管理法》规定，“土地承包经营期限为三十年”，“在土地承包经营期限内，对个别承包经营者之间承包的土地进行适当调整的，必须经村民会议三分之二以上成员或者三分之二以上村民代表的同意，并报乡（镇）人民政府和县级人民政府农业行政主管部门批准”；2002年出台的《农村土地承包法》则规定，“承包期内，发包方不得收回承包地”，“发包方不得调整承包地”。可见，中央政策法规对于土地调整逐步实施了严格限制，从而减少了村组根据人口变化调整土地的机会。这样，当一个家庭有新增人口，如娶入媳妇时，获得土地的可能性降低了；同时，嫁出女儿的家庭也不会减少土地。《农村土地承包法》强调，出嫁妇女在新的居住地没有分配土地之前，原居住地不能收回其土地。这样的规定，从理论上说妇女的土地权利没有发生损失；但是，由于妇女所居住生活的家庭、地点发生了变化，想实现其土地权益是有难度的。对于嫁到外地而离开原居住地的妇女来说，继续耕种保留在娘家的土地就不方便；而对于嫁在同一个村庄的妇女，社会习俗和观念并不支持妇女回娘家主张自己的权利。比如，黑龙江省对350个农村妇女的调查显示，有58.4%的妇女户口在娘家，其土地被娘家父母和兄弟耕种的占50.6%，种粮补贴、粮食收益均被娘家人无偿占有（全国妇联权益部，2013）。随着土地承包期的延长，土地调整次数减少，妇女获得土地和实际使用面临越来越不利的处境（丹尼斯·海尔，2009）。

（二）农村妇女土地承包经营权问题的实际表现

中国农村的婚姻习俗是“从夫居”，这些年由于农地承包期限长期化，妇女的土地权益问题凸显，尤其在不发达地区，妇女因婚姻流动或因离婚失去土地承包权益的不在少数（张红宇，2002）。农村妇女结婚分三种情况，即与本村农民结婚，与外村农民结婚，与城镇居民结婚。第一种情况，妇女保留承包地问题不是很大，在本村范围内一般经村组调整或家庭协商可以解决；但后两种情况，常常产生不少麻烦（赵玲，2014）。不少村庄沿袭历史上的做法，一旦人口发生变动，就对按人口平均分配的土地进行调整，妇女与外村居民结婚后，村里就立即收回承包地。其结果为：与其他村农民结婚的妇女，如果嫁入的村庄长期不调整土地，那么这位妇女也会两头落空，长期得不到个人份内的承包地；而与城镇居民结婚的妇女，不可能在别的地方分地，结婚后就会失去承包地。

许多地方户口是判断村民身份最重要的依据，从而也常常被作为分配承包地、土地征用补偿费和社员股份量化的直接依据。按照“从夫居”的习俗，嫁到外村去的妇女一般会将户口迁入夫家村，但是也有一些迁不出和不愿迁的情况。在20世纪八九十年代，城乡二元社会隔阂非常严格，农村妇女的户口无法迁到城里，她们如与城镇居民结婚，本人甚至子女的户口只能在娘家所在村；又如离婚、丧偶妇女，虽然旧的婚姻关系断裂了，但是在建立新家庭以前，户口也只能留在原来的村庄。随着农村的发展，农村妇女中也逐渐出现了与外村农民结婚而不迁户口的情况，其原因主要有两个方面（赵玲，2014）：一是有《婚姻法》的规定，夫妻结婚后有选择到哪方居住落户的权利；二是不同村庄存在贫富不均，有的村庄区域地理位置好，集体经济发达，村民享受的集体福利待遇高，妇女结婚后不愿出村。这些做法与旧传统、旧习俗形成很大的冲突，一些村庄采取强制迁出户口的做法，或者与坚持不迁的妇女谈判并签下协议，只允许保留户口，不保留社员身份，不享受任何集体福利待遇。

在中国加入WTO之际为提高农业效率而推行的农村土地政策，加大了获取土地方面的性别不平等程度（郭建梅、李莹，2009）。土地权益是农村妇女生存保障的基本权利，农村妇女土地权益受侵害问题长期以来是妇女信访的重点问题（全国妇联权益部，2013）。全国妇联对各地1212个村的抽样调查显示，在没有土地的人群中，妇女占了七成，有26.3%的妇女从来没有分到过土地，有43.8%的妇女因为婚姻而失去了土地，有0.7%的妇女在离婚后失去了土地（董江爱，2008）。全国妇联和国家统计局的调查显示，2010 年没有土地的农村妇女占 21%，比 2000 年增加了 11.8 个百分点；其中，因婚姻变动而失去土地的占 27.7%（陈至立，2013）。2010 年妇联系统接受此类信访事项近 1.2 万件次，比上年增加 25.8%；2011 年全国妇联信访处理妇女土地权益投诉 1267 件次，比上年上升 62%（全国妇联权益部，2013）。

二、农村妇女土地承包经营权问题的形成原因

我国农村妇女享有土地承包经营权是有法可依的，为什么实践中农村妇女的土地承包经营权得不到保障，农村妇女丧失土地承包经营权的现象大量存在呢？究其原因，除了受重男轻女的传统观念的影响，法律的规定等整个制度体系中存在的问题是重要的根源（马研，2007）。

（一）从客观现实看，妇女婚姻的流动性与土地的固定性是一对矛盾

从农村妇女土地问题的阶段性特点和主要表现可以看出，形成问题的原因主要在于，妇女因婚姻而产生的流动性与土地的固定性存在客观矛盾。农村实行家庭责任制后普遍采用土地调整制度，在土地调整中，妇女结婚迁居他

村，其娘家的土地将减少一人份，减下的土地又调整给家庭人口增加的农户；其婆家或其夫家的土地也随之可能增加一人份，而新增土地则来自于家庭人口减少的农户（李平，2007）。这样，在一轮承包期间，农村妇女土地承包经营权问题基本得到化解，并未凸显。而根据收集到的自1995—2005年共91个损害农村妇女土地权利的案例，可以看出，近80%的妇女土地损害案例是由于婚姻流动或婚姻变化而造成的（董江爱，2008）；各种情况都说明，禁止调地和减少土地调整次数是不利于妇女的，因为她们婚后从娘家获得土地的可能性很低（丹尼斯·海尔，2009）。禁止土地再分配，有利于土地承包经营权的稳定化，并增加土地使用权的市场化，但同时也致使妇女对于土地的权利难以保障（陈俊杰等，2009）。

农村妇女失去承包地主要有两类情况（赵玲，2014）：一是“时间差”失地。第二轮土地承包期为30年，而实际上各地实行的情况并不一致，有的村庄停止了调整土地，有的村庄仍在坚持小调整。据农业部农村经济研究中心2002年对陕西和湖南两省412户农户的调查，在36个样本村民小组中有39%不再进行土地调整。如果出嫁妇女的娘家村仍然进行小调整收回了承包地，而夫家村实行长期稳定不调整，这部分妇女就将长期无地。二是“隐性化”失地。《农村土地承包法》强调，出嫁妇女在新的居住地没有分配土地之前，原居住地不能收回其土地。这一规定从理论上说，妇女的土地权益没有发生损失，但是妇女所居住的家庭、地点发生了变化。对于嫁往外地离开原居住村的妇女来说，继续耕种保留在娘家的土地十分不便；而嫁在同一村庄的妇女，由于传统习俗影响，去耕种或分割娘家的承包地也不是很现实。贵州省湄潭县的调查反映，1987 年开始，该县不再调整土地，在娘家没有儿子的情况下，出嫁妇女可以回娘家分割土地，或者把那份承包地出租后获取租金；但是如果娘家有儿子，妇女回家分割承包地的可能性很小，出租保留在娘家土地的情况就更少了。所以，她们成了名义上保留一份土地而实际无法实现经营权的隐性失地者。

农村土地政策实行“30 年不变”、“增人不增地，减人不减地”，那么新加入的媳妇以及新出生的孩子就没有机会获得土地。这样，一批批的出嫁女就因为“娘家土地带不走，婆家没有土地分”而失去了土地承包经营权（湖北省政研室，2013）。表面上看，出嫁女娘家土地带不走也跑不掉，权益好像还“保留”在那儿，但那份权益出嫁女一般不能享受，因为她们不可能去耕种和收获。

（二）从承包主体看，家庭承包方式与家庭成员个人的土地权利存在矛盾

《农村土地承包法》规定，“家庭承包的承包方是本集

体经济组织的农户”。法律只明确了集体经济组织与农户之间因承包土地而产生的法律关系，实际上，土地权益还涉及更深的层面——社员个体利益（赵玲，2014）。法律对保护农村妇女的土地权益专门作了规定，不管是什么情况下都必须保证妇女有一处土地，这项规定，表面上看是针对农村集体经济组织与农户的关系，即农村集体经济组织要保证妇女在农户（娘家或夫家）中有一处土地，不涉及家庭内部矛盾。但实际情况是，如果出嫁女能在夫家落实承包地，妇女的土地承包经营权没有损失；而如果夫家解决不了、继续保留在娘家，由于生活的家庭和居住的地点发生了变动，土地作为妇女生产资料和生活保障的功能就很难实现。

由于受传统观念的影响，农村妇女在婚前依附于父母兄长、婚后依附于丈夫，其依法应得的土地份额婚前附融于父母兄长、婚后依附于丈夫公婆的承包土地中，一直没有独立的土地承包经营权（马研，2007）。在家庭内部，家庭成员对承包土地的个人权利是模糊不清的；在成员个人权利不明确的情况下，如果发生家庭成员变化，会对妇女带来不利的后果（赵玲，2014）。承包权以户为单位，虽然在很大程度上保障了家庭的土地承包经营权，但并没有充分考虑到基于不同性别利益上的差异，忽视了由于婚姻关系而流动的农村妇女的权益（郭建梅、李莹，2009）。

（三）从政策设计看，稳定承包关系忽略了对妇女承包经营权的保护

“增人不增地、减人不减地”政策从开始提倡到普遍推行，逐步加大了稳定土地承包关系的力度，有利于承包农户增强安全感、增加土地投入；但是，却忽略了农村婚姻“从夫居”的传统习俗，没有充分考虑妇女婚嫁引起的人口迁移与不动产土地的现实矛盾，使其原有承包土地因被收回而彻底丧失，或者虽未收回却事实上难以主张其权益。农村妇女婚嫁的迁移性与土地的固定性是一对矛盾，而“增人不增地、减人不减地”的政策忽略了这对矛盾，使农村妇女土地权益问题逐步凸显（吴治平，2010）。有关法律、政策表面上看起来是中立的，但是由于没有充分考虑到现实生活中的性别差异和“男娶女嫁”、“从夫居”的婚姻习俗，在实施中往往不利于女性（彭珮云，2013）。从客观看，土地的不可移动性和婚嫁人员的流动性是一对矛盾，“地无法随人走”加大了农村妇女土地权益保障的难度，也决定了解决农村妇女土地权益保护问题的艰巨性和复杂性（陈晓华，2013）。

现行法规政策中关于土地承包经营权长期稳定的规定，同妇女因婚嫁而流动发生矛盾，导致妇女土地权益受到侵害。《土地管理法》规定土地承包经营期为30年，《农村土地承包法》规定以户为单位进行承包。这些规定，

意在稳定土地承包关系，调动农民种田的积极性，却忽视了家庭中个人的权益及成员流动、增减变化，势必使承包期内嫁入女、离婚丧偶妇女、农嫁非妇女以及新增儿童，都会在这种“稳定不变”的规定下，失去土地承包经营权以及征地后的经济权益（全国妇联权益部，2013）。第二轮土地承包后结婚的妇女及新生的儿童，很难从现居住地享受平等的土地权益，而其在娘家的土地权益通常仅具有法律意义，实际上出嫁妇女不得不放弃原有的土地权益。

在男婚女嫁的社会背景下，农村妇女因婚姻而迁移流动，但土地是固定不动的，结果导致农村妇女的土地权利因婚姻变迁受到损失。现实生活中妇女因婚姻而流动，而土地固定不动，所以村社是否进行土地调整成了妇女能否继续获得土地的关键；“增人不增地、减人不减地”这种不进行土地调整的分配办法，是影响农村妇女儿童土地承包权益受损失的主要原因（董江爱等，2007）。当前中国农村妇女土地权益问题的实质是，法律形式上平等而实质上不平等，起点公平而过程不公平（全国妇联权益部，2013）。

三、解决妇女土地承包经营权问题的政策建议

农村妇女土地权益问题，涉及了中国农村近半数人口

的权益，这部分人口是最为弱势的人群，也是对土地依附性最强的人群，她们值得全社会去关注和帮助（郭建梅、李莹，2009）。土地权益是当前农村妇女最关心、最直接、最现实的利益问题，关系着农村妇女的生存发展，影响着社会的和谐稳定（陈至立，2013）。应关注和重视农村妇女在分配承包土地方面所处的不利地位，适当补充或修改农村土地政策内容（丹尼斯·海尔，2009）。

一是明晰农户中各成员所享有的承包土地。如何保障妇女的土地权益，是农村土地立法和确认承包主体不可回避的问题（张红宇，2002）。《农村土地承包法》规定“农户”作为土地承包经营权的主体，而将家庭成员排除在主体之外，这就使“农户”中的妇女享受不到土地承包经营权的主体资格，女性的土地权益往往在“家”的形式下被掩盖了，如果她们脱离了家庭，就会失去土地的使用权（郭建梅、李莹，2009）。应允许家庭中的个体将其土地权利份额分出或转让，这样有利于对个体权利的保护。农村妇女的婚姻发生或消灭后，有权将属于其个人的承包地分出，使其继续享有完整的土地承包经营权，可以进行农业生产，也可以将之流转。因此，提出个人应成为土地承包经营权的主体是有积极意义的（赵玲，2014）。最高人民法院《关于审理农村承包合同纠纷案件若干问题的规定（试行）》第三十四条规定，夫妻离婚时有分割承包地的权利。要从源头解决农村妇女土地问题，必须对现行法律政策进行修改。确立农户家庭内部各个成员是土地承包经营主体的法律地位，并允许农户对其所承包土地的数量在家庭成员中进行平分，落实到人，把农户家庭成员的土地承包经营权由虚变实（全国妇联权益部，2013）。

二是完善“增人不增地、减人不减地”政策。我国现行稳定土地承包关系的政策，虽然在很大程度上保障了以户为单位的土地承包经营权，但并没有充分考虑到基于不同性别利益上的差异，忽视了承包期内新增人口、特别是由于婚姻关系而流动的农村妇女的土地权益（郭建梅、李莹，2009）。应全面评估政策实施以来的利弊，充分考虑稳定承包关系和保护妇女土地权益两方面因素，对这一政策进行必要的完善。妇女承包土地问题涉及农村半数人口，覆盖面大，有普遍性，既关乎妇女个人利益，也关乎农村和谐稳定。对于出嫁女来说，如果娘家村和婆家村都实行“大稳定、小调整”政策，对保护妇女的土地承包权最为有利，这样能确保她们在婆家分到承包地，使出嫁女与婆家村男子享有同等承包权；因此，从保护妇女土地承包权的角度看，“大稳定、小调整”政策最好，它能确保妇女在新居住地获得承包地（廖洪乐，2007）。据北京农家女文化发展中心 2009 年对来京流动妇女所做调查，对于“土地承包经营权 30 年不变”、“增人不增地、减人不减地”政策，有 1616 份有效样本，其结果显示：“有 30.4%的人希望土地随着妇女户口变，妇女户口到哪儿，就到哪儿分土地，以确保妇女土地权益”，这种意愿应当受到决策层的重视（吴治平，2010）。我国农村以户为土地承包经营单位而且 30 年不变的制度设计，同妇女因婚嫁而流动的客观事实发生矛盾，成为农户家庭成员特别是妇女的土地权益受到侵害的重要根源；应根据农户家庭成员具有流动性、变动性的特点，修订有关法律政策（全国妇联权益部，2013）。为此，建议对农村妇女“嫁出、嫁入”实行“减人减地、增人增地”政策。这样，有利于解决因婚嫁迁移产生的妇女土地问题，切实保障“半边天”的土地权益。

参考文献

陈晓华．深入贯彻土地承包法律政策　切实维护农村妇女土地承包权益［M］//冈扎利·别瑞克，格尔·萨玛费尔德．中国经济转型与女性经济学．北京：经济科学出版社，2009.

陈至立．进一步做好维护农村妇女土地权益工作［M］//全国妇联权益部．维护农村妇女土地权益报告．北京：社会科学文献出版社，2013.

丹尼尔·英格兰德．中国农村土地管理制度及其性别含义［M］//冈扎利·别瑞克，格尔·萨玛费尔德．北京：经济科学出版社，2009.

丹尼斯·海尔，杨丽，丹尼尔·英格兰德．中国农村土地管理制度及其性别含义［M］//冈扎利·别瑞克，格尔·萨玛费尔德．中国经济转型与女性经济学．北京：经济科学出版社，2009.

董江爱，陈晓燕．维护农村妇女土地权益的法律思考［M］//谭琳，姜秀花．社会性别平等与法律：研究和对策．北京：社会科学文献出版社，2007.

董江爱．保障农村妇女土地权益的法律政策执行状况研究［M］//谭琳，杜杰．性别平等的法律与政策：国际视野与本土实践．北京：中国社会科学出版社，2008.

冈扎利·别瑞克，董晓媛，格尔·萨玛费尔德．中国经济转型与女性经济学［M］．北京：经济科学出版社，2009.

郭建梅，李莹．妇女权益与公益诉讼［M］．北京：中国人民公安大学出版社，2009.

湖北省政研室，湖北省妇联．湖北省农村妇女土地权益保障状况调研报告［M］//冈扎利·别瑞克，格尔·萨玛费尔德．中国经济转型与女性经济学．北京：经济科学出版社，2009.

李平．《农村土地承包法》与农村妇女土地权利［M］//乡镇论坛杂志社．农民土地权益与农村基层民主建设研究．北京：中国社会出版社，2007.

廖洪乐．农村土地承包及集体经济收益分配中的性别视角［M］//乡镇论坛杂志社．农民土地权益与农村基层民主建设研究．北京：中国社会出版社，2007.

马研．论农村妇女土地承包经营权的法律保护［M］//杨立新．民商法理论争议问题——用益物权．北京：中国人民大学出版社，2007.

彭珮云．落实男女平等基本国策维护农村妇女土地权益［M］//冈扎利·别瑞克，格尔·萨玛费尔德．中国经济转型与女性经济学．北京：经济科学出版社，2009.

全国妇联权益部．维护农村妇女土地权益报告［M］．北京：社会科学文献出版社，2013.

吴治平．中国流动妇女土地权益状况调查［M］．北京：社会科学文献出版社，2010.

赵玲．农村妇女与农村土地［M］．杭州：浙江工商大学出版社，2014.

农村机动地制度：历史演进及未来展望①

我国农村改革后，村组集体的大部分耕地实行“两权分离，承包到户”；同时，村组预留了一部分机动地，以备调剂使用。因此可以说，农村机动地是实行家庭联产承包责任制后的产物。

一、改革初期对“机动地”的设置与管控

1982 年中央 1 号文件明确，“集体可以留下少量机动地，暂由劳多户承包，以备调剂使用”，这是中央文件首次提出关于机动地的政策。这一政策包含三方面内容：一是集体可以留少量机动地，这是对机动地数量的限制性要求；二是机动地暂由劳多户承包，这是明确了机动地的主要经营方式；三是机动地用以调剂使用，这是明确了机动地的主要功能（用途）。这里的“调剂使

① 此文原载于“三农中国”网、《长春市委党校学报》2018 年第 1 期。

用”，有关文献并未作出具体说明，没有明确如何调剂使用；笔者分析判断，其大意应是调剂给村组内的新增人口承包使用。也就是说，机动地的主要功能定位是，用于满足新增人口的承包土地需求。从机动地政策的三方面含义还可以看出，在机动地用于调剂给新增人口承包经营之前，暂由劳多户承包经营，劳多户可以获得比一般农户更多的承包地；但是，根据一些资料记载，村组集体往往是把机动地进行招投标式的发包经营，从而获得集体收入。实践表明，在村干部发包经营机动地的过程中，腐败现象往往具有一定的普遍性，这不仅损害了集体收入，也侵蚀了村民利益。

为此，中央开始逐步加强对机动地的管理。1995 年《国务院批转农业部关于稳定和完善土地承包关系意见的通知》指出，“严禁发包方借调整土地之机多留机动地。原则上不留机动地，确需留的，机动地占耕地总面积的比例一般不得超过 5%。”1997 年《中共中央办公厅、国务院办公厅关于进一步稳定和完善农村土地承包关系的通知》明确要求：严格控制和管理“机动地”。在延长土地承包期的过程中，一些地方为了增加乡、村集体收入，随意扩大“机动地”的比例，损害了农民群众的利益。因此，对预留“机动地”必须严格控制。目前尚未留有“机动地”的地方，原则上都不应留“机动地”。今后解决人地关系的矛盾，可按“大稳定、小调整”的原则在农户之间进行个别调整。目前已留有“机动地”的地方，必须将“机动地”严格控制在耕地总面积5%的限额之内，并严格用于解决人地矛盾，超过的部分应按公平合理的原则分包到户。1998年《中共中央国务院关于一九九八年农业和农村工作的意见》指出，“对于随意缩短承包期、收回承包地、多留机动地等错误做法，要做好工作，切实纠正。”1998年党的十五届三中全会通过的《中共中央关于农业和农村工作若干重大问题的决定》指出，“对于违背政策缩短土地承包期、收回承包地、多留机动地、提高承包费等错误做法，必须坚决纠正。”

二、现阶段对于“机动地”的法规规定

2003年3月施行的《农村土地承包法》第二十八条规定：“下列土地应当用于调整承包土地或者承包给新增人口：（一）集体经济组织依法预留的机动地；（二）通过依法开垦等方式增加的；（三）承包方依法、自愿交回的。”第六十三条规定：“本法实施前已经预留机动地的，机动地面积不得超过本集体经济组织耕地总面积的百分之五。不足百分之五的，不得再增加机动地。本法实施前未留机动地的，本法实施后不得再留机动地。”

2005年《农业部关于进一步做好稳定和完善农村土地承包关系有关工作的通知》明确要求：严格农村机动

地管理。机动地的预留、管理和使用是农村土地承包中农民普遍关注的重要问题。要采取有效措施，确保规范管理，有效防止和消除机动地管理使用中的矛盾和问题。一是严格控制机动地面积。预留机动地面积不得超过本集体经济组织耕地总面积的5%，不足5%的不得再增加机动地，尚未预留的不得再留机动地。超限额多留的机动地，要按照公平合理的原则分包到户或者承包给新增人口。二是依法规范机动地发包。依法预留的机动地应当优先用于调整承包土地或者承包给新增人口。机动地对外发包应按照《农村土地承包法》其他方式的承包程序公开、公正、公平地进行，不得搞暗箱操作；承包期限要合理，不应过长；承包手续要完备，不能搞口头协议；机动地发包时，本集体经济组织成员在同等条件下愿意承包的，发包方应保证其优先权。三是规范机动地收益管理。发包机动地及“四荒”等获得的收入，归本集体经济组织全体成员共有，必须纳入农村集体账内核算和财务管理、村务公开内容，实行民主管理、民主监督。

三、对“机动地”制度的分析及展望

从农村机动地历史演进过程看，机动地不仅可以用于调剂给新增人口承包经营，而且在被调剂之前可以为集体带来承包经营收益，是集体经济的重要来源。1991 年党的十三届八中全会通过的《中共中央关于进一步加强农业和农村工作的决定》就曾指出，“逐步壮大集体经济实力，增加集体可以统一支配的财力和物力，是完善双层经营，强化服务功能的物质基础，是增强集体凝聚力，促进共同富裕，巩固农村社会主义阵地的根本途径。壮大集体经济实力，主要靠利用当地资源进行开发性生产，兴办集体企业，增加统一经营收入；同时要搞好土地和其他集体资产的经营管理，按照合同规定收取集体提留或承包金；还可以发展服务事业，合理收取服务费。”

可见，机动地对于村组集体的经济收入具有重要作用。而且，从农村的实际情况看，凡是没有机动地的，集体经济往往趋于消亡，成为空壳村甚至负债村；凡是有机动地的，集体经济一般能够维持，有的还能够发展壮大。总体分析判断，机动地是农村集体可经营性资源的重要组成部分，对于农村集体经济发展具有重要的基础性作用。

现阶段，农村集体经济发展乏力，集体经济实力普遍薄弱。在村内公益事业建设中，多数村组集体力不从心，没有实力进行投入；不得不依靠村民筹资筹劳制度，向一家一户筹集少量资金和劳务。加之国家财力有限，用于村级公益事业建设的合力仍然不足，村内基础设施等公共产品供给仍明显不足。

从村内公共产品投入机制看，目前主要由四部分组成：村民筹资筹劳，财政奖补资金，村组集体投入，捐资赞助等社会性投入。其中，“村民筹资筹劳”与“村组集体投入”是村内公共产品投入的重要组成部分。值得关注的是，这两部分投入在实质上都是村民的投入，因为所谓集体的资产就是村民集体的资产；而且，这两部分投入具有显著的替代关系，即如果“村组集体投入”有保障，“村民筹资筹劳”则可免除。而现实中，村民筹资筹劳因涉及一家一户，操作具有较大的交易成本，实际效果不好。这就需要我们分析思考这样一个问题：有没有可能取消“村民筹资筹劳”，而疏通“村组集体投入”？如果这是可行的，则是对村级公益事业投入机制的重大完善。

问题在于，如何才能疏通“村组集体投入”？毫无疑问，发展壮大集体经济是其前提。据上述分析，发展壮大集体经济必需有一定的集体资源，尤其是“机动地”这样的可经营性资源。那么，摆在面前的问题就是：能不能建立（或曰恢复）机动地，用于发展集体经济？

过去，逐步严格控制机动地，是因为村组集体（干部）在经营管理机动地中的腐败，是因为损害了农民群众的经济利益。也就是说，因“腐败”而严控“机动地”。那么，现阶段以及未来，村内“腐败”是否可控？

当前，中央惩治腐败的力度空前，而且已对建立健全包括村干部在内的监察体系做出了历史性重大部署。可以预见，村干部“不想腐，不敢腐，不能腐”的体制机制一定能够建立，并且切实发挥作用。当村干部腐败防治体系完善以后，建立（或曰恢复）机动地，用于发展集体经济，同时取消村民筹资筹劳制度，就是可行的，而且是科学的。

农地制度论要[①]

自20世纪70年代末以来，我国逐步形成了具有鲜明中国特色的农地制度。近40年的实践表明，这一制度适合我国社会主义初级阶段的国情农情，同时也需要在实践经验的基础上逐步加以完善。

一、农村土地所有制取向

我国农村土地实行“两权分离”，即所有权归集体，承包经营权（使用权）归农户，实践证明这是可行的、有效的，已形成普遍共识。

农村土地搞国有制，没有必要，也没有现实意义。

搞私有制，现阶段没有可行性。中国共产党立党立国的初心是什么？我理解，其初心就是消灭剥削制度、改造私有制度。新中国消灭了剥削制度，完成了对农业生产资料（尤其是土地）的社会主义改造，可见，土地私有制不

① 此文完成于2017年11月。原载于“三农中国”网、《经济内参》。

是社会主义新中国的选项。在农村土地所有制问题上，不可忘了我们党立党立国之初心。再说，土地私有制真的有那么多好处？其弊端又有多少？封建剥削制度就是以土地私有制为基础的，土地私有制实在没有给我们留下什么好的印象，可见土地私有制是搞不得的。

所以，我国农村土地制度的基本框架就是“两权分离”，实行集体所有制，农户通过承包方式获得经营权。稳定农户的承包经营权，是各方面普遍赞同的政策取向。由此衍生出来的，是承包期限的设定、承包期内调整的管理以及承包期届满调整的管理等政策措施。

二、承包期限应如何设定

10 月 18 日上午，习近平总书记在党的十九大上宣布：农村土地二轮承包期满后再延长 30 年。我听到后感到很意外，一是没有想到十九大会公布三轮承包期限，二是没有想到三轮承包期限确定为 30 年。因此，既非常意外，也十分兴奋。总书记参加贵州代表团审议时说，确定 30 年，是同我们实现强国目标的时间点相契合的；到建成社会主义现代化强国时，我们再研究新的土地政策。可谓统揽全局，高屋建瓴。

我在《农地制度论》一书中曾提出建议：三轮承包仍以 30 年作为承包期限为好。主要阐述了两个理由：

一是实践经验的验证。二轮承包期为30年，经过十几年实践，各方面都感觉这个承包期比较合适。大家都知道，一轮承包期15年是土地承包制度的试运行期，确定以15年为承包期的时候，已经承包到户三五年了。一轮承包届满时，感觉15年还是偏短了，所以中央经过研究把二轮承包的期限确定为30年。那么，这个“30年”就是在一轮承包的经验教训基础上确定的，理论上说应该是一个比较适宜的承包期限了。二轮承包的实践也表明，以“30年”作为承包期确实是比较合理的，得到了方方面面的普遍认同，当然也有的认为再长一些好，也有的认为更短一些好，但总的看，“30年”的接受程度比较高。

二是制度本身的需要。承包期限是土地制度的一个重要方面，它应该确定一个固定的承包期限，形成制度，不应变来变去。有的同志这样推断：一轮承包期15年；二轮承包期30年，翻了一番；那么三轮承包期限似乎以60年为好，即再翻一番。这个思路是经不住推敲的。若如此，四轮承包期限应为120年，五轮承包期限应为240年……这个逻辑显然是不成立的。

所以，我个人的认识是：基于上述两方面理由，三轮承包的期限仍以30年为宜。学习领会党的十九大精神之后，感觉报告中立意深邃、眼界高远，使我对于延长承包期政策的认识更加清晰、更加深刻了。

三、承包期内调整的管理

土地承包到户的时候，集体经济组织成员人人有份，即“按户承包，按人算地”，每名集体成员都在事实上得到了一份承包地，尽管多数地方并不能指认出每人的具体地块，但是每个人分到了几亩几分承包地，以及好地分到多少、差地分到多少，那都是清楚的。

接下来问题就来了。一是生老病死问题。有的七老八十的老人，他们分到承包地之后，过几年去世了；有的小青年结婚娶媳妇，过上一两年生了小孩子了。那么，去世老人的承包地要不要退出来？新生的孩子能不能给一份承包地？这个问题就非常现实！二是嫁出嫁入问题。农村姑娘结婚，往往是嫁到另外一个村子去，那么她在娘家的承包地怎么办？她在婆家村能不能重新分到一份承包地？就婚嫁女的个人意愿来说，她们当然希望能够在婆家重新分到承包地，因为即便在娘家的承包地给她保留，那也是“人地分离”，她不大可能去耕种，也很难获得收益。

上述两方面问题所引发的政策争议是，承包土地能不能适当调整？讨论这个问题，有必要先考察一下现实中群众的实践做法。大家知道，在中央逐步控制土地调整之前，农民群众是普遍倾向于进行调整的，即“减人减地，增人增地”。但是，一些专家学者论断，这样的调整损害了承包关系的稳定性，不利于农民增加田间投入，会影响到农产品产出，以致影响国家粮食安全；更有甚者，担心良田会变成荒漠。所以中央在政策上逐步加强了对土地调整的管控，《农村土地承包法》也作出了相应的规定。也就是说，通过出台管控措施，“纠正”了群众的实践做法。我们知道，人民群众是历史的创造者。“包产到户”就是农民群众的创造。但是“包产到户”在历史上曾经被多次“纠正”，使其四起三落，终于在70年代末才被“扶正”。所以，“纠正”群众的做法需要慎行，这是一条客观规律。

对于承包土地能不能适当调整，需要深入讨论的问题有两个：一是农户对承包地的投入。一个基本的判断是，随着国家强农惠农富农政策体系的逐步完善，农户对承包地的投入有了重要变化。20世纪八九十年代，地里的投入确实在较大程度上依赖农民自己；但是到目前阶段，田间的水利、电力、道路等具有公共产品性质的投入，基本上由国家财政和集体经济承担，农民主要的田间投入是浇水和施肥。据调查，浇水和施肥（化肥）受土地调整的影响微乎其微，大致可以忽略；至于农家肥、有机肥，会受到土地调整的一些负面影响，但这方面也不可过高估计。

二是土地调整利弊的认识。一方面，土地调整会在一定程度上影响农户的投入行为，这是其弊。至于这一弊端的负面影响程度，目前尚缺乏有说服力的论证。有的论证放大了土地调整的负面影响，有的论证没有区分土地大调整、小调整，从而把“减人减地、增人增地”这样的小调整的弊端混同于土地大调整的弊端。在政策上，逐步严格控制土地调整，以稳定经营预期和生产投入，增加农产品供给，这体现的是经济效益。另一方面，土地调整有没有利呢？其利就是可以平衡人地关系，即“减人减地、增人增地”，避免“死了的人还有地，生了的人没有地”，从而实现公平，这体现的是社会效益。关于上述利弊，以及由此产生的经济效益和社会效益，现实中存在一些偏颇的认识，即经济效益重于社会效益。似乎新生的人口没有承包地不是什么问题。但是目前的信访情况表明，多数无地人口有获得承包地的诉求，这方面的问题不应漠视罔闻。

关于承包期内的调整，总起来说，我个人的认识是：如果农民群众没有意见，30 年承包期内稳定（甚至固定）承包关系，少调（甚至不调）承包地，当然是好，这样可以稳定地发展生产；但是，现实中农民群众是有意见的，有的地方意见还比较突出。这就需要实事求是，妥善处理好效率与公平的关系，在坚持“稳定”的原则下，给“调整”留出适当的口子。

四、承包期届满调整的管理

按照稳定承包关系的原则，土地承包期届满时，实行“延包”政策，目前的二轮承包和未来的三轮承包都是这一政策。个人理解，中央出台“延包”政策，应该是有苦衷的。承包期届满如果对土地进行调整，对于生产经营确实有一定负面影响，因此，如果不考虑公平问题，稳定当然就是最基本的政策取向。大概这就是出台“延包”政策的主要考虑。

但是，相对于承包期内对于公平的诉求，群众对于承包期届满时公平的诉求往往更为强烈，待地农民就等着这个时机给村里要承包地。所以，“延包”政策实际执行起来难度不可小觑。许多专家学者考察了二轮承包“延包”政策的实际落实情况，综合起来看，当时大概是“三个三分之一”，即：小调整的占 1/3，大调整的占 1/3，不调整直接延包的占 1/3。而其中第三类情况，往往是承包期届满之前的几年曾经调整过土地，已经实现了公平。因此，基本的判断是，农民群众对于承包起点的“公平”看得是比较重的，对此应有客观的、充分的认识。

总得看，土地调整有利有弊，应当全面分析、因地制宜，防止认识偏颇、搞一刀切。比如，如果土地细碎化非常严重，人地矛盾特别突出，多数群众对于解决这些问题有强烈的愿望，在三轮承包起点就有必要进行土地调整，在政策上应当积极给予支持和指导。我在《农地制度论》一文中分析认为：当矛盾积累到一定程度的时候，小调整可以解决小问题，大调整可以解决大问题。

自 2023 年 12 月起，各地二轮承包将陆续届满，延包将是一项非常重要、政策性很强的工作。应当充分尊重农民群众意愿，利用三轮承包起点这个重要机遇期，稳定和完善土地承包关系。具体到不同的集体经济组织，应依据实际情况作出决策，以趋利避害，让农民群众满意。

对农村土地承包经营制度的一些认识①

我对农村土地承包制度有研究兴趣始于2003年。那一年考取中国人民大学农业经济管理专业的在职研究生，就面临一个现实问题，以什么为学习研究重点呢？土地是财富之母，就学习研究农地制度吧！可以说，我开始学习研究农地制度，基本是从“零”开始的，既无理论基础，也无实践基础。在阅读了两三个月文献之后，我发现主要有两个问题需要关注和研究。一是一家一户的承包耕地面积很小，而且很零碎，这对于农业生产显然是负面因素，这种细碎化状况有没有可能改进？二是农村土地承包的政策法规强调土地承包关系要稳定，但是现实中三五年调整一次的村庄不在少数，政策与民意在较大程度上表现为不一致，这到底是怎么回事儿？可以说，从2003年至今，已经整整15年，我一直在关注和研究这两个问题，这就是我学习研究农地制度

① 此文完成于2018年8月。

的主要线索。下面，分六个方面交流我对农村土地承包经营制度的一些认识。

一、如何认识农村土地集体所有制

记得十几年前读研的时候，关于农村土地所有制的争论比较多。有的主张改为国有制，有的主张实行私有制，有的主张完善集体所有制。各种观点纷杂，似乎各自都有道理，但是一方很难说服另一方，很难形成统一的意见。当时有部分学者认为，集体对土地并不享有完整的所有权，比如没有处置权，处置权一般由政府掌握，例如征地问题。基于此，这些学者认为，农村土地集体所有制的实质是国家所有，国家与集体的关系是“委托-代理”关系，即集体是土地所有权的“代行者”角色，而不是真正的所有者。一直以来，我比较赞同这个认识。

时至今日，如何认识农村土地集体所有制呢？我有一个比较深刻的感受，那就是，需要认真学习中国共产党的历史，学习中国共产党对于农村土地制度的历史沿革。首先，中国共产党的成立，为什么取名“共产党”？这其实是一个重要问题，也可以说是根本问题。这要回到 20 世纪 20 年代初看一看。20 世纪初，中国农村土地是封建地主所有制，即土地私有制。在这种制度下，形成剥削阶级和被剥削阶级，地主阶级依靠所拥有的土地资产过着剥削和寄生生活，广大农民无地少地，不得不向地主缴纳高额地租，受到层层盘剥，民不聊生。随着马克思主义传入中国，中国马克思主义组织（中国共产党早期组织）开始孕育，党的早期组织显然对封建土地私有制和剥削制度有着深刻的感触和认识，封建土地私有制是封建剥削的制度根源，要消灭阶级、消灭封建剥削，必须消灭封建土地私有制这个滋生剥削的温床。其次，从整个国际共产主义运动来看，也是一样，国际共产主义组织都是痛恨剥削阶级（私有制）、向往共产主义（公有制）。认识到这个方面，问题就比较清楚了。中国共产党视封建私有制为“敌”，必欲消灭封建私有制，而且，未来也不可能以生产资料私有制为其取向。

所以，关于农村土地所有制问题，没有必要进行争论，中国共产党不可能以生产资料私有制作为经济基础，共产党与私有制在本性上是不相容的。一些国内外专家学者，以为私有制产权制度富有效率，主张中国共产党实行农村土地私有制，这实在是不了解中国共产党的历史和性质，“哪壶不开提哪壶”，自找没趣。

现在看，农村土地集体所有制确实不是完整的所有制，因为集体没有处分权等完整的产权权利。“委托-代理”说，比较合乎逻辑、合乎实际。至于集体所有制未来是否过渡到全民所有制，那应该是较为遥远的事情，目前可以不予讨论。

二、如何认识农村土地承包期制度

首先，应当看到，“承包”在中国是一种经营管理方式。按照《现代汉语词典》解释，“承包”是指“接受工程或大宗订货等，按照合同约定负责完成”。那么，什么是承包期呢？承包期就是完成合同约定事项的期限。这样，“农村土地承包期”也就不难理解了，农村土地承包期就是给予农户一定年限的土地使用权。

其次，从农村土地承包期制度的历史沿革来看。20世纪70年代末、80年代初，刚刚开始推行家庭承包制，那个时候推行的阻力不小，在制度上也没有考虑那么周全，刚刚承包到户的时候一般没有设定具体承包期，主要是强调推行家庭承包这种方式。但是客观上，应当明确设定一个承包经营期限。为此，1984年中央1号文件明确要求，“土地承包期一般应在十五年以上”，“在延长承包期以前，群众有调整土地要求的，可以本着‘大稳定，小调整’的原则，经过充分商量，由集体统一调整”。这样，农村土地承包期限一般就设为15年，这就是“第一轮”承包。安徽省小岗村最早（1978年12月）实行承包到户，到1993年12月，15年期限就要届满了，其他各地也将陆续届满。为此，中共中央于1993年11月发布《中共中央、国务院关于当前农业和农村经济发展的若干政策措施》（中发〔1993〕11号），明确提出，“为了稳定土地承包关系，鼓励农民增加投入，提高土地的生产率，在原定的耕地承包期到期之后，再延长三十年不变”，“为避免承包耕地的频繁变动，防止耕地经营规模不断被细分，提倡在承包期内实行‘增人不增地、减人不减地’的办法”。这样，农村土地“第二轮”承包的期限就确定为30年。那么，为什么以“30年”确定为二轮承包期限呢？这是需要思考的一个重要问题。

再次，从前后三轮土地承包的逻辑关系来看。2017年10月18日，习近平总书记在党的十九大上宣布，“农村土地二轮承包期满后再延长三十年”。也就是说，农村土地“第三轮”承包的期限也确定为30年。这样，在我国农村土地承包制度史上，就已经明确了三个轮次的承包期限，即第一轮15年，第二轮30年，第三轮30年。那么，从历史延续的视角看，这三轮的承包期设定之间有什么逻辑关系呢？应当说，第一轮“15年”是个试用期、试行期，看一看效果好不好。正如杜润生先生所说（1998年5月），“到1984年决定先定承包期为15年，看看各方反应，准备随机做出决策，再递增延长期。”这也就大致说明了，第二轮承包期为什么确定为“30年”，就是在总结第一轮经验的基础上确定的。那么，第三轮承包期为什么也宣布为“30年”呢，我想道理大致是一样的，就是经过第一轮、第二轮的承包，实践证明把“30年”作为承包期比较合适。

最后，土地承包期制度应当稳定下来。一轮承包15年，二轮承包30年，三轮承包60年吗？如果如此变化不定，应该是不合理的，把承包期制度稳定下来较为合理。当然，学界关于承包期的讨论，可能受到了“长久不变”政策的影响。自2008年10月党的十七届三中全会提出“现有土地承包关系要保持稳定并长久不变”以后，对于下一承包期的长短问题，主张以70年作为承包期的观点较多，也有一些观点主张以50年或90年为承包期，仍坚持认为继续以30年为承包期比较适宜的观点是极少数。笔者主张，应实行较长的承包期，但要适可而止，不宜过长；承包期政策最好能够固定下来，形成制度，比如以30年（或50年）作为承包期制度，以后不宜再变化不定。笔者的《农地制度论》书中指出，“从一轮承包和二轮承包的实践看，以30年为承包期是适宜的”，“30年是一个合宜的土地承包期限，建议三轮承包仍以30年作为承包期限”，“30年承包期是比较科学合理的，可以考虑把‘30年承包期’作为一项科学合理的制度稳定下来，轮续坚持”。

三、如何处理效率与公平的关系

基本的原则，“效率优先，兼顾公平”，这个是没有异议的。至于如何具体落实这一原则，还是会有许多争议。笔者个人的认识，目前已经明确把“30年”作为承包期限，“30年”是一个不短的期限，但是也不是一个很长的年限。在“30年”承包期的前提下，在承包期内应当提倡“稳定”，如果极端一点儿，要求在承包期内“固定”，我看也有较大的合理性。

我们以“30年”承包期内“固定”土地承包关系来作分析。“固定”，即在承包期内不再调整土地。这意味着什么呢，意味着土地承包关系极为稳定、不会变化。从正面影响看，这有利于承包农户对土地使用的预期，增加对土地的投资，也有利于形成土地流转市场，发展适度规模经营。从负面影响看，“30年”承包期内“固定”承包关系，将会使“新增人口”可能长达29年不能获得承包土地。这样，问题就来了，即“30年”承包期满时是否可以调整土地？如果可以调整，“新增人口”在其一生中至多有29年没有承包到土地；如果不可以调整，“新增人口”可能长达59年不能获得承包土地。所以，处理效率与公平的关系，不仅仅要看“承包期内”，还要看“承包期满”，“承包期满”的政策与“承包期内”的政策应当有机衔接，才能妥善处理好效率与公平的问题。

因此，笔者建议：承包期内，应当提倡“稳定”，甚至可以实行“固定”政策，这样有利于最大限度提高“效率”；承包期满，应当允许“调整”，这虽然有损于“效率”，但是对于实现“公平”是必要的。

四、如何解决承包地细碎化问题

农村承包土地细碎化的成因，大家都比较清楚。主要是过去农村土地差异比较大，集体在分配土地的时候，为了追求绝对公平，就按照土地肥瘦、水电生产条件、距离村庄远近等不同，把土地划分成三六九等，分别承包到户。这样，全国形成了“户均七八亩、五六块”的承包地格局，南方丘陵、山区户均承包地达到一二十块，甚至更多。户均七八亩，耕地面积本来就很小，再加上地块如此零散细碎，对于农业生产是一个比较突出的负面因素，非常不方便耕作，也不利于使用大型农业机械，使农业生产成本比较高。

现实中，农民群众是如何解决承包地细碎化问题的呢？一是按照土地产能分配承包地。即不同的地块，评估确定其亩产水平，然后按照土地产出量进行土地分配。比如，如果较好的土地亩产500千克，把这样的土地作为标准土地（A类）；稍差一些的土地，如果亩产450千克，500/450=1.11，那么这样的土地，即认定为1.11亩（B类）作为1亩（A类）；再差一些的土地，以此类推。按照这个办法分配承包地，可以实现户均一块地或两块地，避免承包地细碎化问题。据杜润生先生讲，这个办法在

20 世纪 80 年代曾有过，但是采取这个办法的村庄很少。二是随着农田培肥、整治，地类差异逐步减小，一些地方进行“互换并地”，解决了承包地细碎化问题。比如，河南商丘、安徽蒙城（以及怀远）、新疆沙湾、湖北沙洋、广东清远、广西崇左、辽宁彰武等地，基本都是按照“互换并地”的方式解决细碎化问题。

“互换并地”做法，其政策依据是什么?《农村土地承包法》第四十条规定，“承包方之间为方便耕种或者各自需要，可以对属于同一集体经济组织的土地的土地承包经营权进行互换”。这条规定，就是基于承包地块插花、耕作不便而出台的，能够在 2002 年就制定出台这样的政策，还是值得赞赏的。这条规定的本意，是指户与户之间进行协商，调换地块，实现各户的地块能够尽量连片。那么，如果一个集体内所有农户都有调换意愿，集体即可以统一组织进行调换，这种情况下，其实是把土地“打乱重分”，分配时尽量实现户均一块田（或两块田）。需要斟酌的是，这种“打乱重分”是否违反土地承包法呢？一般认为，不违反。首先，这个做法符合第四十条的规定精神，为了方便耕种进行互换；其次，这个做法不与“人口增减”挂钩，基本符合保持二轮承包关系不变的要求和精神。推想一下，如果既想解决细碎化，又想解决人地矛盾，那就必然要与“人口增减”挂钩，就成了彻底的“打乱重分”，这种做法显然是不符合法规精神的，也容易引发矛盾。因此，“互换并地”必须坚持“二轮承包关系不变”这个底线，不能与“人口增减”挂钩。

以上讨论的是在承包期内解决细碎化问题，至于承包期满如何解决细碎化问题，那就是另外一个问题了。因为承包期满时，按照合同约定，原有承包关系届满，此时进行“互换并地”，不再涉及要维护原有“承包关系不变”这个问题。上文第三部分已经分析，承包期满时允许实现“公平”是必要的。因此，笔者认为，在承包期满时，是解决细碎化和人地矛盾的一个重要时机。

五、对“三权分置”的一些思考

农村土地的所有权、承包权、使用权（经营权），类似这种“三权”提法早已有之。杜润生先生指出（1993年12月），“我们的土地制度原则应该是：确立土地所有权，稳定土地承包权，搞活土地使用权”，要贯彻执行这三项原则。其他一些专家学者类似论及“三权”的也不在少数。习惯成自然，许多人已经接受了“三权”这种说法。

2013年7月22日，在武汉农村综合产权交易所，习近平总书记听取了农村产权交易探索情况汇报。习近平总书记强调，深化农村改革，完善农村基本经营制度，要好好研究农村土地所有权、承包权、经营权三者之间的关系，土地流转要尊重农民意愿、保障基本农田和粮食安全，要有利于增加农民收入。2016 年 10 月，中共中央办公厅、国务院办公厅印发《关于完善农村土地所有权承包权经营权分置办法的意见》（中办发〔2016〕67 号），“三权分置”正式成为中央政策。

“三权分置”受到多数经济学者的认同和支持。但是，在法学界则存在较大争议。争议的主要焦点是，按照产权有关法规，所有权、使用权（经营权）都属于“产权”范畴，但是承包权并不能界定为“产权”。也就是说，从法理上，所有权、使用权（经营权）属于“产权”，而承包权无法认定为“产权”，因此，三者是两类不同性质的权利。两类不同性质的权利，谈不上是否分置的问题。

笔者认同上述法学分析。我国农村改革开放，是从土地制度变革开始，在保持集体所有制的情况下，即所有权归集体所有不变的情况下，土地的使用权（经营权）分配给农户，实现了使用权与所有权的分离。在这个制度框架下，本不会再发生“二次分离”。但是，多数专家学者往往把农户的土地使用权解读为“承包经营权”，一些专家学者又把“承包经营权”解读为“承包权”和“经营权”。笔者认为，这是问题的根源。把使用权解读为“承包经营权”，并无不妥，问题在于，“承包经营权”是“承包权”与“经营权”的组合吗？笔者认为，不是！所谓“承包经营权”，其解读应当是，农户通过“承包方式”获得的经营权，即仍然是一权，而非两权。在中国，“承包”是一种经营管理方式，而不是一种产权形式。在“承包经营权”中，“承包”是“经营权”限定词，而不是一项独立的权利。

而且，需要指出的是，《农村土地承包法》是2002年制定颁布的，当时正处于农村税费改革期间。大家知道，在农村税费改革之前，农户的承包地需要交纳农业税、“三提五统”等农业税费，这正体现了“承包”的含义；但是，在农村税费改革之后，农户使用的土地不再缴纳农业税、“三提五统”等农业税费，在事实上已经不存在“承包”。因此，从这个方面看，目前的《农村土地承包法》名称早已不合时宜，应当更名为“农村土地使用法”，或者其他适宜的名称。

六、对承包经营权抵押融资的认识

农村金融是我国农业农村经济的一个突出难点。由于户均承包经营耕地面积很小，而所承包经营耕地又具有社会保障功能，因此，农户的承包土地不适宜用于抵押融资。如果用于抵押融资，一旦农户毁约不能偿还贷款，银行将取得农户土地的经营权，从而使农户丧失基本的社会保障。而实际上，由于农户的承包地面积很小，银行一般也不愿认可这样的抵押物，承包地的抵押资质本身就是个问题。

在“三权分置”模式下，转入土地方获得经营权，那么，土地经营权可以用于抵押融资吗？对于这个问题，唐忠教授在《改革开放以来我国农村基本经营制度的变迁》（《中国人民大学学报》2018年第3期）一文中，很好地给予了解答。唐忠教授指出，在土地使用权流转中，租金分为两类情况，一是“年租制”，即租金一年一付，二是“批租制”，即一次付清若干年的地租。在“年租制”情况下，土地使用权显然不具备抵押价值和抵押功能；在“批租制”情况下，土地使用权具备了一定的抵押价值、抵押功能，但是在现实中，“批租制”仅为少数情况。因此，转入土地用于抵押融资，可行性也不大。

户均耕地面积太少，不仅仅是农村抵押融资的瓶颈，也是“三农”问题的主要根源，其突出表现是劳均耕地面积过小，劳动力与土地的配置关系严重失衡。从长远看，应当制订实施农业人口市民化战略，努力促进农业人口城市化，从而减少农业人口，逐步扩大户均耕地规模，才有可能从根本上破解“三农”问题。

乡村振兴必须治“穷根儿”[①]

我国农村扶贫进入攻坚期，党中央审时度势、高瞻远瞩，提出并部署实施乡村振兴战略。扶贫的目标是脱贫，振兴的目标是富裕，两大战略无缝衔接，为我国农村发展绘就了蓝图。

近日，中国农业大学李小云教授发文指出，扶贫能让穷人致富吗？他在云南勐腊河边村扶贫已经有三年多，最近感到有些困惑。笔者认为，我们扶贫的目标是为了脱贫，目前脱贫已处于攻坚期，是最后的也是最关键的一场硬仗，必须打赢，必须如期实现脱贫，实现农村全面小康；下一步走向富裕，不是扶贫能够解决的，必须实施乡村振兴战略，逐步实现农民富裕，实现农村现代化。无论是脱贫还是富裕，都是与“贫”作斗争，即“治贫”，治贫大致分为脱贫、富裕两个历史阶段。

治贫既要治标，更要治本。从近年脱贫的实践看，一般重在治标。比如，李小云教授在河边村设计实施的“瑶

---

① 此文完成于2018年5月。

族妈妈”客房，增加了农民就业机会，增加了工资收入，对于脱贫是有明显效果的。但是走向富裕，仅有“瑶族妈妈”客房还不够，因为“瑶族妈妈”客房并不能治理农民的“穷根儿”。走向富裕，必须治本，必须治“穷根儿”。

那么，我国农民的“穷根儿”是什么？这一点必须刨根问底弄清楚。所谓穷，就是收入低。从农民收入结构看，主要有农业经营收入、工资性收入、财产性收入、转移支付收入四个部分。其中，农业经营收入是农民收入之本，农民的收入应以农业经营收入为主，这是天经地义的。近几年，我国农民的工资性收入已经高于农业经营收入，其含义是什么？一是农民普遍处于兼业状态，二是农业经营收入匮乏。这毫不奇怪，因为我国的基本农情是人多地少，人地矛盾紧张。农村集体土地约 19 亿亩，由 2.29 亿户农户承包经营，户均承包耕地面积仅有 8.3 亩左右。可以说，这是超小型的家庭农场。如此小规模的承包土地面积，显然是一个“卡脖子”的制约因素，决定了农户农业经营收入的极大局限性。人均土地资源过少，这是农民贫困的主要客观因素。笔者认为，这也是我国“三农”问题的根源所在。

我国为什么会有“三农”问题？美国、加拿大、巴西、俄罗斯、澳大利亚等国家有“三农”问题吗？这些国家都没有“三农”问题，因为这些国家“人-地”关系比较合理，人均资源比较多。我国农村集体有 19 亿亩耕地，也不算少，但是我国有 9 亿农民，农民人均耕地只有 2 亩多。这就是我国“三农”问题的根源。如果我们国家的农民也有人均几十亩地、几百亩地，我们国家也不会有“三农”问题。所以可以确定地说，我国“三农”问题的根源是农民过多。

农民过多的原因是什么？中国人崇尚“多子多福”。20 世纪五六十年代农民一家一户都有六七个孩子。马寅初先生呼吁控制人口增长，但是毛主席没有能够及时接受这个建议。我国真正开始抓计划生育，已经到 70 年代末了，那时已有 8 亿人口。抓计划生育，晚抓了 10 年。如果能在 60 年代抓计划生育工作，那还不算晚，那个时候 6 亿多人口，这个人口规模刚好合适。如果在 60 年代就抓计划生育，就可以实行“二胎”政策；而到了 70 年代末才抓，时机上晚了 10 年，只能搞“一胎”政策了，也就是“踩急刹车”。“一胎”政策能够有效控制人口增长，但是却会使人口结构越来越不合理，老龄化越来越严重。由于计划生育晚抓了 10 年，我国的人口规模发展至今，有近 14 亿人口，其中有 9 亿农民。这就是“三农”问题的根源。

有的同志说，不对啊，我们的城市化率已经 50%多了，没有 9 亿农民了。这是概念的偏差。据 2016 年的统计数据，我国农村承包土地的农户数量是 2.29 亿户，有 9 亿多人口。我国有 20 亿亩耕地，其中农垦约有 1 亿亩，剩余的19亿亩基本是集体土地、承包给农户使用。也就是说，9亿多农民承包了大约19亿亩耕地。这9亿多人口是不是农民？他有耕地，在本质上就是农民，尽管他可能去城市打工了。9亿多农民承包19亿亩耕地，人均仅有2亩多，户均仅8.3亩。这就是我国的基本农情，农民人均耕地资源太少。

从发达国家的情况看，农业人口所占比重一般很小，比如美国、加拿大、澳大利亚、日本、以色列、英国、法国、荷兰、意大利等国，农业人口所占比重都在5%以下，这表明其一、二、三次产业的劳动力配置已经达到现代化水平，“地”与“人”两个生产要素的投入已经实现优化配比。我国要解决“三农”问题，要推进乡村振兴，必须逐步解决人均耕地资源太少的问题，这是“治本”之路。耕地是基本固定不变的，那就得逐步减少农民数量。应把“减少农户数量、增加户均面积”作为我国农业家庭经营的重要目标、长远战略。只有着眼这个目标、坚持这个战略，才有可能逐步改变“农业人口过多、承包面积过小”的困局。

《农村土地承包法》第二十六条明确规定，“承包期内，承包方全家迁入设区的市，转为非农业户口的，应当将承包的耕地和草地交回发包方。承包方不交回的，发包方可以收回承包的耕地和草地。”这一条款是合理的、科学的，此类情况下退出承包地是应当的，有利于逐步减少农业人口、增加户均承包耕地面积。但是，后来的有关文件又提出了不同的意见。《国务院办公厅关于积极稳妥推进户籍管理制度改革的通知》（国办发〔2011〕9号）要求，“现阶段，农民工落户城镇，是否放弃宅基地和承包的耕地、林地、草地，必须完全尊重农民本人的意愿，不得强制或变相强制收回。”《国务院关于进一步推进户籍制度改革的意见》（国发〔2014〕25号）进一步明确，“现阶段，不得以退出土地承包经营权、宅基地使用权、集体收益分配权作为农民进城落户的条件。”文件规定与法律条款不一致，不利于“减少承包户数、增加户均面积”这一重要目标的逐步实现。

我国必须实施减少农业人口战略，要把逐步减少农业人口作为根本性的、长远性的发展战略，这是逐步扩大户均经营规模的必由之路。要坚持和落实“全家迁入设区的市退出承包地”的法律规定。2017年7月，全国人大农委提请审议的《农村土地承包法修正案（草案）》拟修改原法律条款，提出了“维护进城务工农民的土地承包经营权，不得以退出土地承包权作为农民进城落户的条件”，“承包方全家迁入城镇落户，纳入城镇住房和社会保障体系，丧失农村集体经济组织成员身份的，支持引导其按照国家有关规定转让土地承包权益”等修改意见。此修改意见是不妥当的。进城农民市民化，其实现成本不应由其承包地来买单。全家迁入设区的市，转为非农业户口，丧失了集体经济组织成员资格，理应退出其承包地。健康有序的城市化，应依靠城市的“拉力”来实现，而不应依赖农村土地给以“推力”。我国农村有 9 亿农业人口，农村土地所承载的经济功能，应由农村的农业人口来分享，而不应由“全家迁入设区的市”的进城人口来分享，这应是一条基本原则。从长远看，要实现户均承包耕地面积的逐步适度扩大，必须坚持和践行这一基本原则。

村民一事一议筹资筹劳制度：情况、问题与对策[①]

我国农村进行税费改革时，为健全基层民主治理体制、完善公益事业建设机制，创新设立了村民一事一议筹资筹劳制度。2007 年 1 月，《国务院办公厅关于转发农业部村民一事一议筹资筹劳管理办法的通知》（国办发〔2007〕4 号）下发，迄今已经施行十周年。村民一事一议筹资筹劳的情况如何，存在哪些问题，下一步需要采取什么对策措施？这些问题值得进行研究总结。现将有关情况和分析思考报告如下。

一、村民一事一议筹资筹劳制度简要回顾

为探索建立规范的农村税费制度、从根本上减轻农民负担，中共中央、国务院于 2000 年 3 月下发了《关于进

① 此文原载于《农村改革调研报告》2017 年第 21 号、《三农中国》第 29 辑。

行农村税费改革试点工作的通知》（中发〔2000〕7号）。其中，在村内公益事业建设方面：一是改革村提留征收使用办法，村内兴办集体生产公益事业所需资金，不再固定向农民收取村提留，实行一事一议，由村民大会民主讨论决定，并实行上限控制；二是取消统一规定的劳动积累工和义务工，村内进行集体生产公益事业所需劳务，实行一事一议，由村民大会民主讨论决定，并实行上限控制。村级公益事业建设所需资金劳务的筹集制度发生了变革，在提取方式上，由强制性固定提取变革为自愿性民主筹集；在使用方式上，由乡镇内统筹使用变革为出资出劳的群众自主使用。

为加强对农村税费改革试点地区村级范围内筹资筹劳的管理，农业部于2000年7月制定印发了《村级范围内筹资筹劳管理暂行规定》，标志着筹资筹劳管理制度初步建立。2001年3月，国务院下发《关于进一步做好农村税费改革试点工作的通知》（国发〔2001〕5号），对建立健全村级“一事一议”筹资筹劳管理制度进一步明确了要求：一是明确一事一议筹资筹劳的范围；二是制定合理的筹资筹劳上限控制标准，省级人民政府应根据本地区经济发展水平和生产公益事业任务，分类确定村内一事一议筹资筹劳的上限控制标准；三是明确议事规程，并切实防止把一事一议筹资筹劳变成固定收费项目；四是加强村级财务监督管理。2006年全面取消农业税后，我国农村进入

“后农业税”时代。国务院办公厅于 2007 年 1 月转发了由农业部会同有关部门和单位制定的《村民一事一议筹资筹劳管理办法》，标志着对村民筹资筹劳的管理制度正式确立。为进一步加强指导与监管，农业部于 2012 年 4 月制定下发了《关于规范村民一事一议筹资筹劳操作程序的意见》（农经发〔2012〕1 号）。

回顾村民一事一议筹资筹劳制度的形成与发展，我们有三点认识。首先，村民一事一议筹资筹劳制度是农村税费改革的成果。农村税费改革前，由于农村税费制度和征收办法不尽合理，农民负担沉重。农村公益事业建设方面，对于“村提留”和“两工”的提取和使用，村组集体没有自主权，筹集与使用不对等，有些地方还超标准提取村提留费，强迫农民以资代劳，增加了农民负担。通过农村税费改革，建立村民一事一议筹资筹劳制度，村级公益事业建设的资金劳务筹集和使用制度发生了重大变化，农民群众有了自主权、决策权和使用权。这是农村税费改革的一项重要制度性成果，受到了农民的欢迎和拥护。其次，“筹资筹劳”是“村提留和两工”的替代性制度。农村税费改革前，村提留和农村劳动积累工、义务工是村级公益事业建设的主要资金劳务来源。农村税费改革逐步取消了村提留和两工，村民一事一议筹资筹劳成为村级公益事业建设所需资金劳务的主要来源。因此，“筹资筹劳”是“村提留与两工”的替代性制度安排，这体现了筹资筹劳制度的功能定位。再次，“筹资筹劳”是城乡税制统一之前的过渡性制度。2003 年 10 月，党的十六届三中全会通过的《中共中央关于完善社会主义市场经济体制若干问题的决定》明确提出，“创造条件逐步实现城乡税制统一”。农村税费改革总体上应走“三步曲”的道路（唐仁健，2004）：第一步，减免以至取消农业税；第二步，确立农业的“无税时代”；第三步，创造条件逐步统一城乡税制。我们应当认识到，在未来适当阶段统一城乡税制后，公共财政应实现农村基础设施建设全覆盖；同时，应终结村民一事一议筹资筹劳制度。现行的村民一事一议筹资筹劳制度，是城乡统一税制之前的一种过渡性安排，这是一个基本判断。

二、一事一议筹资筹劳的基本情况及问题

全面取消农业税之后，一事一议筹资筹劳工作开展不平衡，整体覆盖面较小，不能满足村级公益事业建设投入的需求，村级公益事业建设投入总体上呈下滑趋势。为完善一事一议建设村级公益事业的体制机制，自 2008 年起，中央有关部门组织开展了一事一议筹资筹劳财政奖补试点，至 2011 年在全国全面推开。一事一议筹资筹劳与财政奖补制度，调动了农民群众自力更生改变农村面貌的积极性，初步构建了“农民筹资筹劳、政府财政奖补、社会

捐赠赞助”的农村公益事业发展新机制，成为新农村建设的一大亮点。据统计，2008—2013 年，全国财政共投入奖补资金 2 430 亿元，带动村级公益事业建设总投入5 000 多亿元，共建成项目 150 多万个，实实在在惠及亿万农民，受到农民群众好评。

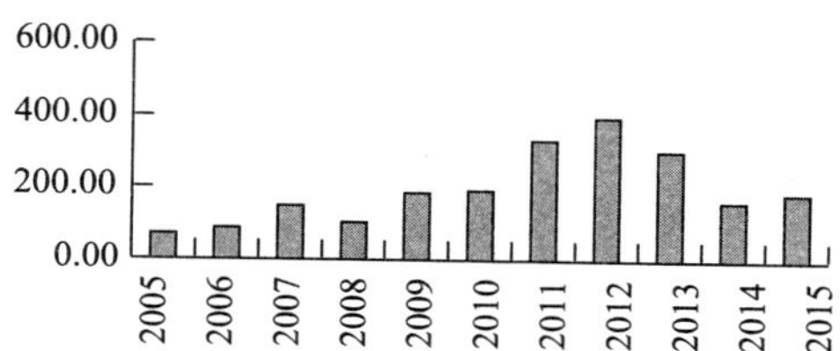

图 1　2005—2015 年村民一事一议筹资筹劳情况（亿元）

注：图示 1 中数据为各年村民筹资筹劳总量的估算值。估算方法：

当年筹资筹劳总量＝筹资额＋以资代劳额＋以劳折资额。

其中，筹资额、以资代劳额为统计数据，以劳折资额为估算数据。

以劳折资额估算方法：以劳折资额＝筹劳数量×劳均工价（估算值）＝筹劳数量×（以资代劳额/以资代劳数量）。

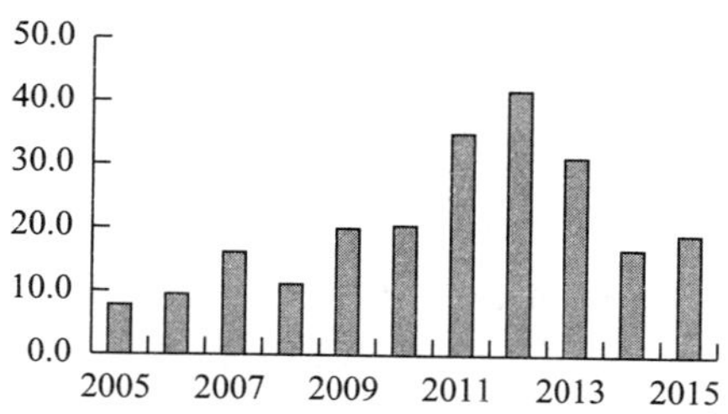

图 2　2005—2015 年农民人均筹资筹劳情况（元）

一事一议筹资筹劳是村级公益事业投入机制的重要组成部分。现以 2005—2015 年的筹资筹劳统计数据为依据，分三个阶段分析一事一议筹资筹劳的基本情况及主要问题。

（一）2006—2007 年（中央财政奖补前），村民一事一议筹资筹劳很少

通过一事一议筹资筹劳开展村内公益事业建设，各地反映实现难度较大，“事难议、议难决、决难行”，主要原因有三个方面（陈凤荣等，2011）：农民参与一事一议筹资筹劳的积极性不高；基层干部对组织一事一议筹资筹劳有顾虑；仅靠一事一议筹资筹劳难以解决村级公益事业建设问题。一事一议筹资筹劳作为村内公益事业投入的主要方式，却未能普遍开展起来，村级公益事业建设呈下滑趋势。从统计数据看，2006 年农民筹资筹劳合计 87.06 亿元，农民人均 9.5 元；2007 年农民筹资筹劳合计 148.40 亿元，农民人均 16.2 元。而在农村税费改革前，2000 年全国村提留总额 326 亿元，农民人均 40.33 元；全国农民出“两工”合计为 735 298 万个，按一个工值 10 元计算，共约折合 735.30 亿元，农民人均 90.96 元；上述村提留与“两工”合计，农民人均负担 131.29 元。可见，2006—2007 两年筹资筹劳没有普遍开展，难以发挥对“村提留和两工”制度的替代功能，村级公益事业建设受

到不利影响。我们在青海省了解到，与农区相比，牧民居住较为分散，筹资筹劳更为困难，2006—2007 两年基本没有开展。

（二）2008—2012 年（中央财政奖补后），村民一事一议筹资筹劳逐年上升

针对筹资筹劳面临的困难局面，中央决定实行对一事一议筹资筹劳的财政奖补政策。2008 年，《国务院农村综合改革工作小组、财政部、农业部关于开展村级公益事业建设一事一议财政奖补试点工作的通知》（国农改〔2008〕2 号）提出：一事一议财政奖补工作以农民自愿出资出劳为基础，以政府奖补资金为引导，逐步建立筹补结合、多方投入的村级公益事业建设新机制。2009 年的《国务院农村综合改革工作小组、财政部、农业部关于扩大村级公益事业建设一事一议财政奖补试点的通知》（国农改〔2009〕3 号）进一步指出：探索建立“政府资助、农民参与、社会支持”的村级公益事业建设新机制。2010 年 4 月，财政部张少春副部长在扩大一事一议财政奖补试点工作会议上讲话指出：“坚持民办公助，阳光操作。农村公益事业建设以农民筹资投劳为主，政府奖补为辅”，“将政府对农民的奖补比例由目前的三分之一，提高到 40%。争取到 2011 年，政府对村级公益事业建设一事一议项目的奖补比例由目前的三分之一提高到 50%”，“努力构建

‘政府资助、农民参与、社会支持’的村级公益事业建设投入新机制”。至2011年，一事一议财政奖补工作在全国全面推开，初步构建了“财政资金引导、农民筹资投劳、社会捐资赞助”的农村公益事业建设投入新机制。通过实行“财政奖补与筹资筹劳挂钩”的政策措施，调动了农民筹资筹劳的积极性，发挥了显著作用。2008—2012年，全国开展一事一议筹资筹劳的村占总村数的比例，由14%提高到37.3%；农村筹资筹劳数量，由102.99亿元提高到397.43亿元；农民人均筹资筹劳数量，由11.2元提高到41.7元。这一阶段，筹资筹劳与财政奖补数量“双增长”，有力促进了村级公益事业建设，农民群众切身感受到了变化，得到了实惠。

（三）2013年以来（筹补不再挂钩后），村民一事一议筹资筹劳大幅下滑

在2013年5月召开的全国一事一议财政奖补工作现场会上，财政部部长助理胡静林讲话指出：要严守不加重农民负担的底线，一事一议财政奖补资金分配不与农民筹资筹劳挂钩，坚决防止擅自提高农民筹资筹劳标准，或以自愿捐款、自愿以资代劳等名义变相加重农民负担。这是从进一步减轻农民负担考虑作出的政策安排。按照这次会议精神，各地转为实行“财政奖补与筹资筹劳不再挂钩”政策；比如，《福建省村级公益事业建设一事一议财政奖

补资金管理办法》（闽财农改〔2015〕8号）明确规定"奖补标准不与村民实际筹资筹劳额挂钩"。实行"不再挂钩"政策，一方面减轻了农民负担；另一方面使农民筹资筹劳的积极性失去调动机制，而且一些群众误以为公益事业将由政府和集体包办，农民筹资筹劳数量出现大幅下滑。2013—2015年，农民筹资筹劳数量分别为302.57亿元、162.84亿元、186.74亿元；农民人均分别为31.2元、16.8元、19.2元，与2012年的41.7元相比，下降幅度分别为25.2%、59.7%、54.1%。据宁夏反映，近年一些县区一事一议项目没有筹资筹劳，建设投入几乎全部为财政奖补资金。

（四）从三个视角的进一步分析

上述三个阶段，反映了村民筹资筹劳的不同情况不同效果，也是一事一议筹资筹劳与财政奖补制度形成与演变的基本过程。可以进一步从三个视角作出分析判断：

从三个阶段村民筹资筹劳的情况看：在实施财政奖补之前，仅靠筹资筹劳建设村级公益事业的制度是"失灵"的；实施财政奖补后，"财政奖补与筹资筹劳挂钩"制度的绩效比较显著；"财政奖补不再与筹资筹劳挂钩"政策实行后，筹资筹劳制度再次"失灵"，对村级公益事业建设形成负面影响。由此可见，"筹资筹劳"最根本的问题表现为"制度失灵"，这主要体现在财政奖补前的阶段和财政奖补不再与筹资筹劳挂钩的阶段。与过去“三提和两工”固定提缴不同的是，改革后筹资筹劳采取的是一事一议、民主议定方式，这一方面能够体现农民真实意愿、减轻农民负担，另一方面却使村级公益事业所需资金劳务失去了比较可靠的来源。对于减轻农民负担而言，一事一议筹资筹劳制度是有效的；但对于村级公益事业建设而言，一事一议筹资筹劳制度在较大程度上是失效的。

从三个阶段筹资筹劳与财政奖补的关系看：一事一议建设村级公益事业的体制机制逐步得以完善，国家“强农惠农富农”政策体系逐步建立健全，筹资筹劳与财政奖补的关系，先后经历了“筹资筹劳无财政奖补”“筹资筹劳为主、财政奖补为辅”“财政投入为主、筹资筹劳为辅”三种不同的模式。这反映了我国社会经济的不断发展和国家公共财政制度的逐步完善，符合客观发展规律。

从三个阶段村级公益事业建设的情况看：农村的生产生活条件逐步得到改善，但由于历史欠账较多、投融资渠道有限等原因，农村基础设施建设仍然滞后，难以满足农民群众日益增长的实际需求，与全面建成小康社会的要求还有较大差距。比如江苏省农委反映，广大农村尤其是苏北农村对基础设施建设的需求依然强烈，村庄亮化、环境卫生设施、文体广场建设等项目有的还未起步；陕西省农业厅反映，财政奖补资金有限，每个一事一议项目一般只能给予 10 万元奖补资金，而且项目数量少，每年每个乡镇只有 2～3 个项目，很多村想干事却干不了。中央对村级公益事业建设出现的困难高度重视，为加快农村基础设施建设步伐，国务院办公厅于 2017 年 2 月下发《关于创新农村基础设施投融资体制机制的指导意见》（国办发〔2017〕17 号），其中明确要求："完善村民一事一议制度，合理确定筹资筹劳限额，加大财政奖补力度。鼓励农民和农村集体经济组织自主筹资筹劳开展村内基础设施建设"。

三、一事一议筹资筹劳与财政奖补制度的解析

经过十年实践，农村一事一议筹资筹劳与财政奖补制度逐步建立健全，成为村级公益事业建设的主要途径，在新农村建设中发挥了重要作用。深入分析一事一议筹资筹劳与财政奖补制度的内涵与逻辑，有助于更为准确地提出改进完善这项制度的政策措施建议。

（一）从农民负担角度分析一事一议筹资筹劳制度

研究村级公益事业投入机制，必须同时研究农民合理负担问题（陈凤荣等，2011）。村民一事一议筹资筹劳制度是农村税费改革的成果，"筹资筹劳"是"村提留和两工"的替代性制度。《农民承担费用和劳务管理条例》规定：农民直接向集体经济组织缴纳的村提留和乡统筹费，

以乡为单位，不得超过上一年农民人均纯收入的5%；按标准工日计算，每个农村劳动力每年承担5～10个农村义务工和10～20个劳动积累工。符合该《条例》规定的村提留和两工，属于农民应当承担的合理负担；不符合该《条例》规定的村提留和两工，属于农民不应当承担的不合理负担。《村民一事一议筹资筹劳管理办法》规定：省级人民政府农民负担监督管理部门应当根据当地经济发展水平和村民承受能力，分地区提出筹资筹劳的限额标准，报省级人民政府批准。符合该《办法》规定的筹资筹劳，属于农民应当承担的合理负担；不符合该《办法》规定的筹资筹劳，属于农民不应当承担的不合理负担。对于符合政策规定的合理负担，是农民应当付出的用于村级公益事业建设的成本费用，农民应当按照政策规定积极付出应尽的义务。这样才能有利于村级公益事业建设，否则不利于村级公益事业建设。

（二）从公共财政角度分析一事一议财政奖补制度

公共财政的本质，是以国家为主体的“取之于民，用之于民”的分配关系，为满足市场主体的公共需要而存在，具有强制性和补偿性特征（刘远翔，2012）。2004年中央经济工作会议明确提出：中国现在总体上已到了以工促农、以城带乡的发展阶段。中国已进入了“工业反哺农业”的新时代，在统筹城乡发展的大背景下，必须扩大公共财政覆盖范围，加快实现城乡基本公共服务均等化目标。公共财政是支撑和保障农村公共产品供给的最为重要的因素。正是基于社会经济快速发展与公共财政逐步完善的时代背景，中央出台了专门对村民一事一议筹资筹劳的财政奖补制度，而且财政奖补规模与力度逐步加大，有力促进了村级公益事业建设。财政奖补政策有两方面重要作用：一是完善村级公益事业投入机制，财政资金将逐步成为村级公益事业投入的主渠道；二是引导农民筹资筹劳，积极参与村级公益事业建设。一事一议财政奖补，是公共财政覆盖农村的有效途径，是公共财政体制健全完善的重要实现形式。

（三）从公益事业角度分析筹资筹劳与财政奖补的关系

村级公益事业属于准公共产品，是社会主义新农村建设的重要内容，建设所需资金数额庞大。据各方面研究测算，我国农村每年村级公益事业建设资金约需 2500 亿元左右；从近年一事一议筹资筹劳与财政奖补的实际情况看，每年的一事一议项目总投入规模只有 1300 亿元左右，投入难以满足村级公益事业建设实际需求。我国农村公益事业历史欠账较多，如果投入体制得不到改善，欠账问题将积重难返，非常不利于社会主义新农村建设。现阶段，为保障村级公益事业健康发展，推进一事一议项目建设非常重要。从建设投入的资金来源看，公共财政投入能力仍然有限，村组集体普遍无力承担，农民筹资筹劳承受能力较低，社会捐助赞助资金可遇而不可求。村内基础设施是准公共产品，实行“一靠国家、二靠农民”的投入政策，符合当前我国农村实际情况，这也是许多国家采取的办法（黄维健，2006）。从投入体制看，筹资筹劳与财政奖补都是不可或缺的，发挥这两个方面的作用，才能基本保障村级公益事业的建设需求。从筹资筹劳与财政奖补的相互关系看，筹资筹劳是财政奖补的必要基础，财政奖补是筹资筹劳的重要支撑；筹资筹劳、财政奖补都是村级公益事业投入的重要组成部分，二者之间是“互动互补”关系，而不应是“替代取代”关系；财政奖补对于筹资筹劳具有重要的激励引导作用，财政奖补应当与筹资筹劳“挂钩并行”。村内公益性基础设施建设，应坚持“民办公助”原则，让农民通过一事一议等方式民主决策、广泛参与，政府以投资补助等方式，把政府投入与受益农民的投资投劳有机结合起来（杜鹰，2013）。

四、有关政策措施建议

通过以上三个部分的研究分析，能够比较准确和深刻地理解村民一事一议筹资筹劳制度的实践情况及基本问题。对于下一步的政策措施建议，我们认为应当“区分两个阶段，把握两个方向”。“两个阶段”，一是统一城乡税制前的阶段，应当完善规范筹资筹劳制度，着力于构建村级公益事业建设有效机制；二是统一城乡税制后的阶段，应当取消筹资筹劳制度，着力于实施城乡公共产品供给一体化。“两个方向”，一是应当调动农民承担合理负担的积极性，发挥农民建设村级公益事业的主体作用；二是应当逐步创造条件统一城乡税制，为实现城乡公共产品供给一体化奠定基础。

（一）统一城乡税制前：完善规范筹资筹劳制度，调动农民承担合理负担的积极性

2006 年在全国范围内全面取消了农业税，终结了传统社会遗留下来的农业赋税制度，为逐步形成公正公平和城乡统一的现代税收制度奠定了基础（杨燕，2010）。但从目前的总体收入水平来看，农民还远未具备现代税制要求的纳税能力。缩小城乡差距是一个长期的历史任务，让农民休养生息是一个必须长期坚持的原则，对农民“多予，少取，放活”是一个必须长期坚持的方针。现阶段，通过村民一事一议方式建设村内公益项目，是发展村级公益事业的主要途径。各级财政应逐步加大奖补支持力度，引导村级公益事业健康发展；筹资筹劳制度涉及农民切身利益，关乎农村公益事业，应当从三个方面进一步完善。

一是实行财政奖补与筹资筹劳挂钩制度。在中央实行

财政奖补之前，农民筹资筹劳是村级公益事业建设的主要资金劳务来源，但是筹资筹劳普遍没有开展起来；随着财政奖补政策的实施，调动了农民筹资筹劳建设村内公益事业的积极性；财政奖补与筹资筹劳不再挂钩以后，筹资筹劳数量大幅下滑。可见，“财政奖补与筹资筹劳挂钩”的政策措施是有效的，也是必要的，应当坚持并完善这一政策措施。一些地方的实际经验值得借鉴，比如《内蒙古自治区嘎查村级公益事业建设一事一议财政奖补项目和资金管理办法》（内财基〔2016〕1578 号）规定：“自治区对各地实施的公益性和生产性项目采取不同的奖补比例。对公益性项目，农牧民筹资筹劳等非政府投入不得低于单个项目投资总额的 15%；对生产性项目，非政府投入不得低于单个项目投资总额的 40%。”

二是合理确定村民筹资筹劳的限额标准。为切实减轻农民承担的资金劳务负担，自实施一事一议筹资筹劳制度以来，绝大多数省份都把筹资筹劳限额设定在较低水平。安徽、山西、湖北、湖南、广西、青海六省份一直保持 15 元的年筹资限额标准，这一方面减轻了农民负担，另一方面村内基础设施投入面临一定困难。政策规定用一事一议方式筹措农村公共事业资金每人每年不超过 15 元，标准太低，很难提供所需要的村级公益事业项目（赵春江等，2011；任淑艳等，2013；葛深渭，2014）。个别地方的群众反映，感觉筹资筹劳限额标准偏低，“想干事却干不了”，有的采取一次筹集两年资金、下年不再筹资的办法；浙江省农业厅反映，全省总体上筹资标准还是偏低，难以满足农村兴办公益事业的需要。总的看，各省级人民政府有关部门有必要根据当地经济发展水平和农民承受能力，分地区提出筹资筹劳的合理限额标准，报省级人民政府批准后执行。

三是鼓励农民自主筹资筹劳开展必要的基础设施建设。由于一事一议规定了最高的负担限额，使得新建一些较大的工程缺乏足够的资金支持（任淑艳等，2013）。国办发〔2017〕17号文件提出，“鼓励农民和农村集体经济组织自主筹资筹劳开展村内基础设施建设”。这种情况下，应进一步严格一事一议的程序和要求，切实落实关于五保户、现役军人、退出现役的伤残军人、在校就读的学生、孕妇或者分娩未满一年的妇女以及家庭确有困难的农户可以减免筹资筹劳的有关规定。我们了解到，早在2008年吉林省委、省政府《关于深入实施社会主义新农村建设的若干政策意见》（吉发〔2008〕12号）就规定：“村内生产生活公益事业基础薄弱、欠账较多的，在农民自愿的基础上，筹资筹劳标准可以突破上限”。

总体看，开展村内公益事业建设，有利于改善生产生活条件，农民群众既是参与建设者，也是直接受益者。要深入做好一事一议建设村级公益事业的有关宣传工作，让农民群众切身体会到村内公益项目建设的实惠，在群众中营造“我参与，我受益”的良好氛围，调动他们共建和谐美好家园的积极性。同时要看到，我国农民的收入水平还不高，经济承受能力还不强，特别是贫困地区脱贫攻坚任务艰巨，贫困人口增收节支较为困难。而且我国地域广阔，各地情况千差万别，农民的收入差距较大、承受能力不同。要防止政策上“一刀切”，从各地实际出发，尊重农民群众意愿，特别要注意照顾贫困、伤残等特殊群体的利益。

（二）逐步创造条件统一城乡税制，为实现城乡公共产品供给一体化奠定基础

2004 年 3 月以后，政府明确了取消农业税的大方向和时间表，关于取消农业税的研究大体告一段落，理论研究的重点随之转向了城乡一体化税制的前景展望与具体设计。要充分认识建立城乡统一税制的重要性和必要性（陈晓华，2004）：首先，建立城乡统一税制是为国民经济协调健康发展提供制度保证；其次，建立城乡统一税制是解决“三农”问题的必然要求；第三，建立城乡统一税制是完善国家收税制度的重要内容。逐步构建统一的城乡税制，不仅有利于巩固农村税费改革成果，有利于促进农业现代化，而且有利于统筹城乡发展和构建和谐社会。只有财政体制完善健全，农村公共物品供给才有充足的资金支持（刘远翔，2012）。

绝大多数市场经济国家对农业与工商业实行统一的税制，主要表现在（唐仁健，2004）：在流转税方面，增值税一般都覆盖了农产品；在收益税方面，西方发达国家对农业生产经营所得大多征收统一的个人所得税或公司所得税，发展中国家有的征收统一的所得税，有的也单独征收农业所得税；在财产税方面，普遍实行土地税等税种。统一城乡税制是建立现代税制的要求（韩俊，2004）。在统一的税制下，农民的税收负担与其他社会成员一样，按其经济活动的属性，分别在相应的税种下缴纳所得税、增值税、地产税等；农民作为纳税人，与其他社会成员适用相同的税收制度，只是在税率和减免等方面与其他纳税对象有所差别。学术界、理论界关于这方面的研究讨论比较多，此处不再赘述。

（三）统一城乡税制后：取消筹资筹劳制度，实现城乡公共产品财政供给一体化

公共财政是支撑和保障农村公共产品供给的最为重要的因素，改革和完善公共财政制度，对于完善农村公共产品供给制度往往有根本性影响，公共财政制度的每一次重大变革都会导致农村公共产品供给制度的重大变迁（石义霞，2011）。将现代税收制度引入农业，意味着城乡税收制度的统一，农村公共财政体制得以完善，从而对农村公共物品供给机制产生深刻的影响。现代税收制度意味着，

农民通过税收方式承担农村公共产品的建设成本；相应地，应终结村民一事一议筹资筹劳制度，将村内公共产品供给纳入公共财政负担的范围，实现城乡公共产品供给一体化。

参考文献

陈凤荣，赵兴泉，王景新．村域发展管理研究［M］．北京：中国社会科学出版社，2011.

陈晓华．建立城乡统一税制势在必行［J］．中国税务，2004（5）．

冯海波．农民负担问题与农村公共物品供给：历史的回望与思索［M］．北京：经济科学出版社，2012.

葛深渭．我国村级公益事业建设与投入机制创新问题研究［M］．北京：中国文史出版社，2014.

国家发展和改革委员会（杜鹰主编）．农村基础设施建设发展报告（2013年）［M］．沈阳：辽宁大学出版社，2013.

国务院税改办统一城乡税制考察团（黄维健等）．日本、马来西亚统一城乡税制考察报告［J］．财政研究，2006（2）．

韩俊．统一城乡税制：解决三农问题的重大举措［J］．中国税务，2004（5）．

贾敬全．税费改革后农村公共物品有效供给研究［M］．北京：中国科学技术大学出版社，2011.

刘远翔．中国农村公共物品供给研究［M］．北京：人民出版社，2012.

任淑艳，等．城乡一体化发展视域下的公共产品公平供给［M］．北京：中共党史出版社，2013.

石义霞．中国农村公共产品供给制度研究［M］．北京：中国财政经济出版社，2011.

唐仁健："皇粮国税"的终结［M］．北京：中国财政经济出版社，2004.

杨燕．农村税费改革［M］．北京：中国社会出版社，2010.

张应良，等．农村社区公共产品有效供给与制度创新［M］．北京：中国农业出版社，2013.

赵春江，李江．新农村建设中公共产品供给问题研究［M］．北京：中国物资出版社，2011.

发挥农民主体作用 完善推广一事一议[①]

近期在村民一事一议筹资筹劳管理工作中，对于筹资筹劳政策及标准，遇到一些疑义甚至争论，既有来自基层干部群众的声音，也有来自机关一些干部的声音。笔者对此感触良多，村民一事一议筹资筹劳管理亟须提高思想认识。必需认识到，村民一事一议筹资筹劳是对集体公益事业应尽的义务，是村级公共产品建设成本的重要组成部分。各地要深入贯彻落实中央有关精神，完善和推广一事一议制度，加快补齐农村社区公共产品供给短板，建设宜居宜业的幸福美丽新家园。

从城乡社区建设看，社区居民应承担主体责任

我国通过农村税费改革，2006 年起免除了农业税，终结了 2600 多年的“皇粮国税”，大大减轻了农民负担。农村税费改革是着眼于国家与农民的关系，基本取消了农民对国家的税负义务。为什么要取消农民对国家的税负义

---

① 此文原载于《农民日报》2018 年 4 月 21 日 3 版。

务呢？这是因为，我国农民人多地少，农户农业经营收入非常有限，加上财产性收入、转移支付收入、务工收入，总收入也仍然不高。较低水平的收入，用于农民自身生产生活都不宽裕，如果再承担对国家的税负义务，就更加捉襟见肘。从世界各国的通常情况看，普遍采取对农民低税负的政策，很多国家取消了专门针对农业（土地）的税负。我国农村税费改革宣布废止了《农业税条例》，基本取消了附着在土地上的对国家的税负义务。

同时，必须明确的是，在集体与农民的关系方面，并没有从制度上取消农民对集体的义务，过去用于村级公益事业建设的“三项提留和两工”制度，改革为“一事一议筹资筹劳”制度，农民对集体仍须承担一定的义务。

那么，为什么不取消农民对集体的资金劳务义务，让农民“零负担”呢？这要从资金劳务的性质和功用进行分析。农民对集体承担的资金劳务义务，无论是税费改革前的“三项提留和两工”，还是税费改革后的“一事一议筹资筹劳”，目的都是为了筹集社区（集体）公共产品的建设成本。有人认为，农村社区公共产品不应由农民承担成本，公共产品的供给应由政府承担；还有人说，城市居民享受的公共产品都是由政府提供的，为什么农民还要承担社区公共产品的成本。这些认识，其实都是误解。主要可以从两个方面加以辨析：

首先，社区公共产品是准公共产品，而不是纯公共产品。按照公共财政理论，公共产品由公共财政提供，指的是纯公共产品。社区公共产品则属于例外，一般认为是准公共产品，其特点是受益人群较小，社区外的公民一般不能受益。对于社区内的公共产品，一般由社区自行筹集建设成本、自给自足，即社区居民承担主体责任；政府不直接承担社区公共产品的供给责任，一般仅给予补助等帮扶。这就是我国农村先后实行“三项提留和两工”、“一事一议筹资筹劳”制度的基本原因、基本依据。

其次，城市居民不仅承担社区准公共产品的供给成本，而且承担社区外纯公共产品的供给成本。我国于1995年施行《城市房地产管理法》，于2003年施行《物业管理条例》，这些法律法规规范了城市社区（小区）公共产品的供给制度，社区居民通过支付购房款（含公共部分）、专项维修资金、物业管理费等方式，承担了小区内公共部位、公共设施的建设和维护费用。我国于1980年颁布施行《个人所得税法》，城市居民通过缴纳个人所得税等方式，承担了城市公共产品建设的部分成本。因此，无论城市社区内的准公共产品，还是城市社区外的纯公共产品，城市居民都不是无偿享用的，而是支付了必要的成本。

从农村社区建设看，应防止“等靠要”思想

21世纪以来，我国不仅取消了农业税，而且国家强农惠农富农政策体系逐步建立健全，可以说，财政的阳光逐步普照农村。但是，必须看到，国家财政实力依然有限，并不具备完全承担村级集体公益事业投资的能力。而且，从世界各国的情况看，也没有哪一个国家完全承担了对农村建设的全部责任，即便是在高度发达的美国，据有关统计数据，其财政承担的农村建设投资比重约为90%，农场主仍然承担了约10%的农村公共设施建设成本。

从我国城乡社区公共产品供给水平看，农村社区建设明显滞后，村内公共产品供给欠账较多。这主要有三方面原因：一是农村经济发展相对落后，农村社区居民收入水平较低，筹资筹劳建设公益事业的能力有限；二是农村社区建设缺乏规划，居住一般较为分散，增加了路、水、电、气等公共设施设备供给的成本；三是农村社区公共产品供给制度尚不完善，一些地方存在对政府“等靠要”的思想，社区建设主体责任不够明确。因此，城乡社区公共产品供给效果差异巨大。上述三方面原因，如何才能破解呢？提高农民收入水平，不是一朝一夕可以办到的，必须千方百计、持续发力，久久为功；合理规划农村社区，落实起来同样难度很大，一般要等待时机；但对于第三个原因，通过做深入细致的工作，在一个时段内是可以取得明显成效的。

必须认识到，城市社区之所以建设得好、舒适宜居，那是以社区市民依照法规及时足额缴纳物业费等公共资金为基础的；农村社区之所以建设落后、甚至败落，是跟社区村民的集体意识、筹资筹劳建设公益事业的积极性直接相关的。现阶段，村民通过一事一议方式建设公益事业，是村级公共产品供给的基本制度。可以说，这就是“顶层设计”，其内含是“受益者付费”，即社区村民应对社区内公共产品供给承担主体责任。要防止和纠正一些村民对政府资金“等靠要”的思想，在村级公益事业建设中发挥积极性、主动性，为家园建设“添砖加瓦”，努力改善村内公共产品供给不足的现状。

从一事一议制度看，应切实完善、积极推广

《国务院办公厅关于创新农村基础设施投融资体制机制的指导意见》（国办发〔2017〕17 号）明确要求，“完善村民一事一议制度，合理确定筹资筹劳限额，加大财政奖补力度。鼓励农民和农村集体经济组织自主筹资筹劳开展村内基础设施建设”。党的十九大报告提出了新时代实施乡村振兴战略，加快推进农业农村现代化的宏伟蓝图。2018 年中央 1 号文件强调，要强化乡村振兴投入保障，拓宽资金筹集渠道，推广一事一议、以奖代补等方式，鼓励农民对直接受益的乡村基础设施建设投工投劳，让农民更多参与建设管护，切实发挥农民在乡村振兴中的主体作用。要深入贯彻落实中央精神，完善和推广一事一议制度，引导亿万农民撸起袖子加油干，不断改善农民的生产生活条件，建设宜居宜业的幸福美丽新家园。

农村社区的村民一事一议筹资筹劳，如同城市社区的市民缴纳专项维修资金、物业费，是居民对社区集体必需尽到的义务，属于合理负担；合理负担并非越低越好，应当根据居民经济承受能力和公益事业建设需要而定。多年来，部分省份一直保持15元的年筹资限额标准，这一方面减轻了农民负担，另一方面村内基础设施投入面临一定困难。目前，已经不符合一些地方经济发展水平和村民承受能力，不利于村级公益事业建设有序发展。在筹资筹劳限额标准偏低的情况下，也不利于农民负担监管工作开展。有的地方，村民根据实际需要，经过一事一议民主议定，突破限额标准开展了筹资筹劳，实际上是村民真实意愿的表现。

当前，合理确定筹资筹劳限额标准，是完善一事一议管理的一项必要的基础性工作。合理设定筹资筹劳限额，是开展村民一事一议和农民负担监管的基础。设定筹资筹劳限额标准的目的，是为了引导村民出资出劳参与村级公益事业建设，同时，便于有关监督管理部门开展监管工作。通过一事一议方式，按照村民意愿，在限额标准以内进行的筹资筹劳，是村民对集体公益事业应尽的义务，属于合理负担；未严格履行一事一议程序，违背村民真实意愿，突破限额标准进行的筹资筹劳，超出了村民的经济承受能力，属于不合理负担。对于合理负担，应当引导村民积极投入，对集体公益事业尽到应尽的义务，促进村级公益事业健康发展；对于不合理负担，监督管理部门必须加强监管，及时查处，予以纠正。

国务院办公厅关于转发农业部村民一事一议筹资筹劳管理办法的通知（国办发〔2007〕4号）规定，各省级农民负担监督管理部门应根据当地经济发展水平和村民承受能力，分地区提出筹资筹劳的限额标准，报省级人民政府批准后予以公布施行。一些省份曾经以农民人均纯收入的1%作为一事一议筹资限额标准，但是由于不是绝对数额，不够直观，可操作性不强。各地反映，把筹资限额控制在农民人均可支配收入的1%以内比较合理。既有利于村级公益事业建设，也符合现阶段农民的实际承受能力；为了便于操作，应明确筹资限额标准的绝对数额。据调查研究，一事一议筹资限额占农民人均可支配收入的比例控制在0.5%～1.0%之间，较为适当。

从村级公益事业投融资体制机制看，必须争取多方给力，积极构建“群众筹资筹劳，集体经济支持，社会捐资赞助，财政奖励补助”的多元化投入保障机制。只有千方百计多渠道“化缘”，才能尽量满足农民群众的实际建设需求，促进农村社区“强筋壮骨”，为乡村振兴提供基础保障。

关于村级公益事业建设机制的统筹分析[①]

村级公益事业，学术名词为“村级公共产品”，即行政村范围内的人群受益的公共产品。村级公共产品，其受益人群一般少则几十户、多则几百户，受益群体较小，并不完全具备“纯公共产品”的特征，因此一般认为是“准公共产品”。按照公共产品理论，公共产品应由公共财政支付成本，这主要是就“纯公共产品”而言的。村级公共产品作为“准公共产品”，不能简单地套用“公共产品由公共财政支付成本”这一理论，而需要另作分析，需要区别对待。

笔者体会，总体而言，讨论分析公共产品、公共财政有关理论和政策，需要特别注意“居民集中居住区公共产品”这一特殊情况。所谓“居民集中居住区”，在城镇一般称为“小区”，在农村一般称为“村屯”。上面已经提到，村屯的公共产品是“准公共产品”，城镇“小区”的

① 此文完成于2018年7月。原载于“三农中国”网。

公共产品也一样，也是“准公共产品”。二者都不是“纯公共产品”，因此并不适用“公共产品由公共财政支付成本”的理论。那么，对于“居民集中居住区公共产品”供给问题，国家出台的有关制度和政策是什么呢？

这可以从农村改革开放后的情况来分析。大家知道，我国农村实行家庭承包经营制度之后，在农村税费制度中，确立了“三提留和两工”制度（下简称“三提两工”）。“三提两工”，就是用于解决村级公共产品供给的制度。国家为什么要确立这样的制度呢？很多同志对“三提两工”有所了解，甚至比较熟悉，但是对此却缺乏深层次的思考和理解。为什么要确立和实行“三提两工”制度呢？就是因为上面我们已经分析到的，村级公共产品不是“纯公共产品”，不能由公共财政负责，而应按照“受益者付费”的原则，由村内的居民支付成本，“三提两工”，就是用于筹集和支付村级公共产品成本的制度。20 世纪八九十年代，村级公共产品供给一直实行“三提两工”制度，直到 21 世纪初实行农村税费改革。这是农村的情况。城市的居民集中居住区是什么情况呢？大家知道，改革开放后，商品房建设开始兴起，随之一起发展起来的，还有物业管理这一行业。在城市商品房住宅小区实行物业管理，这是社会经济进步的一个重要标志。而物业管理的运行机制是什么呢？是受益者付费，由物业公司提供专业化管理服务，包括小区道路维护、环境美化、灯光照明、安全保护等。因此，对比城乡居民集中居住区的公共产品供给制度，可以看出大致是一致的，都遵循了“受益者付费”的基本原则，这是准公共产品的基本特征所决定的。

这里想作进一步分析，“准公共产品”为什么不适于“由公共财政支付成本”呢？我们以城市小区的情况来看。大家知道，在城市里，不同的小区有不同的房价、不同的物业费标准，人们在选择小区、选购住房的时候，是要充分考虑房价和物业费标准的。这样，收入水平较高、消费能力较强的人群，一般住进了比较高档的小区，他们需要支付较高的房价、较高的物业费，当然，也享受较高的居住质量；收入水平较低、消费能力较弱的人群，一般住进了相对低档的小区，他们需要支付较低的房价、较低的物业费，当然，也享受相对较低的居住质量。这就是市场机制的结果。这是要说明什么呢？是要说明不同的小区，消费水平不同，居住质量不同，其中的公共产品供给水平不同。那么，城市小区的公共产品可以由公共财政来支付吗？答案就比较容易得出了。首先，如果小区公共产品由公共财政买单，那么政府就必然要开征某种税收，比如房产税，以解决公共财政支出的来源问题。公共财政的基本逻辑是，取之于民、用之于民，没有“取”就无从“支”。其次，假设政府已经对小区居民征收了用于公共产品的税收，那么，对不同的小区，又该如何支付其公共产品成本呢？按照什么样的标准？是所有的小区采用同一标准，还是不同的小区实行不同的标准？总体上说，用财政资金支付各小区的公共产品成本，基本不具有可操作性。这是由“准公共产品”的特性所决定的。因此，“准公共产品”不适于“由公共财政支付成本”，而适于“受益者付费”制度。

再作进一步分析，可以看到，无论城市小区的物业费，还是农村村屯的三提两工，其性质都是“费”。大家知道，广义的公共财政包括“税”和“费”两部分。“税”是比较规范的财政收入，一般以法律作为征收依据，是公共财政收入的主体部分；“费”则是相对不够规范的财政收入，一般以规章作为征收依据，是公共财政收入的辅助部分。也可以说，“费”与“税”相比较，是低一个档次的公共财政资金。但是，并不能因为“费”比“税”档次低、不规范，就否定“费”的作用和地位。比如“物业费”，就是比较适当、比较适用的公共产品成本筹集制度，如果改征“物业税”，反而不适当、不适用，上文已作分析。

如果从国家的公共财政体制看，会有更加全面、轮廓清晰的认识。我国设有中央、省、地市、县级、乡镇共五级政府，村级则一般视为一级准政府，既是自治组织，也有一定的行政管理和服务职能。大家知道，政府的职能主要是提供公共产品和公共服务，当然，这有个前提，就是政府先要有公共财政收入。按照目前的财政体制，中央、省、地市、县级、乡镇五级政府都有各自的财政收入，这是各级政府行使职能的财政基础。而对于村级这一级准政府，国家并没有赋予其税收职能，因此这一级没有税收收入。那么，村级的公共开支如何解决呢？目前主要有两个渠道，一是上级政府给予转移支付，主要是解决村干部工资问题；二是一事一议筹资筹劳，其性质是“收费”，用于解决村级公共产品成本筹集问题。总的看，我国的公共财政体制，大概就是“五级半政府，五级半财政”，这是基本符合我国的国情的。

所以，从以上层层递进的分析看，我国的公共财政体制基本是健全的，总体上也是有效的。对于较为特殊的“居民集中居住区公共产品”问题，必须通过“费”来解决，至少现阶段如此；至于未来是否像某些国家那样开征房产税等税收，破除小区隔离壁垒，由公共财政支付集中居住小区的公共产品，那应该是比较遥远的事情，今后可以给予关注和研究。

从公共产品视角　看农村人居环境①

近几年，中央开展农村人居环境整治工作，而且工作力度逐步加大。这说明了两点，一是近些年农村人居环境问题凸显，对农业农村发展形成了新的挑战；二是中央已把农村人居环境整治工作提上重要日程，下决心解决这个关乎农业农村发展的基础性问题。需要思考的是，农村人居环境何以成为问题？捋清楚产生问题的根本原因，才能对症下药，才能药到病除。

总体看，农村人居环境属于农村公共产品，农村人居环境问题是农村公共事务问题。讨论农村公共产品，需要区分两类不同性质的公共产品。对于跨行政村的公共产品，属于纯公共产品，应由公共财政承担供给成本；对于村内户外的公共产品，一般认为是准公共产品，应按照“受益者付费”的方式解决供给成本问题。

应当说，农村人居环境既包括纯公共产品，如跨行政村的道路等设施，也包括准公共产品，如村内的通组路、

① 此文原载于《经济日报》2018 年 8 月 7 日“乡村振兴”版。

巷道、垃圾收集等事务。笔者认为，目前的农村人居环境问题，主要是准公共产品问题。可以说，21 世纪以来，公共财政对于农村纯公共产品供给是努力尽责的，交通、医疗、教育等各方面均有所发展，农民群众总体比较满意。目前，对于农村准公共产品，主要通过村民一事一议筹资筹劳与财政奖补的投融资方式解决。从近年来看，“一事一议”总体效果不够好，难以充分解决农村准公共产品的有效供给问题。据多方面测算，全国农村每年需要“一事一议”项目建设资金约 3 000 亿元，以解决村内户外的道路硬化、环境卫生、灯光照明、田间设施等公共产品供给问题。实际上，近年全国农村每年完成的“一事一议”项目总投资仅约 1300 亿元，建设资金缺口达 55%以上。由于“一事一议”项目总投入远远不足，一般只能先用于道路硬化等农民群众最为急需的项目，对于垃圾污水治理等问题往往难以顾及，有的村庄由于缺乏公共资金，十几年不能清理整治垃圾，造成垃圾围村现象。因此，据此判断，农村人居环境问题，主要是农村准公共产品供给不足造成的。从长远计，解决农村人居环境问题，必须对症下药，从农村准公共产品供给体制机制方面着手。

那么，“一事一议”项目建设资金为什么缺口如此之大？“一事一议”项目建设，是为了解决村内户外准公共产品供给问题，应坚持“民办公助”原则。当前，“一事一议”项目资金的主要构成是筹资筹劳、集体投入、捐资赞助、财政奖补。其中，财政奖补占项目总投资的比例应小于50%。但是，据调研，在实际工作中，许多地方的财政奖补比例突破了50%，有的甚至高达90%左右，“民办公助”异化为“民助公办”，远远背离了准公共产品“受益者付费”的原则，受益者享受到利益，却没有付出必要的费用。也就是说，受益者“付费”出现了明显“空白”状态，致使“一事一议”制度的作用没有发挥出来。这个问题亟须引起重视，尽快健全完善“一事一议”管理制度。

在这一点上，城市小区的人居环境治理经验值得借鉴。在城市小区，居民一般需要缴纳两项费用，一是物业管理费，这项费用包含小区内的垃圾收集费、环境卫生费；二是垃圾处理费，是小区内垃圾收集后转交市政部门处理、填埋的费用，由小区物业管理部门代收后转缴地方政府国库。可见，城市小区的公益事业是“民办”，并没有“公助”。国家对农村的村内户外公益事业实行“民办公助”，是对农村发展的扶持政策，基层在实际操作中不应异化为“民助公办”。只有坚持“民办公助”基本取向，落实“受益者付费”基本原则，完善“一事一议”筹资筹劳与财政奖补制度，才能搞好农村人居环境建设。

集体所有制是农地制度不可动摇的根基①

——纪念农村改革开放四十周年有感之一

中国共产党是无产阶级革命运动与马克思主义传播相结合的产物。对于农村土地的所有制，中国共产党的制度路线有着清晰的发展脉络：通过土地改革，彻底废除封建的“地主所有制”，历史性地实现“农民所有制”；对农村土地“农民所有制”进行社会主义改造，建立社会主义性质的“集体所有制”，作为社会主义公有制的重要组成部分。因此，我国农村土地实行集体所有制，是历史发展的必然。在社会主义初级阶段，农村土地集体所有制不可有丝毫动摇；跨越初级阶段后，是否有必要过渡到全民所有制，需要根据那个阶段的发展需要再确定。

---

① 此文完成于2018年4月。新中国成立以来，农村经历了三次历史性重大变革，即土地改革、包产到户、税费改革，均产生了深远的影响。这三次历史变革，都是农地制度的革新，可见农地制度在农业农村经济中的基础性作用。2018年是农村改革开放四十周年，对这三次重大历史变革进行回顾思考，具有纪念和启发意义。此文为土地改革篇。

一、废除封建“地主所有制”，实现农民“耕者有其田”

（一）封建土地私有制是对贫雇农苛重剥削的制度根源

在中国漫长的封建社会里，土地制度是地主土地所有制占主导地位的封建土地私有制。土地很早就可以买卖，劳动者也可以流动，这在经济上比欧洲的封建领主制开放和灵活。但是，中国的领主经济转变为地主经济之后，官僚、地主、商人、高利贷者四位一体，形成垄断势力，对农民进行经济的和超经济的剥夺，地租、高利贷、贱买贵卖、苛捐杂税等加在一起，使农民不得温饱，几无剩余。到19世纪中叶，帝国主义的入侵，使中国沦为半殖民地半封建社会，中国政府则逐步演变成大地主与官僚买办资产阶级的联合专政机构。

封建土地私有制的一个主要特点是，地权的稳定只是相对的，变动则是普遍的。在半殖民地半封建的社会制度下，由于土地可自由买卖，地权变化更加频繁。地权的变动，使土地呈现出向地主阶级“集中”的特点。土地改革前，占农户总数3.79%的地主占有总耕地的38.26%，占农户总数3.08%的富农占有总耕地的13.66%，而占全国农户57%以上的贫雇农仅占有耕地总数的14%，处于无地少地状态。封建土地私有制另一个主要特点，在于地主使用土地的方式。地主不从事主要农业劳动，多数地主也不经营土地，地主阶级分散出租土地所得，远大于雇工式经营。他们把土地分割开来出租给无地和少地的农民耕种，靠收取地租盈利，过着寄生生活。据大量调查推算，全国地主所有的土地，大约只有10%留着自己经营，其他部分都是分割开来租给佃农耕种。地主占有的土地越多，其出租土地的比重亦越高。即使在地主经营的少数土地上，封建地主雇佣农民耕种，雇农不仅工资极低，而且在额定劳动数量之外往往还有种种杂役，雇工的人身自由亦受到限制。富农则大部分经营自己的土地，他们参加主要农业劳动，并且雇佣长工和短工耕作；许多富农出租一部分土地。

土地改革前，农村耕地的60%～90%是由占农村人口90%左右的贫雇农和中农耕种的。据调查，平均每个农户的经营面积大约在15～20亩之间，经营面积不足30亩的农户约占农户总数80%。占农村人口20%～30%的中农占有农村耕地的20%～30%，每户耕地平均约15亩左右，他们主要依靠自己的劳动力和生产工具，在自己的土地上进行小规模生产经营。租种地主、富农土地的佃农和半佃农绝大多数是无地少地的贫农，他们不得不交纳苛重的地租。地租租额占产量的比重普遍在50%以上，有些地方达到70%～80%。广大贫雇农遭受高租、重利、苛捐杂税的残酷剥削，生活很难维持，对封建土地制度极其不满，孕育着强烈的革命要求。在土地占有集中而使用分散基础上形成的残酷的封建剥削，造成了广大贫苦农民与地主的阶级对立。这构成了中国封建土地制度的基本社会特征。

（二）只有中国共产党才能领导农民废除封建土地私有制

在中国延续 2000 多年的封建社会中，农民不满统治者的剥削和压迫，曾多次起义，力图改变自己的社会地位，实现一个均贫富、等贵贱、耕者有其田的平等社会。20 世纪初，中国资产阶级登上政治舞台。以孙中山为代表的民主革命派提出了“平均地权”的土地改革纲领和“耕者有其田”的口号。但是，由于中国的资产阶级和帝国主义、封建主义有很多联系，在经济上政治上有软弱性，在斗争中就不免有妥协性。在这种情况下，他们虽抱有改革的愿望，却不懂得依靠农民，反而对封建势力和帝国主义抱着某种不切实际的幻想，这就不可能变革旧的土地制度，更不能解决农民土地问题。

历史证明，这件事只有在中国共产党的领导之下，才能取得完满成功。因为中国共产党是无产阶级的政党，它所领导的新民主主义革命，农民是革命的主力军。中国的革命需要有农民的积极参加，而农民自身的解放又需要依靠共产党的领导。因此，土地改革运动不仅仅是一场深刻的经济变革，而且是一场深刻的政治革命和社会革命；不把地主对土地的垄断连根除掉，就不可能建立乡村的社会经济秩序。这个伟大任务的完成，铲除了延续2000多年的封建统治的经济基础。这也是中国共产党领导的农民土地斗争能够百折不挠、星火燎原似地蔓延扩大的深刻原因之一。

中国共产党从成立那天起，就把解决农民土地问题作为自己的历史任务而不断地进行理论探索和革命实践，对农民土地斗争的认识和领导有一个逐渐成熟的过程。中国共产党领导农民进行土地斗争，经历了建党初期和第一次国内革命战争时期的农民运动，第二次国内革命战争时期的土地革命，抗日战争时期的减租减息，解放战争时期和新中国成立以后的土地改革五个阶段。中国共产党领导的农民土地斗争和土地改革，成为新民主主义革命的主要内容。

（三）土地改革实行“农民私有制”是革命斗争的需要

1927年11月，中共临时中央政治局通过的《中国共产党的土地问题党纲草案》提出，“一切私有土地完全归组织或苏维埃国家的劳动平民所公有”，即没收一切土地，实行土地国有的政策。1928年10月，在毛泽东的主持下召开的湘赣边界党的第二次代表大会，总结了土地斗争的经验，于12月颁布了《井冈山土地法》，这是中国共产党开创农村根据地后的第一部土地法，其中规定“没收一切土地归苏维埃政府所有”，“分配农民共同耕种”。这部土地法，用法律形式否定了封建地主土地所有制，也贯彻了当时中央提出的没收一切土地和土地国有的政策。在土地所有权问题上，中央在相当一段时间里一直坚持土地国有，禁止土地买卖。

但是，由于中国长期存在着土地私有制，农民的土地私有观念非常浓厚，如果只给他们土地使用权而不给他们土地所有权，势必影响他们的革命积极性。到1930年秋以后，各根据地在实践中不断总结经验，长期没有解决的土地所有权问题基本得到解决。1930年9月，周恩来在中共六届三中全会上传达了共产国际关于土地问题的指示精神，指出“土地国有问题，现在是要宣传，但不是现在已经就能实行土地国有”。1930年10月，湘鄂西特委制定的《土地问题决议案大纲》明确规定，“土地国有，此时只是宣传口号，而不是实行口号，所以，土地不禁止买卖”。1931年2月，苏区中央局发出的第九号通告明确提出，农民参加土地革命的目的，“不仅要取得土地的使用权，主要的还要取得土地的所有权”，必须使广大农民在土地革命中取得“他们唯一热望的土地所有权”。1931 年 3 月，江西省苏维埃政府发布文告，宣布“土地一经分定，土地使用权所有权统统归农民”；4 月，闽西苏维埃政府在《土地委员扩大会议决议》中明确规定，“农民领得田地，即为自己所有”。这是对土地革命中所要改革的封建土地制度的认识和政策的一个重要发展。

1946 年 5 月，中共中央发布《关于土地问题的指示》，决定将抗日战争以来实行的减租减息政策，改变为实现“耕者有其田”。1947 年 9 月，在西柏坡村召开的全国土地会议通过了《中国土地法大纲》，中共中央于 10 月 10 日批准并公布实施；《大纲》规定，乡村中一切土地平均分配，归农民私人所有。1948 年，为保障个人土地所有权，各解放区的行政委员会分别发出颁发土地所有证的指示，颁发土地执照，由土地所有者存执。经过土地改革的亿万农民奋起保家保田，踊跃参军参战。土地改革是人民战争的基础，土改的各个阶段都反映着战争的形势变化，而解放战争的伟大胜利正是中共中央土地改革政策成功的集中体现。新中国成立前的土地改革长期处于战争环境之中，环境迫使不能不经常把“一切为了前线”作为制定政策必须考虑的一个因素。这就形成在战争中要充分考虑到贫雇农的要求，因为贫雇农占农民的大多数，是革命性最坚定的一个阶层。为取得革命战争的胜利，有必要尽可能照顾他们的切身利益，一度产生“彻底平分”的口号，颇大程度上出于这一原因。

新中国成立后，到 1952 年底，完成土地改革的农业人口约有 3 亿，加上之前已完成土地改革的老解放区，完成土地改革地区的农业人口已占全国农业人口总数的 90%以上。土地改革的完成，使中国农村发生了翻天覆地的变化。由于封建土地制度一直受到上层政权的保护，因此土地改革自始至终是一场激烈争夺政权的阶级斗争。只有坚持武装斗争，夺取并巩固政权，农民运动才能得到保障；而农民土地问题的正确解决，也就能极大地调动起农民参加革命战争和政权建设的积极性。基于这样的认识，中国共产党指导土改运动，强调要讲究掌握政策和策略。因此，既未实行土地国有政策，也不实行和平购买政策（某些少数民族地区除外）。我们党从解放区做起，直到新中国成立，紧紧依靠农民群众这支队伍，先后完成了基层政权的改造运动。

二、对土改后形成的土地“农民所有制”进行社会主义改造，确立公有制性质的农村土地“集体所有制”

（一）土地改革后出现的新情况引起党中央的重视

新中国成立后，中国共产党的历史使命是建设社会主义。但是在土改后，随着农业生产的恢复和初步发展，农村出现了一些新情况和新问题。首先是农村各阶层的状况发生了新的变化。很大一部分原来的贫农、雇农上升为新中农，农村出现了中农化的趋势。其次，农村阶层中新的分化现象开始出现。有一部分富裕农民靠着资金、农具、劳力等方面的优势，经济地位上升很快，其中少数人通过雇工或放高利贷发展为新富农。而大多数农民的生产生活条件虽有改善，由于缺乏资金、耕畜、农具或劳动力不足，扩大再生产仍有许多困难，更经不起天灾人祸的袭击。在老解放区土改完成后的几年里，各地都有少数农民由于生产和生活困难等方面的原因，不得不重新借高利贷，甚至典让、出卖土地，靠当雇工和租种土地维持生活。有的由原贫农上升为新中农后，又因生活下降而返贫。这样，就在农村阶层中开始出现一定的分化现象。一些刚刚分得土地的农民重新丧失土地，或者面临失地危险。如果对此放任自流，重新导致农村的两极分化，势将带来严重后果。

农村土改后出现的新情况新问题，引起党中央的重视。土改后农业生产的恢复和增长，实际上带有很大的战后复苏性质。中国农业就其基本形态来说，是分散的、个体的、落后的。根据这些情况，在农村开展各种形式的互助合作，以避免产生新的两极分化，推动农村生产力进一步发展；个体农民要组织起来才能由穷变富，组织起来的远景目标是农业集体化、社会主义化。这两条是党的一贯主张，党内认识也是统一的。为了帮助农民克服一家一户个体经营中的困难，避免产生两极分化，为了发展生产，兴修水利，抵御自然灾害，采用农业机械和其他新技术，必须提倡"组织起来"。劳动互助是建立在个体经济（农民私有财产）的基础上的，其发展前途就是农业集体化。1951年12月，《中共中央关于农业生产互助合作的决议（草案）》印发各级党委试行实施，农业生产互助合作运动很快在全国范围开展起来。这表明，农业方面社会主义改造的初步工作已经开始进行。

（二）对农业进行社会主义改造是过渡时期的重要任务

实现工业化是强国的必由之路，但在我国分散、落后的小农经济的基础上，是不可能建立起社会主义大工业的。建立在劳动农民生产资料私有制上面的小农经济，制约着农业生产力的发展，不能满足人民特别是加快工业化建设对粮食和原料作物日益增长的需要。它与国家有计划经济建设之间的矛盾，随着工业化的进展而日益显露出来。因此，必须按照社会主义的原则来改造我国的个体农业，引导农民走社会主义集体化的道路。《中共中央关于农业生产互助合作的决议（草案）》明确指出，在临时的季节性的互助组和常年的互助组的基础上，发展土地入股的初级农业生产合作社，逐步过渡到土地公有的高级农业生产合作社，实现农业的社会主义化。

在过渡时期，党创造性地开辟了一条适合中国特点的社会主义改造的道路。怎样把占中国人口绝大多数的农民组织起来走社会主义道路，是一个需要探索并正确解决的问题。对个体农业，主要是遵循自愿互利、典型示范和国家帮助的原则，重点发展半社会主义性质的初级农业生产合作社，再发展到社会主义性质的高级农业生产合作社。为了指导和组织农业合作化工作，1952 年 11 月，中共中央决定在中央、中央局、分局和省委一律建立农村工作部。毛泽东在约见中央农村工作部部长邓子恢时指出，农村工作部的任务，是把四万万农民组织起来，在工业化的帮助下，逐步走向集体化。1953 年，全国第三次互助合作会议前，毛泽东同农村工作部负责人谈话指出：个体农民，增产有限，必须发展互助合作；从解决供求矛盾出发，就要解决所有制与生产力的矛盾问题；个体所有制的生产关系与大量供应是完全冲突的，个体所有制必须过渡到集体所有制，过渡到社会主义。

（三）通过社会主义改造建立了农村土地集体所有制

1956 年 6 月，毛泽东以国家主席名义公布《高级农业生产合作社示范章程》，规定高级农业社实行主要生产资料完全集体所有制，社员的土地必须转为合作社集体所有。到 1956 年底，加入农业生产合作社的社员总户数已达全国农户总数的 96.3%，其中初级社户数占 8.5%，高级社户数占 87.8%；农业合作化的完成，实现了中国土地的公有化。随着土地及耕畜、大型农具等主要生产资料归农业生产合作社集体所有，在广大农村建立起劳动群众的社会主义集体所有制经济。这标志着我国基本上完成了对个体农业的社会主义改造。亿万农民彻底摆脱了小块土地私有制的束缚，走上合作经济的发展道路，进入了建设社会主义农村的历史时期。在农业合作化后，我国农业的发展就有条件对土地的利用进行合理规划，逐步进行大规模的水利灌溉、大规模的农田基本建设，逐步推广机械耕作、施肥、杀虫灯等农业科学技术，从而使我国农业生产条件大为改观。如果没有农业合作化、没有集体所有制，仍然只在原来的小块土地上做文章，这些都是难以想象的。

到 1956 年底，我国大陆对生产资料私有制的社会主义改造基本完成，农民、手工业者劳动群众个体所有的私有制，基本上转变成为劳动群众集体所有的公有制。这一生产关系的深刻变革，标志着党领导全国人民实现了从新民主主义到社会主义的历史转变，社会主义的社会制度在中国基本建立起来了。这是中国历史上最深刻的社会变革。在中国这个几亿人口的大国，消灭资本主义私有制这样深刻的变革，是在保证国民经济基本上稳定发展的情况下完成的，是在得到人民群众基本上普遍拥护的情况下完成的。这无论如何是一件具有伟大历史意义的事情。

三、结论与启示

1. 共产党与私有制具有本质不相容性

中国共产党是无产阶级革命运动的产物，是无产阶级的先锋队。中国共产党自孕育和诞生以来，对于封建主义土地私有制的弊端，对于资本主义资产私有制的弊端，都有着极其深切的体验和痛恶。封建社会、资本主义社会的私有制，是剥削与被剥削产生的制度基础，是剥削阶级与被剥削阶级形成的制度基础。广大无产阶级和中国共产党的诉求，就是废除私有制经济基础，构建公有制经济基础。无产阶级“无产”的现实，共产主义“共产”的理想，对于中国共产党来说都是刻骨铭心的。对于生产资料所有制，只有废除封建的、资本主义的私有制，建立社会主义的公有制，才能从制度根源上消灭阶级和剥削，才能从制度根源上追求公正和公平。从农村土地所有制的历史脉络看，土地改革实行农民所有制（私有制）是一种革命手段，农业合作化实行集体所有制（公有制）才是原本的革命目标。

2. 集体所有制是社会主义农村的标志

生产资料公有制是社会主义社会的经济基础，以生产资料公有制为主体是社会主义社会的基本特征。20 世纪 50 年代中期我们党领导的社会主义改造，核心内容就是建立生产资料公有制。这是从民主主义革命时期向社会主义建设时期过渡的必然要求，是构建社会主义制度、发展社会主义经济的必然要求，是生产关系必须适应生产力发展的必然要求。总之，是社会主义国家建设发展的历史必然，是人类社会发展进步的客观规律。关于农业的社会主义改造，我们党一向认为，对于我国个体的分散的农业经济，必须谨慎地、逐步地而又积极地引导它们向着社会化和集体化的方向发展。这是农业必须适应国家工业化步骤的客观要求，是生产关系向社会主义转变的需要。农业合作化的完成，使农村土地由农民个体所有转为集体所有，土地的个体私有制被改造成集体所有制，在农村确立了社会主义公有制。没有土地的集体所有，便没有社会主义的中国农村，这是一个重要的标志。

3. 农村土地集体所有制不具有可逆性

农村土地所有制从封建的私有制革新为农民的私有制，再从农民的私有制改造为社会主义的公有制，这是历史发展的必然方向。这一历史变革过程，显然不具有可逆性。以生产资料公有制为主体的所有制，是社会主义社会的经济基础。当然，这并不意味着社会主义社会只能是单一的公有制经济，而不可以保留一部分有益于国计民生的个体经济和私营经济。在公有制为主体的情况下，应当保留多少非公有制经济，怎样发挥市场调节的作用，是一个需要通过长期实践，不断总结经验，才能进一步解决好的问题。尽管在以公有制为主体的社会主义所有制下允许私有制经济适度存在，并不能表明农村土地集体所有制具有可逆性。农村土地集体所有制不可能再回到农民的私有制，更不可能倒退回到封建的私有制。农村土地集体所有制唯一可能的方向，就是向全民所有制即国家所有制过渡。在社会主义初级阶段，农村土地集体所有制不应有丝毫动摇；跨越初级阶段后，是否有必要过渡到全民所有制，需要根据那个阶段的发展需要再确定。

参考文献

邓子恢．中国农业的社会主义改造［N］．人民日报，1959-10-18.

杜润生．中国的土地改革［M］．北京：当代中国出版社，1996.

杜润生．中国农村的社会主义改造与经济体制改革［M］//杜润生．杜润生文集（1980—2008）．太原：山西经济出版社，2008.

中共中央党史研究室．中国共产党历史：第一卷（1921—1949）[M]．北京：中共党史出版社，2011.

中共中央党史研究室．中国共产党历史：第二卷（1949—1978）[M]．北京：中共党史出版社，2011.

中共中央党史研究室．中国共产党的九十年[M]．北京：中共党史出版社，2016.

坚持和完善"家庭经营"基础性地位[①]

——纪念农村改革开放四十周年有感之二

20 世纪 70 年代末，以安徽省小岗村"包干到户"为起点，拉开了我国农村改革开放的序幕。为什么要包产到户、包干到户？群众说，"集体经营没饭吃，包产到户有余粮"。这一改革，是新中国农村发展史上继土地改革之后的第二次重大变革。改革的实质和意义是，在坚持集体所有制的前提下，重塑"家庭经营"在农业中的基础性地位。改革开放四十年来，以家庭经营为基础，各类新型经营主体应势而生，农业经营体系和服务体系逐步建立健全。从世界农业发展史看，家庭经营的基础性地位是不可动摇和替代的；我国在建设新型农业经营体系的过程中，必须坚持和完善家庭经营的基础性地位。

---

① 此文完成于 2018 年 5 月。新中国成立以来，农村经历了三次历史性重大变革，即土地改革、包产到户、税费改革，均产生了深远的影响。这三次历史变革，都是农地制度的革新，可见农地制度在农业农村经济中的基础性作用。2018 年是农村改革开放四十周年，对这三次重大历史变革进行回顾思考，具有纪念和启发意义。此文为包产到户篇。

一、“家庭经营”基础性地位是农业发展史上的必然

（一）从世界范围看，家庭经营是农业中的主要组织形式

家庭经营是农业的自然要求，家庭农场是世界农业的普遍形式。以血缘关系形成的家庭，利害与共，能够自觉地、尽力地投入家庭农场的劳动，能够适应农业生产复杂多变的情况，而且经过长期实践可以总结出一套优良的耕作方法和管理经验。家庭农场在美国农场历史中占据主要形式，在农业经营主体中有着举足轻重的地位，家庭农场约占全部农场的 90%左右。加拿大的农业，也是以家庭经营为主。在日本，农业几乎都是家庭农场模式。长期以来，家庭农场在西欧、北欧国家都被视为社会的稳定器。德国、法国、丹麦、荷兰等国家，都是以中、小型家庭农场为主要经营模式。荷兰 2007 年有 7.7 万个农场，每个农场平均有 2.9 个劳动力，大概是 2 个家庭成员加 1 个雇工，家庭农场显示出旺盛的生命力。

杜润生先生曾分析指出，家庭经营有五方面的特性和优势。第一，它适应农业生产的特性。农业的生物学性质，使它受气候的制约，务农首先要不误农时，要求农民自觉自愿不误农时进行精耕细作。因此农民与土地关系如

何，可以决定生产的好坏。第二，家庭经营规模可大可小。历史上我国家庭经营大多是小农经济。经过两个世纪的变化过程，发现家庭经营会保留。随着社会分工细化，出现一二三次产业的分工，专业化服务业不断发展，有利于家庭农场不需雇工就能扩大耕地经营规模。第三，家庭经营拥有自主权。农民作为市场经济主体，能自主决策、自由来往，经风险、见世面，学习经营、学习技术，能够激发上进心和竞争性，积极创造生产收益最大化。第四，在市场经济条件下，可依靠土地市场激活土地流动性，实现土地资源配置合理化。第五，家庭经营有利于农业的可持续发展。总之，家庭经营在世界农业发展史上具有不可替代的基础性地位，家庭经营与农业现代化不是对立物，而是可以很好地相融。

（二）我国农村改革开放前，家庭经营曾经历了三起三落

1. 第一次起落

早在 1954 年，中央农村工作部部长邓子恢就指出，个体经济不需要生产责任制，但集体经济则非有不可，否则无法办好这种新型经济；并正式提出了农业集体经济应当实行以包工包产为主要形式的生产责任制。不少农业社开始建立不同形式的责任制，对于提高劳动生产效率起了重要作用。到 1955 年，围绕农业合作化速度发生了大辩

论，合作化运动掀起高潮，使责任制的进一步探索受到冲击而暂时中断。1956 年 6 月，邓子恢作为主管农业的副总理，在全国一届人大三次会议上发言指出，集体经济不同于个体经济，没有相应的责任制，合作社是难办好的；他在全国农村工作部长会议上强调，包工包产势在必行。一届人大三次会议通过的《高级农业生产合作社示范章程》规定，合作社可以实行包产、包工。刚刚走上合作化的集体农民在实践中创造了丰富多样的生产责任制形式，特别是，一些地方将农户作为包工包产单位。浙江省永嘉县委主管农业的副书记李云河，年仅 24 岁，向温州地委提出"试验包产到户（组）"的要求，地委农工部长考虑再三，最后表示"试验可以，推广不行"。1956 年 5 月，该县燎原社的包产到户试验开始；三个月后，《燎原社包产到户总结》对包产到户前后发生的变化进行了比较分析；9 月，全县进一步部署了"多点试验包产到户的任务"，形成了"燎原"之势，有 200 个高级农业社实行包产到户。"包产到户"不胫而走，全温州地区有 1 000 个社实行了包产到户，占农户总数 15%。

温州地委担心永嘉及扩展到温州地区的"包产到户"会出乱子，为尽快加以制止，决定对永嘉的包产到户进行公开批判。1956 年 11 月，温州地委机关报《浙南大众》发表了《不能采取倒退做法》的评论员文章。这是全国第一篇公开批判包产到户的文章。浙江省委主管农业的副书记林乎加则表态肯定“包产到户”试验，在他的支持下，《浙江日报》发表了李云河写的专题报告，并且加了“编者按”。这是公开见报的全国第一篇正面论述包产到户的文章，也是对责难包产到户的公开答辩。但是，李云河文章发表后仅40天，1957年3月8日，永嘉县委根据省委和地委的指令，作出了《坚决纠正包产到户的决定》，使永嘉包产到户试验顿时受挫，李云河本人也将厄运难逃。7月31日，《浙南大众》报发表了第二篇批判包产到户的文章《打倒包产到户，保卫合作化》；李云河则被认为是推行包产到户的“罪魁祸首”，成为首当其冲的批判对象。1957年秋冬，中国农村两条道路大辩论中，将包产到户作为重要批判对象之一，同时包工包产责任制也受到严重冲击。

2. 第二次起落

通过试行责任制尝到了甜头和获得了实惠的农民，是不会轻易为某些笔杆子的空道理所左右的。此外，中央并没有正式下文严禁包产到户，更没有一概否定包工包产。1959年，实行人民公社的农村又纷纷实行包工包产责任制，一些地方为了从根本上扭转农村经济困难局面，又搞起了包产到户。河南、湖北、江苏、湖南、陕西、甘肃等不少省都出现了包产到户，有的地方竟直接把土地包给农户经营。这次包产到户，得到了新乡地委第一书记耿起昌、洛阳地委第二书记王慧智等地区中高级干部的支持，地域范围广，效果反响大。

中共中央包括邓子恢在内，虽提出了人民公社需要责任制，但对包工包产单位没有予以明确界定，实际是倾向于包到“生产队”一级。正因为有这一界限，“包产到户”并没有得到中央肯定，更不可能在全国普遍推行，这种处境也预示着包产到户会随时遭遇厄运。《人民日报》发表了《揭穿“包产到户”的真面目》的评论员文章，《光明日报》发表了《“包产到户”是右倾机会主义分子在农村复辟资本主义的纲领》的大块文章。中共中央决策层正式表明了坚决否定包产到户的态度，包产到户的做法由此被强令取消。

3. 第三次起落

面对“大跃进”导致的食品严重短缺和饥馑，部分干部和农民开始在生产队里推行“大跃进”以前曾经行之有效的以包产到户为特征的农业生产责任制。在 1961—1962 年的生产关系调整过程中，一些地区重新恢复了在 1957 年和 1959 年尝试有效的多种形式的包产到户，并取得了较好的效果。其中尤以受“大跃进”之害最重的安徽省推行最力。1961 年 4 月，安徽省委书记曾希圣为恢复生产、渡过难关，经过毛泽东的同意，率先在安徽省推行包产到田的责任制，到 1962 年实行“责任田”的生产队已占总数的 90%。据估计，当时全国实行包产到户的生产队约占总数的 20%。包产到户适应农业生产的特点，调动了农民的生产积极性，提高了农业产量。

这次大规模包产到户从一出现就有争论，并由基层一直争论到中央。刘少奇、邓小平、陈云、邓子恢等都是支持包产到户的。毛泽东在经济严重困难时虽然允许安徽试行“责任田”，但并没有明确表示支持，更没有在全国推广之意。1961年12月，毛泽东对安徽省委第一书记曾希圣说：生产恢复了，是否把“责任田”这个办法变过来。1962年1—2月的中央工作会议期间，决定免去曾希圣的安徽省委第一书记职务；改组后的安徽省委很快对“责任田”做法采取了“急刹车”措施。在1962年8月中共中央工作会议和9月八届十中全会上，毛泽东对包产到户提出批评；会后，包产到户受到越来越严厉的批判，在强大的政治压力下被迫取消了。

（三）农村改革开放的实质，是重塑家庭经营基础性地位

1978年12月党的十一届三中全会原则通过《关于加快农业发展若干问题的决定（草案）》，依然规定“不许分田单干，不许‘包产到户’”，但也提出要“建立严格的生产责任制”，并肯定了包工到组、联产计酬等形式。1978年，安徽省遭受大旱灾，秋种遇到严重困难。在严峻的形势下，安徽省委决定把部分土地借给农民种麦种菜，所产粮菜不征购，不计口粮。这一应急性措施，立即将群众的

积极性调动起来，各地出现了全家男女老幼齐下地的景象。这年 11 月，在借地唤起农民生产积极性的启发下，有些地方的基层干部和农民冲破旧体制的限制，自发地采取了包干到组和包产到户的做法。凤阳县梨园公社小岗村 18 户农民创造出“包干到户”，其做法是生产队与每户农民约定，先把该缴给国家的、该留给集体的都固定下来，收获以后剩多剩少都是农民自己的。这个办法简便易行，最受农民欢迎。四川省委也支持农民搞包产到组，允许和鼓励社员经营正当的家庭副业。其他一些省份也采取了类似做法。这些大胆的尝试，揭开了我国农村改革的序幕。在这种情况下，党的十一届四中全会正式通过的《关于加快农业发展若干问题的决定（草案）》，虽然规定“不许包产到户”“不许分田单干”，但也明确指出，“我们的一切政策是否符合发展生产力的需要，就是要看这种政策能否调动劳动者的生产积极性”，“应该允许他们在国家统一计划的指导下因时因地制宜，保障他们在这方面的自主权，发挥他们的主动性”。这为鼓舞广大农民在实践中创造新经验、进行农村体制改革敞开了大门。安徽省从 1979 年 1 月起，在实行生产责任制搞得比较早的肥西县、凤阳县，允许生产队打破土地管理使用上的“禁区”，实行“分地到组，以产计工”的责任制。有些生产队则继续进行包产到户或包干到户的试验。四川省鼓励一些生产队进行包产到组和“以产定工、超额奖励”的试验，并在全省扩大试验范围。云南省楚雄彝族自治州等地推广包产到组的管理责任制。农村体制改革越来越显现出生机和活力。

安徽省农村出现的包产到户和包干到户（简称“双包”）生产责任制引起广泛关注。“双包”责任制，由于把生产队的统一经营与家庭的分户经营结合起来，把每个农户的切身利益同完成承包农活的成效结合起来，更有力地调动起每个农户的人力和财力为发展农业生产服务，成效更为显著。由于“双包”责任制效果明显，全国许多地方纷纷仿效。在“双包”责任制发展的关键时刻，1980 年 5 月 31 日，邓小平发表谈话，讲到“农村政策放宽以后，一些适宜搞包产到户的地方搞了包产到户，效果很好，变化很快”，关于这样搞会不会影响集体经济的担心是不必要的。邓小平旗帜鲜明地支持农村改革实践，对于打破思想僵化，推动改革发挥了重要作用。同年 9 月，中共中央印发《关于进一步加强和完善农业生产责任制的几个问题》，在强调进一步搞好集体经济的同时，指出“在生产队领导下实行的包产到户是依存于社会主义经济，而不会脱离社会主义轨道的，没有什么复辟资本主义的危险”。1982 年中央 1 号文件明确指出，目前实行的各种责任制，包括包产到户、到组，包干到户、到组等，都是社会主义集体经济的生产责任制。在中央的支持和推动下，实行包产到户和包干到户的生产队迅速由 1980 年占全国生产队的 50%，上升到 1982 年 6 月的 87%。

以包产到户、包干到户为主要形式的农村家庭联产承包责任制，把集体所有的土地长期包给农户使用，农业生产基本上变为分户经营、自负盈亏，“缴够国家的，留足集体的，剩下都是自己的”。这种责任制使农民获得生产和分配的自主权，把农民的责、权、利紧密结合起来，不仅克服了以往分配中的平均主义，而且纠正了管理过分集中、经营过于单一等缺点。这种责任制是建立在土地公有制基础上的，集体和农户之间是发包与承包关系。集体统一管理、使用大型农机具和水利设施，有一定的公共提留，还可以统一规划农田基本建设。这种家庭联产承包责任制不同于农业合作化以前的小私有经济，而是有统有分、统分结合，既发挥集体经济的优越性，又发挥家庭经营的积极性。概括为一句话，就是在坚持农村土地集体所有制的前提下，重塑了“家庭经营”在农业中的基础性地位。这种制度受到农民普遍欢迎，其见效之快，是人们没有预想到的。农村改革调动了亿万农民的生产积极性，对于加快农业发展产生了深远影响。

二、我国农业“家庭经营”模式面临的现实困境

1. 户均承包土地规模很小

土地是农业最基本的生产资料。无论是家庭经营组织

模式，还是公司经营等其他组织模式，土地要素都是首当其冲需要面对和解决的问题。我国有20亿亩耕地，耕地总量并不算少；但是我国有9亿农业人口，农业劳动力过度富余。"地"与"人"，都是农业生产中的基本要素。由于耕地具有自然资源的属性，可利用面积大致是一个常量；在一个较长历史时段内农业人口则是一个变量，从新中国成立时的约4亿农业人口发展到了目前的9亿。据统计，2016年家庭承包经营的农户数为2.29亿户，共承包经营耕地面积约19亿亩；户均承包耕地面积仅有8.3亩左右。可以说，这是超小型的家庭农场。如此小规模的承包土地面积，显然是一个"卡脖子"的制约因素。当然，"8.3亩"是承包户的自有土地面积；在实际生产中，承包经营户有可能流转入一部分土地。从世界各国农业看，既有自有土地型的家庭农场，也有租入土地型的家庭农场，但是自有土地型的家庭农场占据多数；通过租入土地用于家庭农场生产，在农业生产中必然增加了一部分成本，是家庭农场主必须慎重考量的一个因素。

表面上看，我国承包农户的首要制约因素是土地规模过小，但其实质是我国承包农户数量过多，或者说是农业人口过多。因此，应把"减少承包户数、增加户均面积"作为发展家庭农场的重要目标、长远战略。只有着眼这个目标、坚持这个战略，才有可能逐步改变"农业人口过多、承包面积过小"的困局。但是，一些学者指出，中央政策对此问题的重视程度不够，有的政策偏离了正确方向。比如，《农村土地承包法》第二十六条明确规定，“承包期内，承包方全家迁入设区的市，转为非农业户口的，应当将承包的耕地和草地交回发包方。承包方不交回的，发包方可以收回承包的耕地和草地。”这一条款是合理的、科学的，此类情况下退出承包地是应当的，有利于逐步减少农业人口、增加户均承包耕地面积。但是，后来的有关文件又做出了不同的规定。《国务院办公厅关于积极稳妥推进户籍管理制度改革的通知》（国办发〔2011〕9号）要求，“现阶段，农民工落户城镇，是否放弃宅基地和承包的耕地、林地、草地，必须完全尊重农民本人的意愿，不得强制或变相强制收回。”《国务院关于进一步推进户籍制度改革的意见》（国发〔2014〕25号）进一步明确，“现阶段，不得以退出土地承包经营权、宅基地使用权、集体收益分配权作为农民进城落户的条件。”文件规定与法律条款是矛盾的，这是不严肃不严谨的；从政策法规的效果看，不利于“减少承包户数、增加户均面积”这一重要目标的逐步实现。

2. 承包经营地块零散细碎

据调查统计，我国承包耕地农户的户均承包地块为6块，处于非常零散细碎的状态。客观上，这是“家庭承包”的必然结果。在一个集体的区域范围内，由于耕地位置、土壤好坏、水电条件等因素存在差异，分配承包地的时候，一般把土地划分为四五个等次，甚至更多等次，每个等次的土地分别分配到农户。这样的做法，实现了农民群众所希望的平均地权、绝对公平，却造成了一家一户的承包地块分散、零碎的局面。这是按照“土地面积”平均分配的办法，我国农村普遍采用这个方式。也有个别的地方采取了变通的分配办法，按照“土地产出”进行平均分配。大致做法是，根据不同等级土地的亩产水平、生产条件，对土地面积进行折算。比如，以最好的地块作为标准地块，其实际面积即分配面积；相对不好的地块，对实际面积进行打折，例如 1.2 亩算作一亩。这样，统计出折扣后的可分配土地面积，再平均分配到一家一户。这个做法的结果是，户均承包地 1～2 块，比较合理地解决了“细碎化”问题。可惜采取这个做法的村组较为少见，大概是因为地类差别较为复杂，确定折扣系数也存在一定难度，实际操作并不容易。

总的看，地类差别是造成承包地细碎化的最主要因素。同时也要看到，地类差别是可以逐步加以改善的。从土地距离村庄、晒场的远近看，由于拖拉机、摩托车等运输工具的逐渐普及，这一因素的影响已经很小；从土壤好坏看，经过农户多年的耕种、治理，以及政府测土配方施肥等有关项目的实施，土壤质量差异也明显好转；从水利、电力、田间道路等基础设施和生产条件看，也在逐年改善。据各地调查分析，20 世纪八九十年代较为明显的地类差异问题，已经得到了不同程度的改善。以河南省商丘市为例，过去一般分为四五类地，目前多数已改善为两类地，有些村组的土地基本没有地类差异了。客观条件变了，催生了农民群众重新划分承包地的愿望；在政府的支持引导了，商丘全市范围内普遍开展了“互换并地”工作。其主要做法是：着眼于解决承包地细碎化问题，尽量减少农户的承包地块数；坚持“二轮承包关系不变”，仍保持二轮承包的人数不变，人口增减变化不与“互换并地”挂钩。这样，既符合《农村土地承包法》关于承包地互换的规定精神，也不会引起新增人口要地的矛盾。到2012年，商丘市已有60%以上的行政村完成了互换并地，共整合承包土地面积达580万亩，多数农户实现了“两块田”，有的实现了“一块田”，成效比较显著。

3. 新增成员承包地难保障

20世纪70年代末、80年代初，农村土地承包到户，以“农户”作为承包单位；同时，一家一户的承包耕地面积，都是与户内人口数直接挂钩的。也就是说，只要是集体经济组织成员，是人人有地的；不同家庭，如果人口数量不同，承包到的耕地面积也就不同。概括地说，是按户内“人口”分配土地面积，按“户”进行承包经营。所以，仅笼统地说“按户承包”是不准确的；全面、准确地说，是“按人分地，按户经营”。“农户”既是承包单位，更是经营单位。初次承包到户后，不久就会面临集体内人口增减的问题。减少了人口的农户，一般不会去反映这个问题；但是增加了人口的农户，就会想找村干部再要土地。农民群众是朴素的，对于平均地权、公平公正的意识也是根深蒂固的。面对人口增减问题，80 年代农民群众的普遍做法是“减人减地、增人增地”，一般是 3 年左右调整一次。土地调整有利有弊，通过调整解决了人地矛盾，但是不利于承包关系稳定，在一定程度上影响农户对土地的投入。到了 90 年代，中央对土地调整的管制逐步强化，后来把“稳定承包关系”作为一项基本政策。

在“稳定承包关系”的政策框架下，新增人口的土地承包权益在一定程度上成为一个问题。从集体经济组织成员的角度看，应该通过一定的制度途径为其提供承包地。作为农村村民、集体成员，应该有一份相应的承包地，使其有获得感、幸福感；如果没有承包土地，农民自身的身份感、存在感，对于集体的参与感、融入感，客观上会存在不足。但是，中央“稳定承包关系”的政策也是在实践中逐步提出和强化的，有其客观性、必要性。这样，“稳定”与“调整”之间，形成一对难以调和的现实矛盾。在政策宣传引导上，主管部门提出是“按户承包”，只要农户有承包地，户内人口人人有份，所以不能说有“无地人口”。但是，对于这个政策解释，农民群众的认可度比较低；能够认可这个说法的，一般是家庭人口有所减少的。一个集体内谁有地谁没地，农民心里是非常清楚的。

4. 支持保护政策出现偏差

我国农村有 2.29 亿户承包农户，承包农户过多，这是基本的国情农情，短期内难以改善。由于小农户的耕地面积非常狭小、经营管理比较传统落后，人们往往把我国现代农业的希望寄托在新型的规模经营主体上。近年来，中央和各地出台了一系列扶持家庭农场、专业合作社、龙头企业等的政策措施，资金、技术等生产要素向这些规模化经营主体倾斜；而对于普通小农户，在一定程度上忽视了其基础性地位和作用，重视程度和扶持力度不够。有学者指出，扶持规模经营主体，就是扶持“中农富农”，政策取向是不合理的。这个认识，不无道理。对于普通小农户和新型经营主体，应一视同仁地给予支持保护。广大普通农户是我国农业的基础，新型经营主体则是基础之上的亮点，不应偏废“基础”、倚重“亮点”；从长远看，只有家家户户都发展成为生产高效的家庭农场，才是我国农业能够全面振兴的希望所在。

5. 社会化服务还不够健全

从发达国家的农业组织型式看，农业生产经营体系比较健全完善。一方面，家庭农场是主要的经营主体，是农业生产的中坚力量；另一方面，社会化服务组织比较健全发达，构成便捷高效的服务体系，能够满足家庭农场等经营主体的各种专业化服务需求。世界农业合作社发展史表明，服务型合作社占据主要地位；比如美国的农业合作社，几乎全部是服务型合作社。从我国的农业经营体系看，经营主体普遍规模小实力弱，受国际农产品价格影响，规模化的租地农场经营比较困难；近年来，对发展农业社会化服务高度重视，但是总体上专业化服务仍处于初步发展阶段。尤其是，从我国合作社的发展来看，受农户承包土地面积狭小的国情农情制约，合作社从发展初期就以"带地入社"型为主，主要目标是实现土地经营的规模化，合作社的服务功能也主要是向入社的农户提供内部服务；近年，专门从事专业化服务的合作社才有所发展，占有了一定比例。

我国农业"家庭经营"面临的上述困境，都是非常实际而具体的，是我国发展现代农业必须正视和解决的问题。要解决问题，必须从现实国情农情出发，不能脱离我国"三农"问题的实际状况。湖北省孝感市的一位种粮大户朋友，多次反映他的苦衷：家庭承包土地太少，租赁土地价格偏高，规模经营利润很少，这样的经营体制真是没法搞。他强烈希望国家出台政策，把集体的土地收回集体，实行划片竞包。笔者认为，这样的心情可以理解，承包耕地狭小确实是客观困境；由于粮食价格受国际市场制约，通过租赁土地发展规模经营的压力和风险也是非常现实的。但是，也必需认识到，家庭承包制既是经济制度，也是政治制度，是农业农村经济的基础性制度。集体土地承包到户，实现“平均地权”，使千家万户获得了最基本的生产资料，也获得了最基本的社会保障。如同欧洲的家庭农场，虽然规模不大，但是却是社会的稳定器。所以，必须正确看待和处理“人-地”关系，在“人”的要素没有得到有效减少的情况下，“地”这一要素不可能普遍向少数人集中。

还有一个现象，就是前一段炒得比较热的“塘约道路”。从土地制度方面看，塘约的做法，就是农户的承包土地入股社区合作社，由集体统一经营。那么，称之为“创新”，甚至冠之以“道路”，是否十分妥当？有这样两个问题应研究清楚：塘约的土地股份合作社，与我国五十年代的农业合作化有何异同？与海南、江浙等地已经实践多年的土地股份合作社有什么异同？总的说，土地入股合作社这种经营组织形式，并非新鲜事物，在我国已有几十年的探索实践。在一个集体经济组织内，农户的承包地都入股社区合作社，必须要解决好两个问题。一是经营管理中可能出现的腐败问题，如果村干部将合作社收益中饱私囊，这样的合作社就很难成功；二是经营管理中潜在的风险问题，如果一旦经营失败、出现亏损，合作社是否能够及时妥善应对。作为一种经营组织形式，需要充分考虑到其利弊得失和可能发生的各种情况；具体到某个村组，是否适用这种组织形式，应在全面考量权衡后慎重决策。

三、破解"家庭经营"困境的对策建议

我国发展现代农业，必须坚持家庭经营基础性地位，完善家庭经营模式。以家庭经营为基础，积极培育各类新型经营主体和服务主体，努力构建功能配套、运行高效的现代农业经营体系。

1. 实施减少农业人口战略，逐步扩大户均耕地规模

巩固家庭经营基础性地位，发挥家庭农场的组织优势，必须努力克服经营规模过于狭小的制约。要把逐步减少农业人口作为根本性的、长远性的发展战略，这是逐步扩大户均经营规模的必由之路。从发达国家的情况看，农业人口所占比重一般很小，比如美国、加拿大、澳大利亚、日本、以色列、英国、法国、荷兰、意大利等国，农业人口所占比重都在5%以下，这表明其一、二、三次产业的劳动力配置已经达到现代化水平，"地"与"人"两个生产要素的投入已经实现优化配比。我国必须实施减少农业人口战略，要坚持和落实"全家迁入设区的市退出承包地"的法律规定。2017年7月，全国人大农委提请审议的《农村土地承包法修正案（草案）》拟修改原法律条款，提出了"维护进城务工农民的土地承包经营权，不得以退出土地承包权作为农民进城落户的条件"，"承包方全家迁入城镇落户，纳入城镇住房和社会保障体系，丧失农

村集体经济组织成员身份的，支持引导其按照国家有关规定转让土地承包权益”等修改意见。这一修改意见，是历史的倒退；原法律条款是正确的，不应修改。进城农民市民化，其实现成本不应由其承包地来买单。全家迁入设区的市，转为非农业户口，丧失了集体经济组织成员资格，理应退出其承包地。健康有序的城市化，应依靠城市的“拉力”来实现，而不应依赖农村土地给以“推力”。我国农村有九亿农业人口，农村土地所承载的经济功能，应由农村的农业人口来分享，而不应由“全家迁入设区的市”的进城人口来分享，这应是一条基本原则。从长远看，要实现户均承包耕地面积的逐步适度扩大，必须坚持和践行这一基本原则。

2. 完善互换并地政策措施，解决承包地零碎化问题

2013 年 12 月，农业部在河南商丘组织召开“互换并地”现场交流会，这是国家层面召开的首次互换并地工作会议，表明我国农村进行“互换并地”已初步具备了客观条件。近年来，全国多个地方涌现出了互换并地的做法，比如安徽蒙城、新疆沙湾、湖北沙洋、广东清远、广西崇左、辽宁彰武等。这些地方开展互换并地的主要做法是，依据《农村土地承包法》第四十条“承包方之间为方便耕种或者各自需要，可以对属于同一集体经济组织的土地的土地承包经营权进行互换”的规定，在坚持承包人口数不变的原则下，重新划分承包地，一般能够实现户均两块地左右，个别地方达到户均一块地；湖北沙洋则是以农户之间交换经营权，实现"按户连片"耕种模式为主，一般不互换承包权。目前，安徽省蚌埠市在推广怀远县的互换并地经验，湖北省荆门市在推广沙洋县"按户连片"模式。总的看，各地农民群众对于解决承包地细碎化有愿望、有需求，也已经有实践、有经验。今后，应按照土地承包法规定，对"互换并地"加大宣传和支持力度，尤其是在土地类别差异已经较小的地方，积极支持群众实施互换并地，解决耕地零碎、耕种不便的痼疾。承包期满，在承包地过于细碎、群众愿望强烈的地方，应允许集体经济组织通过"大调整"的方式，对土地重新划分承包，实现户均"一块田"或"两块田"。

3. 完善土地承包政策措施，适时落实新增成员权益

自 20 世纪 90 年代以来，中央逐步强化了对土地调整的管控措施，"增人不增地，减人不减地"政策从"提倡"转为"推行"。在农村土地承包法立法过程中，关于是否允许"小调整"的争论十分激烈。应该说，论争双方各有道理，"允许小调"与"不许小调"也是各有利弊，"稳定"与"调整"是普遍公认的一对难以调和的矛盾。出台的《农村土地承包法》第二十七条明确规定，"承包期内，发包方不得调整承包地"。但同时又规定，因自然灾害严重毁损承包地等特殊情形可以对个别农户之间承包的耕地和草地适当调整；《农村土地承包法》释义中也明确指出，在人地矛盾突出等三种特殊情形下允许小调整，这反映了两种不同意见在法律规定中的交织。笔者个人经过多年调查思考，认为承包期内应“提倡稳定、控制调整”，但也没有必要强制实行“固定不变”，在农民群众意见突出的地方，可以允许适当的“小调整”；承包期满，应允许农民集体按照多数人的意愿决定是否调整承包地，拟进行调整的要严格程序、妥善实施，拟不调整的要认真做好延包衔接工作。2018 年 3 月，农业部部长韩长赋在十三届全国人大一次会议记者会上表示，如何考虑人口增减变化，总的原则还是坚持承包地大稳定、小调整，通过村集体民主协商解决。

4. 对各经营主体一视同仁，完善支持保护政策措施

现阶段，两亿多普通农户是我国的基本农情。小农户的生产力水平较低，市场竞争力较弱，需要政府和社会给予支持和保护。从构建现代农业经营体系看，普通农户、规模农场、专业合作社、公司制企业等，都是经营体系的重要组成部分，对于产品供给、地力保护都有各自的贡献份额，不应区分“轻重贵贱”，而应一视同仁地对待。国家和各地如果出台扶持规模经营主体的政策，必须同时考虑普通农户的发展需求和经济利益。广大普通小农户是我国农业的“根”，应当把“根”逐步培育壮大。尤其是，不应把大量财政资金用于对“中农富农”的扶持，应防止扶持政策出现类似偏差，防止人为扩大农民阶层的分化。

应加强对全体务农农民的全面培训，普遍提高农技水平和职业素养，激发广大农民投身于发展现代农业的积极性。

5. 健全中国特色服务体系，提供便捷高效专业服务

发达国家的经验表明，健全的社会化服务体系是现代农业的支撑和保障。比如，美国农业中的服务型合作社、服务型公司、科研推广机构等非常健全，这些服务组织可以为农场提供农资、技术、加工、储藏、运输、销售等各类服务，经营主体与服务组织之间合作关系密切，保障了农业生产经营的高效率。对于规模较小的农场，因为有健全的社会化服务做保障，其生产效率和效益也是比较可观的。美国等国家的现代农业经营体系值得借鉴，即以家庭农场等为主要的生产组织形式，以服务型合作社、服务型公司等为主要的服务组织形式。从我国的国情农情出发，更需要加快发展专业化社会化服务，为生产经营组织提供完善的服务和发展的助力。要积极发展能够适宜于普通小农户的便捷服务，比如“土地托管”、“统防统治”等服务模式，切实解决好小农户“如何种田”的问题，实现广大小农户与现代农业的有机衔接。

参考文献

王宏甲．塘约道路［M］．北京：人民出版社，2017．

武力，郑有贵．中国共产党“三农”思想政策史（1921—

2013年）[M]. 北京：中国时代经济出版社，2013.

徐勇. 包产到户沉浮录 [M]. 珠海：珠海出版社，1998.

许世卫，信乃诠. 当代世界农业 [M]. 北京：中国农业出版社，2010.

中共中央党史研究室. 中国共产党的九十年 [M]. 北京：中共党史出版社，2016.

调整完善“国家、集体、农民”分配关系[①]

——纪念农村改革开放四十周年有感之三

农业是一个国家的基础产业。农业收入在“国家、集体、农民”之间的分配关系，是农村税费制度的基本内容。从世界各国农业税制的客观规律看，主要有两个方面：一是随着工业、服务业的发展，农业产值占国家总产值的份额降低，农业税费占财政总收入的份额也会降低；二是专门针对农业课税是传统的税费制度，随着国家现代化的发展，一般会转而实行城乡统一的税制，我国也不会例外。中国共产党历来十分重视保障农民的农业利益，注意正确处理国家、集体和农民的分配关系。我国农村税费改革取消了国家专门针对农民的农业税，从根本上减轻了农民负担；下一阶段，需要进一步调整完善集体与农民的

① 此文完成于 2018 年 6 月。新中国成立以来，农村经历了三次历史性重大变革，即土地改革、包产到户、税费改革，均产生了深远的影响。这三次历史变革，都是农地制度的革新，可见农地制度在农业农村经济中的基础性作用。2018 年是农村改革开放四十周年，对这三次重大历史变革进行回顾思考，具有纪念和启发意义。此文为税费改革篇。

利益分配关系。

一、中国共产党历来重视正确处理政权需要与农民负担的关系

1927年，我们党在农村开创了革命根据地，建立红色政权。在当时的环境和条件下，要解决革命战争和红色政权的物质供应与给养，主要是依靠广大的人民群众的人力、物力和财力的支持。在土地革命战争初期，各根据地一般把农民负担限于对红军和红色政权的人力支持方面。1928年5月，中央关于没收土地和建立苏维埃的通告规定，“土地使用人须向县苏维埃交纳农产品10%～15%的国税”，各苏区逐步开始征税。1930年以后，随着土地革命的深入，红军的发展和革命战争规模扩大，要求有足够和比较稳定的财政保障，也要求农民对革命战争给予经常性的人力支持。我们党根据战争需要与农民的负担能力，在总结各根据地经验基础上，逐步形成了以财粮负担、战勤负担和社会负担为内容的农民负担制度。其中，财粮负担主要是通过向农民征收土地税方式实现的。1931年颁布的《中华苏维埃共和国暂行税法》，规定了征收土地税的原则、种类和方法，形成了全国苏区统一的土地税征收制度。我们党始终坚持军民兼顾的原则，既向农民征税，以供给革命战争，又注重改良农民生活，尽量减轻农民的负担。

在抗日战争时期，战争的巨大消耗同有限的农民负担能力之间存在着严重的矛盾，中共中央和根据地政府实行的政策是：有钱出钱，有力出力，合理负担；公私兼顾，军民兼顾。上述负担政策是毛泽东和中共中央总结了抗战以来根据地建设的经验，为解决根据地财政问题提出的基本原则。毛泽东在肯定革命战争第一的前提下实行上述负担政策，同时还批评了以下两种观点：“有些同志不顾战争的需要，单纯地强调政府施‘仁政’，这是错误的观点。……人民负担虽然一时有些重，但是战胜了政府和军队的难关，支持了抗日战争，打败了敌人，人民就有好日子过，这个才是革命政府的大仁政。”“另外的错误观点，就是不顾人民困难，只顾政府和军队的需要，竭泽而渔，诛求无已”。抗战中期，由于日伪扫荡和国民党顽固派的封锁，根据地财政经济困难加剧，毛泽东仍然强调要严格控制农民负担，“虽在困难时期，我们仍要注意赋税的限度，使负担虽重而民不伤。而一经有了办法，就要减轻人民负担，借以休养民力。”抗日根据地政府的农业税收经历了初创、发展和完善三个阶段，税收制度逐步趋于完善。征收农业税采用累进税制，规定有起征点和免征额，对于不同阶级和不同性质的收入采取区别对待的原则。

解放战争时期，就解放区广大农民的负担来说，党的基本政策仍然是毛泽东在抗日战争时期提出的“大仁政”政策，既保证革命战争的需要，又照顾到人民生活水平，将人民的长远利益与暂时利益相结合。这个时期，人民军队由游击战为主转为运动战为主，农民必须承担更多的公粮和战勤负担，但是由于长期战争的破坏，农村经济严重困难，农业剩余非常有限。因此，如何正确估计农民的负担能力和革命战争的需要，就成为制定正确的财政政策的最重要因素。1947 年 4 月，中共中央召开了华北财经会议，会议提出，“今天的战争需要与人民负担是矛盾的，这个矛盾很难解决，但是必须解决”。关于农民负担问题，会议经过大量调查、计算和讨论，提出了四项原则和具体政策，即军民兼顾、公平合理、鼓励生产、节省开支。既保证革命战争的需要，又不至于竭泽而渔，使农民无力承受。在解放战争初期，解放区仍沿用抗日战争时期按标准亩收入征收的累进农业税制，也就是将农业税负担主要放在占有土地较多的地主和富农身上。1947 年 9 月以后，经过土地改革的农村中各阶级占有土地基本拉平，各解放区为适应这种变化，于是先后将农业税的累进税制改为有免征额的比例税制。有关调查和统计资料表明，解放区农民的公粮负担率大都保持在 15%左右，一般农民还不至于感到负担过重；即使有时个别地区超过 15%，但由于解放区广大农民群众认识到支持革命战争同自己的切身利益休戚相关，他们宁愿为赢得革命战争的胜利节衣缩食。

新中国成立初期，乡村财政经历了较大的变化，从中反映出农民与国家，特别是农民与基层政权之间关系的重塑。约占全国农村人口 1/3 的老解放区已经完成土地改革，农业税收实行比例税制。约占农村人口 2/3 的新解放区，则公布了临时征粮条例。到 1950 年 5 月底，政务院发布了《关于 1950 年新解放区夏征公粮的决定》。1950 年 9 月，中央人民政府发布《新解放区农业税暂行条例》，这是新解放区第一个统一的农业税法。在国民经济恢复时期，国家采取了高度集中的财政体制，大部分财政收入归中央支配，而农村百废待兴，乡村政府开支较大，上级的财政拨款往往不能抵补支出。据 1952 年对全国 16 个省的调查，乡村政府财政收入中来自上级的拨款仅占其收入的 1/3 左右，其大部分经费须自筹，不得不靠摊派解决问题。一些地区的农民负担已达相当重的程度。从统计数据看，从 1950 年到 1952 年，在国家所掌握的全部粮食中，通过农业税征集粮食三年平均为 57%；在国家财政收入中，农业税收入所占的比重三年平均为 18.3%。可见，通过农业税所掌握的粮食和财政资金，对保障新中国的军需民给，支援抗美援朝，恢复国民经济，为新生的人民政权战胜面临的各种严峻挑战，起到了关键作用。

二、《农业税条例》是调整“国家、集体、农民”分配关系的基本法规

1958 年 6 月，经全国人民代表大会常务委员会会议

通过，由毛泽东亲自签署颁布《中华人民共和国农业税条例》。这是新中国全国统一的农业税法，其基本指导原则，是兼顾国家、集体、农民三方面利益，保障国家社会主义经济建设。

从1958年到1960年，由于农业生产逐年下降，导致农民负担逐年加重，全国平均农民实际负担率，1958年上升到12.5%，1959年上升到14.3%，大灾的1960年仍达到13.8%。这三年全国各地区农民负担普遍加重，特别是粮产区农民实际负担率都在15%以上，超过了农民的承受能力。为此，中共中央决定尽快纠正农民负担过重的问题，相应采取了四项政策措施。一是调减全国农业税征收任务数量。1961年6月，中共中央批转了财政部《关于调整农业税负担的报告》，全国农业税实际负担率控制在“什一之税”的水平上，即农业税正税和地方附加的实际税额占农业实际收入比例，全国平均不超过10%。二是稳定国家征收粮食与统购粮食数量。除正式规定农业税正税及地方附加征收任务数量以外，不准任何部门、地区自行加税、自行摊派。三是减轻粮食高产区的偏重负担。在调减农业税征收任务数量时，重点是调减粮食主产、高产地区农业税征收任务数量。四是控制纳税社队最高负担率。以生产大队为单位的最高负担率（包括地方附加），1961年不得超过农业收入的13%，1962年不得超过15%。我国国民经济经过三年调整之后，中共中央提出坚持国家、集体、农民三方面利益兼顾的分配政策基本得到落实。1965年与1957年相比，国家农业税收入占全国农业分配总收入的比重为5.73%，减少5.26%；集体提留收入占分配总收入的比重为39.93%，增加4.93%；社员分配收入占分配总收入的比重为54.34%，增加2.66%。从1958年至1975年，农业税征收总额基本保持稳定，农业税实际负担率逐年降低。1958年，农民人均负担农业税为41千克，1975年下降到16千克，1958年农业税实际负担率为12.5%，1975年降到4.9%。

从1976年到1999年，我国农业税政策进入稳定调整时期，可划分为三个阶段。从1976年到1980年，是稳定农业税征收政策阶段。出台实施农业税起征点办法，提高农业产品收购价格，调减粮食征购任务，整顿农民杂项负担。从1981年至1985年，是调整农业税征收政策阶段。农业税纳税人由生产队改为承包农户，停止执行农业税起征点办法，继续对贫困农民给予减免照顾，对农林特产收入征收农业税，对农业税改为按粮食倒三七比例折征代金的征收办法，减轻牧业区牧业税负担。实行家庭承包经营后，农村分配制度随之发生了变革，用群众的话说，“大包干儿，直来直去不拐弯儿，缴够国家的，留足集体的，剩下都是自己的”。中共中央、国务院于1985年10月发出《关于制止向农民乱征税、乱收费的通知》，指出农民依法纳税和合理上交集体提留是必要的，问题是农民还要交纳各种摊派款项，各种名目的乱收费、乱罚款、乱集资超过了农民负担能力，要进行彻底检查，采取有效措施解决。从 1986 年到 1999 年，是调整农业税减免政策阶段。1986 年以来，农民负担逐渐成为人们关注的焦点，1988 年农民负担的增长开始超过农民收入的增长，而且各地区出现随意减免农业税的情况，中共中央、国务院日益提高了对减轻农民负担的重视程度。对农业税减免若干问题作出规定，继续贯彻稳定农业税负担政策。1991 年 12 月，国务院发布《农民承担费用和劳务管理条例》，规范“三提五统”“两工”和行政事业性收费。总之，从 1976 年到 1999 年的 20 多年间，农业税人均年负担由 1976 年的 15.86 千克，下降到 1999 年的 13.8 千克，实际负担率由 1976 年的 4.9%下降到 1999 年的 2.3%；但是，随着粮食等农产品价格的逐步上升，国家也逐步提高了农业税计税价格，因此农业税征收金额呈逐年上升趋势，1976 年农业税正税征收金额为 29.2 亿元，1999 年增加到 162.4 亿元，增长了 4.6 倍。

从 2000 年到 2005 年，是我国农村税费改革阶段。农村税费改革是新中国成立以来，继土地改革、家庭承包经营之后，党中央、国务院为加强农业基础、保护农民利益、维护农村稳定而推行的又一次重大改革。据统计，1999 年全国农民直接承担的税费总额约 1450 亿元，人均负担税费 140 多元。其中，农民缴纳的农牧业税、农业特产税、屠宰税等近300亿元，村提留乡统筹费约600亿元，“两工”中的以资代劳及其他各种社会负担（包括行政事业性收费、集资、罚款、摊派等）约500亿元。另外，1999年全国农村劳动力承担“两工”约82亿个，劳平17个。当时社会上流传着“头税轻，二税重，三税是个无底洞”的顺口溜。“头税”是指300亿元的农业各税，人均32.5元；“二税”是指600亿元的提留统筹费，人均65元，尽管较重，但有法可依、有账可算；农民最为不满的是各种不合理集资、摊派和收费，也就是被农民视为“无底洞”的“三税”，名目繁多，数额巨大，是导致农民负担过重而又久治不愈的症结所在。进入21世纪以来，我国总体上转入工业反哺农业、城市支持农村的历史阶段。为探索建立规范的农村税费制度、从根本上减轻农民负担的有效办法，党中央、国务院决定进行农村税费改革试点，2000年3月发布《中共中央、国务院关于进行农村税费改革试点工作的通知》（中发〔2000〕7号）。农村税费改革是农村分配关系的一次重大调整。改革试点的主要思路是，探索用规范的分配方式控制农民负担，在体现农民应尽义务的同时，从制度上根除农民的不合理负担。新的农业税实行差别税率，最高不超过7%，连同地方附加，最高不超过8.4%；实行农村税费改革试点的地区，取消屠宰环节和收购环节征收的屠宰税。随着经济持续快速发展，国家财力不断壮大，农业税收在整个财政收入中占的比例逐步降低，到 2003 年已不到 2%，基本具备了取消农业税的实力。从 2004 年起，除烟叶外全面取消农业特产税，区分不同情况进行减免农业税改革试点；2005 年全面取消牧业税；2005 年 12 月，全国人大常委会废止了《农业税条例》，在我国延续了 2600 多年的“皇粮国税”彻底退出历史舞台，农民负担重的状况得到了根本性扭转。

三、进一步调整完善“集体-农民”利益分配关系

我国农村税费改革主要是着眼于国家与农民的分配关系，取消了国家专门针对农民的农业税这样一个古老税种，实现了对农民“少取”的目标。同时，必须明确的是，在集体与农民的关系方面，并没有从制度上取消农民对集体的义务，过去用于村级公益事业建设的“三项提留和两工”制度，改革为“一事一议筹资筹劳”制度，农民对集体仍须承担一定的义务。农民对集体承担的资金劳务义务，无论是税费改革前的“三项提留和两工”，还是税费改革后的“一事一议筹资筹劳”，目的都是为了筹集社区（集体）公共产品的建设成本。

城乡社区公共产品差异巨大，是社会关注的民生问题、焦点问题。从城乡社区的基础设施情况看，城市社区

里高楼大厦、路面硬化、绿化亮化，生活舒适惬意；而农村社区建设尽管也有所发展、日新月异，但相对于城市社区依然落后很多，不仅住房不能与城市相比，公共设施的差距也是显著的，有的道路还没有硬化，有的硬化道路比较狭窄，绿化亮化也往往不尽如人意，生活的方便程度、舒适程度远不能与城市社区相比。城乡社区差异显著，这是一种现象。还有一种现象也是客观存在的，但是人们往往没有给予关注和思考。在农村社区，户内、户外也存在比较明显的差异。在农户院内，住房一般都进行了适度装修，院里的地面进行了硬化，多数庭院还设置了花坛，或有一些盆栽花草，总体上感觉是整洁、有生活情调的；而从农户院里走出来，走到户外，有的依然是未硬化的土路、泥泞路，有的随处丢弃垃圾、倾倒污水，绿化美化也往往不如农户院内。户内、户外的这种差异，在农村是一种比较普遍的现象。

上述两种现象，其根源是什么呢？从大的方面说，城市比农村经济发达，是人财物等要素集聚区。其中，城乡居民收入差距是一个重要因素。根据 2017 年的国家统计公报，城镇居民人均可支配收入 36396 元，农村居民人均可支配收入 13432 元，城乡人均收入比为 2.71∶1.00，差异依然显著。收入水平决定消费水平，这是城乡社区差异的最主要原因。进一步深究，则还存在重要的制度差异。我国于 1995 年施行《城市房地产管理法》，于 2003 年施行《物业管理条例》，这些法律法规规范了城市社区（小区）公共产品的供给制度，社区居民通过支付购房款（含公共部分）、专项维修资金、物业管理费等方式，承担了小区内公共部位、公共设施的建设和维护费用。从物业费看，一般收取标准为按住房建筑面积每平方米每月 2 元左右，比如 100 平方米的住房，每年需缴纳物业费 2400 元左右。这样的制度，保障了城市社区公益事业的资金来源。而从农村社区看，国家出台的政策是“一事一议筹资筹劳”，即需要开展公益事业时一事一议，筹集一定的资金和劳务，筹集标准有上限控制。比如某省 2000 年 5 月规定，每年每人筹资限额标准为 15 元，这一政策沿用至今。通过一事一议筹集到的公益事业建设资金非常有限，这是社会共知的问题；即便加上财政奖补资金，农村公益事业建设资金也依然不能满足实际需求。这就是城乡社区差异、农村户内户外差异的两方面基本原因，即收入水平差异、筹资制度差异。

统筹城乡社区发展，确实需要破除城乡二元体制，要从完善制度上下功夫。《中共中央国务院关于加强和完善城乡社区治理的意见》（2017 年 6 月发布）指出：改进社区物业服务管理。有条件的地方应规范农村社区物业管理，研究制定物业管理费管理办法；探索在农村社区选聘物业服务企业，提供社区物业服务。从这一意见看，在农村探索推行物业费制度是一个重要方向。鉴于上述分析，初步考虑，可以探索按照宅基地面积收取物业费的办法。物业费的收取标准，根据村级公益事业需要和农户经济承受能力合理确定。比如，100 平方米的宅基地，如果每平方米每月收取 0.5 元（大致为城市物业费标准的 1/4），则每户每年的应缴物业费为 600 元（大致为城市住户物业费的 1/4）；如果财政按照 1∶1 给予补助，则相当于每户每年实际筹缴物业费 1200 元（大致为城市住户物业费的一半）。如果这样的制度在农村是可行的，城乡社区公共产品供给差异将得到改善。

参考文献

国务院农村综改办．农村税费改革十年历程［M］．北京：经济科学出版社，2012.

唐仁健．“皇粮国税”的终结［M］．北京：中国财政经济出版社，2004.

王力．新中国农业税历程［M］．北京：中国税务出版社，2009.

武力，郑有贵．中国共产党“三农”思想政策史（1921—2013 年）［M］．北京：中国时代经济出版社，2013.

谢旭人．中国农村税费改革［M］．北京：中国财政经济出版社，2008.

附录 1： 调研访谈情况

农村土地承包制度调研访谈图片

农村土地承包制度调研访谈图片

农村土地承包制度调研访谈情况

（山东、河北，2015 年 4 月）

清明节期间，笔者随机访谈了 10 个村的土地承包情况。

1. 山东省 QH 县 ZA 镇 XG 村

全村仅有 130 亩地，有 400 多人，人均仅 3 分地。

土地承包由村负责。

1998 年二轮承包的时候，进行了土地大调整。之后至今，未再调整过。增加了人口的农户有意见。

每户一般 1 块地。

对于新增人口，政策上不让调地，就不调。等三轮承包的时候，拟再次进行土地大调整。

访谈对象情况： 女，55 岁左右。夫妇、儿子儿媳、孙子共 5 人在地里，正在撒化肥、浇水。该户共 7 口人，有 1 块地、2 亩多，地块长约 90 多米、宽约 15 米。

2. 山东省 QH 县 JM 镇 WL 村

土地承包由村负责。人均 1.8 亩地。

二轮承包以来，每年 1 次小调整，每 6 年 1 次大调整。2014 年进行了 1 次大调整。群众比较认可这种调地办法。

目前，多数农户有 1 块地，部分农户有 2 块地（1 大块好地、1 小块孬地）。

访谈对象情况： 女，50 多岁。在田里拔草（之前打的除草剂效果不好）。该户共 5 口人，有 4 口人的地（其丈夫已转为非农业户口）。2014 年之前有 3 块地。2014 年大调整后，有 2 块地、7 亩多，1 块 6 亩多（好地）、1 块 1 亩多（孬地）。好地地块长约 90 多米、宽约 40 多米。

3. 山东省 QH 县 LQ 镇 LV 村

二轮承包以来，每年 1 次小调整，每 3 年 1 次大调整。

目前，多数农户有 1 块地，部分农户有 2 块地（1 大块好地、1 小块孬地）。

访谈对象情况： 女，近 30 岁。该户共 7 口人，有 12.6 亩地，1 整块地，地块长约 320 米、宽 26 米多。

4. 山东省 QH 县 LQ 镇 HV 社区 WV 村

土地承包由村负责。

二轮承包以来，实行五年一次大调整、一年一次小调整。主要有两个原因，一是调地比较容易、成本不大，二是追求公平、不能没地种。

目前，全村 550 亩地，有 300 多人，人均 1.8 亩地。

每户一般1块地，有的2块。

2014年已完成确权。但当年秋收后又进行了土地大调整！认为确权颁证没什么用。

访谈对象情况： 男，60岁。家里6口人，即母亲、夫妇、儿子儿媳、孙女，四代同堂。有2块地，1块近10亩、好地，1块2.4亩、洼地。

他说，“五年一大调，一年一小调。有了户口就给地。现在超生的少。”

“有的地块有坟头，坟头面积及坟头周围约1分地不计作耕地面积。农户耕地里有别人家的坟头也没关系，每年上坟次数是有限的。”

他说，“如果每家只给1块地，是可以的，洼地只是个别年头受灾，分地多给点就可以了。”如果把他家的10亩好地换作12亩洼地，完全可以；加上现有的2.4亩洼地，合计14亩多。这样的话，14亩地可以再划分为6块，明确到每个人。他认为这个办法（明确到人）不错。

不远处，有他的10个大棚！每个3亩多，共占地40亩。土地年租金1 000元/亩。雇工10多人。大棚年收益在10万元以上。

5. 河北省高唐县VQ村

该村自一轮承包以来，从未再调整过土地。

访谈对象情况： 男，近40岁。

他家有3块地，已30多年，从未动过。

6. 河北省定州市号头庄回族乡 DMT 村

全村 3 000 多人，不分组。

一轮承包以来从未调过地。

访谈对象情况： 男，42 岁。

有 7 口人的地，9 亩多，是 1 块地，地块长约 250 米、宽约 24 米。全种菜。

7. 河北省定州市号头庄回族乡 XMT 村

全村 5 000 多人。

二轮承包前，分为 22 个队（组）。现在已不分组。

1997 年二轮承包进行了大调整，以后没再调过。

访谈对象情况： 夫妇二人，均约 60 岁。

有 1 整块地，5 亩。

8. 河北省安新县安州镇 MV 村

全村 2 000 多人，2 000 多亩地。

分 7 个队。

1998 年二轮承包时进行了调整，之后没有再调过地。

当地各村一般有机动地，采取发包经营方式。

访谈对象情况： 男，50 岁。

有 4 人的地，4 亩。是 1 块地，地块长约 240 米、宽约 11 米。

9. 河北省安新县 XWY 村

1998 年二轮承包时进行了调整，之后没有再调过地。

访谈对象情况： 男，40 多岁。

有 6 人的地，共 15 亩，是 1 块地。

10. 河北省容城县 HB 村

1998 年二轮承包时进行了调整，之后没有再调过地。

人均近 0.9 亩地。

访谈对象情况： 男，25 岁。

有 5 人的地，共 4 亩多，是 1 块地。

农村土地承包制度调研访谈情况

（辽宁、河北，2015 年 5 月）

为了解农民对农村土地承包制度的真实感受和意见建议，五一节期间，笔者在辽宁省台安县、辽中县和河北省玉田县深入田间地头，与正在劳动的农民面对面沟通，共随机访谈了 13 个村的情况。

1. 辽宁省台安县桓洞镇 AJ 村

该村人均近 5 亩地。土地承包由小组负责。

一轮承包期内，三年一小调。

二轮承包时，也进行了小调整。二轮承包期内，没再调过地。

目前尚未确权。认为确权可能比较复杂，村里尚未开展。

访谈对象情况： 男，39 岁。

家里 4 口人，3 口人（夫妇、女儿）有地，1 口人（儿子）没有分到地。有 3 块地，好、中、差各 1 块。目前，地类之间已区别不大。

他认为他弟弟家更吃亏，两个孩子都没有赶上分地。

他说，“村里曾商议过进行土地大调整，使每户 1 块地。但是一直没有实施。”

2. 辽宁省台安县台安镇 TJ 村

该村人均 4.5 亩地。土地承包由小组负责。

二轮承包时进行了大调整。之后，2004 年进行过一次小调整。

目前尚未确权。认为确权比较复杂，不知是否需要进行土地调整。

访谈对象情况： 男，48 岁。

家里 3 口人，二轮承包时都分到了地。有 5 块地，比较细碎。目前，地类之间已区别不大。

他说，“村里有的小孩十几岁了都没有地。要是一人一块地，老人去世了能把地退出来，这样的办法挺好！”

3. 辽宁省台安县西佛镇 CW 村

该村人均 3 亩地。

二轮承包期内没有调过地。

访谈对象情况： 女，50 多岁。在地里检查玉米出苗情况。

家里 4 口人，12 亩地。有 3 块地，好、中、差各 1 块。目前，地类之间已基本没有差别了。

她强烈要求：“死了的要抽地！”

4. 辽宁省台安县西佛镇 JH 村

该村人均 3 亩地。土地承包由小组负责。

二轮承包时进行了大调整，打乱重分。以后基本没再调地。

访谈对象情况： 女，约 65 岁。带着孙子在地里查看玉米出苗情况。

家里有 8.4 亩地，是 2 块地。

她认为现在的“增人不增地、减人不减地”政策不合理，“孙子出生时不巧没能赶上分地，现在都 14 岁了。”“再过 15 年，这孩子都 29 了！也不知道到时能不能给地。”她抱怨说：“有的便宜了一大块，有的亏得不行。”

5. 辽宁省辽中县六间房镇 ML 村

该村人均 1.9 亩地。

二轮承包期内没有调过地，“增不增，减不减”。

原来分为好、中、差三类地，现在已基本没有差别了。

访谈对象情况： 男，约 50 岁。在地里检查玉米出苗情况。

家里有 11.4 亩地。共 4 块地，3 块旱地、1 块水田。地块比较细碎，“大型收割机用不了。”

他说：“十几岁的孩子没有地。”“三十年期满肯定要打乱重分！”

6. 辽宁省辽中县辽中镇 XBN 村

该村人均 2.9 亩地。承包地所有权归小组，但现在已经没有组干部了。

二轮承包期内没有调过地。

原来分为一、二、三、四共四类地，现在已基本没有差别了。

尚未确权。

访谈对象情况： 女，约 50 岁。在地里检查玉米出苗情况。

家里有 8.7 亩地。四类地各 1 块。三类、四类 2 个地块很小，已流转出去。

现在家里 4 口人，即夫妇、儿子儿媳。儿媳的地在娘家（黑龙江省）。

她现在一个顾虑就是，儿子儿媳有了小孩会没有地。

7. 辽宁省辽中县冷子堡镇 GLF 村

2004 年，该村进行了一次大调整。实行一家 1 块地，遇到不好的地多给分点儿。

分地的时候，按照人头预置地块，1 人 1 块地，用木桩在四个角点楔入。选地的时候，一家有 4 口人的选 4 块地，有 3 口人的选 3 块地。

地分好后，只保留一家的那一大块地的四个角点的木桩；其他的木桩随后就拿掉了！给每个人的地块的四个木桩，只是用来分地！他们没有想着用来“退地—接地”！可惜可惜！

之后没再调过地。

访谈对象情况： 夫妇，约50岁。在稻田里浇水，为机械插秧做准备。

家里3口人，儿子快结婚了。有9.8亩地，是1大块地（当年分地的时候其实是3小块，1人1块）。

妻子说："五年分一次地比较合理。"

丈夫说："分地、不分地，各有各的利弊。"

8. 辽宁省辽中县冷子堡镇LH村

村里共8个小组，但地已打乱。

1998年，本应该进行二轮承包，该村却把承包地都收回，由集体划片、招标发包经营！

直到2004年，才纠正了上述做法，重新把地分到各户。实行一家1块地，遇到不好的地多给分点儿。

分地的时候，按照人头预置地块，1人1块地。采取"切豆腐"的方式分地，给每个人预先"切1块豆腐"，"下刀"的地方用两个点记录，具体做法是打两个眼儿、灌入白灰。

选地的时候，一家有4口人的选4块地，有3口人的选3块地。

地分好后，只保留一家的那一大块地的四个角点的位置；用于标记每个小地块的四至、灌入白灰的地方，后来被深翻，就找不到了！也就是说，给每个人划的地块界限上打的四个灌灰点儿，只是用来分地！他们没有想着用来"退地—接地"！可惜可惜！

1998 年之后，没再调过地。

访谈对象情况： 男，64 岁。是个种地的老把式。

9. 辽宁省辽中县冷子堡镇 VX 村

1997 年二轮承包后，每 1～2 年进行一次小调整。

2005 年进行了一次大调整。每家 2 块地，1 块旱地、1 块水田。之后，用机动地进行微调。

访谈对象情况： 七八位中青年农民。

玉米已播种，太旱，只好请人进行喷灌。

10. 辽宁省辽中县养士堡镇 YQ 村

该村减人减地（当年），增人增地（每三年进行一次）。

访谈对象情况： 男，50 多岁。是种粮大户，经营 110 多亩。

11. 辽宁省辽中县养士堡镇 YH 村

该村每五年进行一次大调整。

访谈对象情况： 男，50 多岁。是种粮大户，经营 110 多亩。

12. 河北省玉田县陈家铺乡 DSJP 村

该村人均 2 亩多地。

二轮承包时进行了大调整，打乱重分。

二轮承包期内没再调过地。

访谈对象情况： 男，约 45 岁。种了 2 亩多辣椒，正在除草。

家里4口人，8.9亩地。有5块地，涉及好坏、远近、能否浇水。

他说，“目前，地类之间差别不大了，但仍有差别。”

他说，“村里有的缺1个孩子的地，有的缺两个孩子的地。上头政策不让调地，没地的也只能认账。”“现在没地的，到三轮承包不能再没地，不能让人家一辈子都没地吧。”

13. 河北省玉田县散水头镇SH村

该村人均3亩地。

二轮承包时进行了大调整，打乱重分。

2002年又进行了一次大调整。以后没再调地。

访谈对象情况： 夫妇，约65岁。在地里为玉米除草。去年（2014年）秋天没种小麦，原因是年纪较大了。

家里有9亩多地，共7块，非常细碎。是3个人的地，即夫妇、女儿。女儿出嫁后，地仍在娘家。

大孩、二孩是儿子，均已成家立户。女儿是老三。

他说，“十几年没调地了。三十年期满肯定是要调地的。”

农村土地承包制度调研访谈情况

（河北，2015 年 6 月）

在河北省张家口市休假期间，笔者在康保县、沽源县深入田间地头，与正在劳动的农民面对面聊天，了解农民对农村土地承包制度的实际感受和意见建议。主要访谈了 2 个村的情况。

1. 河北省康保县闫油坊乡 HWZ 村

该村是个自然村，人均 3.4 亩地。

土地承包由自然村负责。

该村自 1981 年土地承包到户以来，一直实行“五年一调整”（大调整）办法；周围多数村也是采用这样的办法，五年左右进行一次土地调整。

令我比较意外的是，农民对于“二轮承包”、“三十年承包期”等土地承包术语感到比较陌生，似乎没有听说过。而对于“五年一调整”办法，他们却习以为常、非常满意。

在他们的逻辑里，目前正处在土地承包“第七轮承包期”内，明年（2016 年）又到了调整土地的年头了。

该村地类有好、中、差三类，主要涉及浇水条件、平地坡地两个因素。据介绍，二三十年来，很少有土地整治项目，地类差别没有明显改善。

当地种植莜麦（高寒作物，燕麦的一种），多数地方以有机燕麦为生产目标，不打除草剂，不施（或少施）化肥，不打（或少打）农药。

从感受和分析看，康保县处于河北省坝上高原，是国家级贫困县，相对来说地广人稀，生产条件、耕作方式仍比较传统。

访谈对象情况： 夫妇，近 70 岁。

家里原有 4 口人，两个女儿出嫁后，在家只有老两口二人了。有近 7 亩地，共 3 块，好、中、差各 1 块。

起初看到两位老人时，他们正在莜麦田里锄草。这两天，在张家口市多次看到在莜麦田里锄草的农民，他们的劳动姿势几乎都是一样的：跪在田里锄草！原来，莜麦的行距较窄，锄草需加小心，并且锄过的草需要用手彻底拔除，靠近麦苗不方便锄的草也需要拔除。只有跪着，劳动效果才能比较好！这是我至今所看到过的最为虔诚的劳动，感到很受教育，实实在在体会到了“粒粒皆辛苦”的古训。

莜麦亩产约 300 斤，如果出售，价格约 1.4 元。7 亩莜麦的收益约 3 000 元；当时没有问及种粮补贴，即便加上政府补贴，也就在 4 000 元左右。两位老人年龄已较高，没有养羊等其他生产活动。老两口在自家房前屋后种了一点儿菜，但吃菜（包括肉类）主要靠买。

老太太患有关节炎，夏天下地干活也需要穿棉裤。由于当地冬季寒冷漫长，关节炎发病率较高。

2. 河北省沽源县二道渠乡 XUP 村

对沽源县的印象是，耕地多、草地多，自然资源条件较好。

西山坡村是个行政村，有 700 多人，地归村，人均约 10 亩地！

1997 年二轮承包。

2004 年进行了一次小调整，减人减地、增人增地。之所以调整，主要有两方面原因：农村税费改革和农业补贴政策的实施，使原来不愿意承包耕地、出去打工的人回来要地的愿望越来越强烈；经过六七年积累，无地人口已经比较多。可见，由于矛盾已经比较突出，即便《土地承包法》已出台并实施，也未能制止这样的村进行土地调整的决策和行动。

2004 年小调整后，至今未再进行过土地调整。

访谈对象情况： 男，42 岁。马铃薯种植大户。自去年（2014 年）起租本村土地共计 400 亩（3 个地块），租金 270 元/亩，今年（2015 年）涨到 300 元。每年亩均净收益约 1 000 元。雇用长期工 1 人，临时工随机。他购置的一套“长龙型”灌溉设备，价值 20 万元，作业宽幅达 240 米！正在喷灌的这个地块 260 亩，浇一遍水仅需 20 个小时（两天）。

问他二轮承包期满村里会否调整土地，他说肯定会！并且强调："肯定等不到二轮期满了，目前人地关系已经比较乱，没地的人要求调地的呼声很高。"聊天过程中，这句话他说了好几遍。他还说，他儿子不巧是二轮承包不久后出生的，没有赶上分地，直到 2004 年调整，儿子才分到了地，"六七年没地，那几年还是吃亏了啊"。看上去，他至今仍对过去那六七年儿子没地的事耿耿于怀。

二轮承包时，他家有 3 块地。后来小调整时，儿子分到了 2 块地，其中 1 块好地（2.4 亩）、1 块稍差的地（7 亩多）。这样，他家共有 5 块地。

目前，他们村的地分为三类，涉及土质好坏、水电条件两个因素。他预计，三轮承包时水电条件应该都一样了，主要是土质可能仍有差异。到时如果仍有两类地，土质稍差的那个地块可以多给分一些。他说，"好地给 1 亩，差地可以给 1.3 亩左右。"

最终，我们的认识和意见达成高度一致：就这个村来说，三轮承包的一个好办法是"一人一小块、一户一大块"。每个人的地块，可以长久承包经营，可以用一辈子；直到出现去世、转为市民等退出集体成员资格的情况，这个人的地块就自然退回集体，由新增人口承包经营。

农村土地承包制度调研访谈情况

（安徽、贵州、河南、山东，2015 年 9 月）

为进一步了解各地农民对农村土地承包制度的实际感受和意见建议，笔者在安徽省凤阳县、贵州省湄潭县、河南省民权县和山东省齐河县深入农户、田间地头，与正在劳动的农民面对面攀谈，重点访谈了 6 个村的情况。

一、调研访谈的情况

（一）安徽省凤阳县

在凤阳县参观了小岗村之后，沿乡道随机访谈了 1 个村——凤阳县小溪河镇 VV 村。

该村自 1978 年底承包到户以来从未调过地。当年分田时人均 2.35 亩地，未留机动地。

原来按照好、中、差以及远近等因素分为若干类地，到目前地类差别无明显改善。主要原因是，这里属于岗丘地，地块高低略有不同，高处易旱、低处易涝，地势较高的地块往往不能灌溉；相比平原地区，这里的地类差别更为复杂。

访谈对象情况： 男，54 岁。在水稻田里查看田块水情。

1978 年分田到户时，他 17 岁，家里共有 10 口人（父母、兄弟 4 人、姐妹 4 人），共分到 23.8 亩地，20 多块。之后，兄弟有结婚立户的，从大家庭里分地给他；姐妹有嫁出的，不再认为家里还有她的地。

结婚立户后，他得到 4.7 亩，共 8 块；他父母离世后，兄弟 4 人均分父母的地。他分到近 1.2 亩，3 块地。这样，他总共分到 5.9 亩地，块数为 11 块，地块非常细碎。

问他："二轮承包期满时应该怎么办，对三轮承包有什么政策建议?"他说："估计像二轮延包那样，继续延包吧。"

我说："那目前没有地的人怎么办，一直没有地下去?这不是跟私有化没什么区别了吗?"他说："是跟私有化差不多了。"

我说："你家地块这么细碎，就这么一直细碎下去?过几十年、上百年还这样?"他说："这是个问题。细碎化造成耕作很不方便。倒是也有办法，附近有的乡镇在搞'互换并地'，各家的土地面积不变、地块变为一两块。但是凤阳这里地不平，土地整治的成本很大，并不容易搞。"

聊天期间，又有两位农民加入进来。

经过一番研讨，最终，我们四人比较一致的看法是：三轮承包时搞不搞土地调整，各有利弊，而且利弊都很突出。或许，届时搞一次土地调整相对来说更为可取，一是可以解决很多人已多年无地的问题，二是可以在一定程度上解决一下地块细碎问题。

（二）贵州省湄潭县

总体印象：湄潭县地处山区，多数地方耕地高高低低、零零碎碎，生产条件比较困难；贵州省多数地方都是类似情况。在湄潭县随机访谈了两个乡镇的 3 个村。

1. 湄潭县黄家坝镇 DGW 村

该村自 80 年代初承包到户以来从未调过地。当年分田时人均 0.6 亩地。

访谈对象情况： 女，52 岁。在房前空地上剥玉米皮。

家里有 1.8 亩地（3 块），是她的老公、公公婆婆三人当年分到的地。共有 5 块地，离家 1～2 里路。没有田间路，拖拉机根本进不了地。

有 3 个孩子（一个女儿、两个儿子），3 个孩子都没有承包地。其中，女儿是老大，已结婚。

全家共种了 6 亩地，除了自家的 1.8 亩承包地，还有兄弟等亲友的地，亲友的地没有租金、免费耕种。全部种了玉米，亩产约 1 000 斤，用于作饲料，喂猪喂鸡。去年（2014 年）玉米市场价为 1.3 元，今年（2015 年）不到 1 元。

问她："到三轮承包时，地调好还是不调好？"她说："哪个都行。"

她更倾向于不调，因为调一次地很麻烦，并且有的农户在修高速时已经把地“卖”了。我估计，她说的“卖”地应该只是拿到了二轮承包期剩余期限的补偿。

2. 湄潭县黄家坝镇 TZT 村

该村自 1983 年承包到户以来从未调过地。当年分田时人均近 1.6 亩地。

访谈对象情况： 女，54 岁。在家里带孙子。

家里有近 8 亩地，共 14 块。她 1982 年嫁来，正好赶上了 1983 年分地。

她说：他（即她的孙子）没有地，他爸爸妈妈也没有地。

她家共种了 21 亩地，其中租来的地 13 亩；都种了水稻。这个村的地算是不错，而且湄江河从这个村流过，因此土地租金也较高。13 亩租种地中，10 亩的租金为 8 000 元、租期 20 年，3 亩的年租金为 500 元/亩。

问她：“到三轮承包时，地调好还是不调好?”她说：“不好调。并且好多人都卖地了。”

3. 湄潭县兴隆镇 RJW 村

该村自 1980 年承包到户以来从未调过地。

访谈对象情况： 夫妇，55 岁左右。在房前空地上剥玉米皮，晾晒玉米。

家里有 4 亩耕地，是 2 块，种玉米；有 3.5 亩茶园。

问他：“这么多年一直没有调过地，主要原因是什么?”他说：“不让调地。即便让调也不好调，很麻烦。”

问他们对确权颁证怎么看？一人说有用，一人说没多大用。

（三）河南省民权县

对民权县的印象是：种植业缺乏规划，随处可见庄稼、果树、蔬菜插花种植，区划化、规模化、专业化等不尽如人意；甚至一个农户，往往也是既有庄稼、又有果树、还有蔬菜，什么都种一点儿，什么都上不了规模。

民权县双塔乡MP村

该村自80年代初分地后，一直不调地。地块比较细碎。

直到2012年，通过“土地流转、进行互换”方式，小块合大块。并地时，原承包证书上有几亩地，仍给几亩地。即，不与人口增减挂钩，减人不减地、增人不增地，新增人口依旧不给分地。也就是说，并地的目的只是小块并成大块，不搞减人减地、增人增地。

访谈对象情况： 男，约70岁。在地里收花生，通过雇用收割机的方式，当地机收的费用为每亩70～80元。

他家共7亩地，一年种植两季，即小麦—花生。小麦亩产约1 000斤、折合1 000元左右，花生亩产约750斤、折合2 000元左右，即亩均收益约3 000元（未扣除成本）。

2012年并地前，他家是8块地，比较细碎；并地后为3块，好、中、差各1块。他说，“过去一家七八块地，浇地麻烦死了，有时需要带着被子在地里过夜。”

问他：“到三轮承包时，地调好还是不调好?”他说：“还是调一下好。不调也行。”

花生收获机的司机插话说：“希望进一步调，调成一块地。好地给1亩，差地可以给1.3亩左右。”

（四）山东省齐河县

专程到齐河县访谈了1个村——LHD村。这个村是当地的一个典型村（土地承包办法创新与实践），因此，对这个村的情况，之前已通过多个渠道有所了解；到了实地之后，通过与农民交谈，进一步了解到了自己所关心所思考的一些情况，感受更为深刻，甚为高兴和欣慰。可以说，这个村的土地承包办法非常科学、非常完美！群众对此非常满意！有必要把它作为平原地区土地承包制度的好典型予以推广。

齐河县晏城街道LHD村

该村每十年进行一次土地大调整；每两年进行一次土地小调整，增人增地、减人减地。齐河县农村普遍实行类似办法！比如，去世的去地、新生儿给地，嫁出女去地、在婆家村分地。

土地调整在齐河县，以至在德州市，甚至说在山东省，都普遍存在。近两年，我对此问题多次进行思考、调研，认为比较合乎实际，体现了农民群众的普遍意愿。以LHD村为例，该村人均1.8亩地，且土地平整、肥沃，小麦亩产约 1 200 斤、玉米亩产约 1 500 斤，即粮食亩产约 1.35 吨！像齐河县这样好的土地，土地流转价格自然不菲，每亩一般 800～1 200 元，即 1 000 元左右。也就是说，人均 1.8 亩地，则意味着每年至少 1 800 元的净收益。这对每一个农民都不是小数，农民是非常看重的。因此，要求进行土地调整，及时平均地权，在当地就很正常，一点儿也不奇怪了；长此以往，土地调整即成为常态。据我多次到当地了解，土地调整一般在玉米收获之后，小麦播种之前；调整程序并不麻烦，因为平时就早已有数，而且操作成本也较低。至于土地调整对粮食生产的负面影响，可以说微乎其微。因为对一个农户来说，调出一块土地其实是小概率事件，他们知道自己家过多少年才会调出一块土地，调哪个位置的土地，因此基本不影响对土地的投入。除了使用化肥外，农户施用农家肥的也不少见。

目前，LHD 村 1 100 亩地已没有地类差别！2012 年，全村进行了一次大调整，一户一大块地！

不必惊异，早在 2002 年进行大调整时，就已经实现了一户一大块地！

2002 年前，按照地类差别，每户有 2～3 块地。1992 年前，每户有 3～4 块地。

村民反映，这得益于村党支部书记，“他任村主要干部已四十多年。没少为承包的事费心，确实应该感谢他！”

访谈对象情况： 男，约 60 岁。在地里收割玉米。他认为自己体力还好，并有家人帮忙，就不雇用机械收割。手工将玉米整棵割倒，码放整齐，在地里晾晒两三天后再掰棒，之后雇用机械将玉米秸秆粉碎还田。

他家共10.8亩地，1整块。地块长260米，地块宽28米。

他说："这是6口人的地，相当于每口人有4.7米宽的一个地块。如果家里少了一口人，村里就会给去掉4.7米宽的地。"

问他："如果谁家的女儿出嫁了，这边的地给去了，去婆家分不到地可怎么办?"他笑着说："我们这里不会，各村都调地，不会没地。"

二、一些感受和思考

这次访谈调研，是专程慕名而去。安徽省凤阳县、贵州省湄潭县，都是农地制度的突出典型，远近闻名；而河南省民权县，近年推行"小块并大块"成效显著，山东省齐河县平衡人地关系颇有创新。近年我已到齐河县去过多次；其他三个县，则是早已想去，只待机会。这一行访谈调研下来，真是有不少收获和感受。

1. 各地情况确实千差万别

所访谈调研的四个县，都是在农地制度方面具有特点的县，但各自具体情况却千差万别。凤阳县地势南高北低，南部为山区，中部为倾降平缓的岗丘，北部为沿淮冲积平原，一县之内竟地形各异，小岗村即处于岗丘之地；湄潭县地处云贵高原至湖南丘陵的过渡地带，山岭纵横、地表崎岖，所谓“地无三里平”，其森林覆盖率达 60%以上，倒也成就其为“贵州茶业第一县”，而粮食生产条件颇受局限，现有耕地中不少地方本应是林草之地；民权县地处黄淮冲积平原，北部多河滩地，南部为黄泛区，全县多为沙丘之地；齐河县则属黄河下游冲积平原，土地平整，土质肥沃，耕地面积达 126 万亩。

就当地的农地制度看，凤阳县小溪河镇自 1978 年底承包到户以来从未调过地；湄潭县黄家坝镇、兴隆镇自 80 年代初分田到户以来从未调过地；民权县双塔乡自分田到户以来也不调地，但 2012 年推行了“小块合大块”；齐河县则普遍调地，一般五至十年一次大调整，一至三年一次小调整。可以看出，各地有各地的具体情况，各地有各地的实际办法，皆是因地制宜、群众接受，不能说哪里的做法就好，哪里的做法就不好。总体分析，山区、丘陵地区因地形复杂，如果调地成本会很高，群众的选择就是不调地；而平原地区则又分为两种情况，如民权县，农民的调地欲望不是很强烈，则不调；如齐河县，农民对个人的土地权益看得比较重，调地欲望强烈，而自然条件好、调地成本较低，致使调地成为习惯，成为合理不合法的制度。

2. 农地制度理应因地制宜

去了湄潭县之后，我有一个突出的感受：湄潭作为山区农地制度的典型，完全是没有疑问的。问题是，山区与平原的耕地有天壤之别，当年怎么就能把所谓湄潭经验推及全国，让平原地区也学湄潭？怎么能忽略各地的千差万别？怎么能忽略山区与平原的天壤之别？虽然已多次去过齐河县，但到 LHD 村是首次。像 LHD 村这样的农地制度，农民非常满意！对于平原地区来说实在是非常完美！对比这两类情况，湄潭是山区农地制度（增不增、减不减）的典型；齐河完全可以作为平原地区农地制度（一户一大块、一人一小块，增人增地、减人减地）的典型。

实地调研之后，一个突出的感受是：把山区的“湄潭经验”推及平原的齐河并不适用，把平原的“齐河做法”推及山区的湄潭也是完全不能适用。山区（及丘陵地区）与平原地区理应基于不同的自然条件实行不同的农地制度，这才是实事求是、合乎逻辑、科学发展的制度！我国这样幅员辽阔、千差万别的国情农情，搞“一刀切”的政策切切要慎行！

3. 科学谋划三轮承包政策

农村土地实行家庭承包经营，极大地调动了亿万农户的积极性，解放和激活了农村生产力。农村多数地方二轮承包将在 2028 年左右到期，也就是说，目前 30 年承包期已经过半，到了谋划三轮承包政策的时候。大致有两个关键点：

一是“承包期”问题，即定为多长合适。基于实践探索，中央科学决策，一轮承包期为十五年，二轮承包期为三十年。当然，其逻辑并不是说每一轮新的承包期都要比上一轮更长。如果一轮十五年、二轮三十年，接下来非要搞个三轮六十年、四轮一百二十年、五轮二百四十年……显然就不合逻辑、脱离实际了。而是应当经过一两个阶段的探索、实践，即确定一个相对合理的承包期制度，以适用于今后一个比较长的历史阶段。经过反复思考，我个人认为，从第三轮承包期起，每一轮承包期确定为 30 年至 50 年比较科学，既不宜较短，也不宜过长。已有实践证明，“三十年”是一个合宜的土地承包期限，建议三轮承包仍以三十年作为承包期限。如果进一步增加承包期，也不宜超过五十年。二是“人地关系”问题，即是否允许平衡人地矛盾。现行《农村土地承包法》规定，“承包期内，发包方不得调整承包地”，其目的是“国家依法保护农村土地承包关系的稳定”。这项规定极为重要，出发点也是很好的，但是却未能顾及无地人口的土地权益，所谓顾此失彼。不少地方，特别是像山东省德州市等这样的平原地区，群众在思想上不认可、在行动上不执行，从而使法律仅仅是“书面法”、而不是“实践法”，处于相当尴尬的境地。从现有实践和各地实际出发，建议将此项法条修订为：“承包期内，发包方不应调整承包地。因地块细碎、人地矛盾、自然灾害等原因需要适当调整的，必须经本集体经济组织成员的村民会议三分之二以上成员或者三分之二以上村民代表同意，并报乡（镇）人民政府和县级人民政府农业等行政主管部门批准。”

农村土地承包制度调研访谈情况

（河北、山东，2016 年 4 月）

为进一步学习和研究农地制度，清明节期间，笔者在河北省、山东省部分县市深入田间地头，与正在劳动的农民面对面进行沟通，共随机访谈了 13 个农户。

1. 河北省定州市周村镇 QT 村

该村有 6 个组，但土地不分组，土地承包由村负责。

5 年进行一次土地小调整。

小麦亩产 900 斤左右。

访谈对象情况： 女，59 岁。在地里给邻居家的麦田浇水、施肥，赚取劳务费。浇水每亩 17 元（不含水费。水费使用承包户的水卡，每字 0.68 元），施肥每亩 3 元（不含化肥运输费）。邻居家的麦地 5 亩，给她 100 元钱。

她家有 6 亩地，两块，一块 3.9 亩、另一块 2.1 亩。

2. 河北省宁津县唐邱乡 HV 村

该村 1998 年二轮承包时进行了土地大调整。

每户除了承包地，还有梨园。梨园属于集体所有，梨树也是集体的，15 年大调整一次，按照梨树总数、各户人头等情况，按户分得一片梨园。

访谈对象情况： 男，32 岁。在麦地里施肥、浇水。他在县城上班，有时帮家里干活儿。

自家有 8.5 亩承包地，两块，一块 5 亩、另一块 3.5 亩。另有一片梨园，有 8 棵梨树。

他说，他家小孩没有地。

他说，“2028 年满 30 年，肯定进行大调整，该去的去、该添的添。”

3. 河北省宁津县凤凰镇 BUL 村

该村有 8 个组，土地归组。

1998 年二轮承包时进行了土地大调整。至今未再调整过。

二轮承包时，基本解决了地块细碎问题，每家 1～2 块地，兄弟两家的地块也尽量连片。

访谈对象情况： 男，已 80 周岁！在麦地里拔草。

小麦亩产约 1 000 斤，玉米亩产约 1 300 斤。

他有三个儿子、两个女儿。

老两口和三个儿子家共有 9.8 亩地，三块，分别为 4.8 亩、4.2 亩、0.8 亩，其中两个大地块是连着的。

他说，“这些年没有调地，调也调不动，有的在地里盖房子了（临近公路），有的在地里种树了。不调地，有说好的，也有说不好的。”

他说，“有的组因为干部家里人口多了，往往会调地。

老百姓说了则不顶事儿。”

他说，“30 年期满了应该调。各组调各组的，不是太麻烦。”

老人家是骑三轮车来地里的！

4. 河北省宁津县凤凰镇 XZ 村

该村有 3 000 多人，分为 12 个组，土地承包由各组分别进行。

1999 年二轮承包时进行了土地大调整。

该村承包地已经完成确权。

访谈对象情况： 男，48 岁。在麦地里和老婆一起拔草。他的主要工作是开车搞运输，今天在家搭把手。

他家在第 4 组，该组 240 多人。

他家有 3 块地，是三口人（夫妇、儿子）的地，女儿没有赶上 1999 年分地。

他说，“听说确权以后永远也不调地了，以后就是私有了。”

他说，“30 年期满按说应该调，添孩子的、嫁出去的，应该调。”

5. 河北省宁津县东汪镇 BDC 村

该村 1999 年二轮承包时进行了土地大调整。以后再也没有调过。

访谈对象情况： 男，约 70 岁。在麦地里浇水。

他说，“已经确权了。再也不动了。”

他说，他的孙子没有地，“没地就没地，没法动了。”

6. 河北省夏津县香赵镇 NX 村

该村有 5 个组。

1998 年前，每年都进行小调整。

1998 年二轮承包，未动地，直接延包。

小麦亩产 900 斤，玉米亩产 1 100 斤左右。

已经完成确权。

访谈对象情况： 男，64 岁。

他家原有两块地，是六口人的地。1998 年前村里有小调整，母亲去世、女儿出嫁，地都调掉了。现在是 4 亩地、一块，是四口人的地。

他说，“刚浇过一遍地。土质比较松，地渗水，需要用大水带浇地。4 亩地，浇一遍需要十四五个小时。用电卡浇水，每个字 1.02 元。因为是村里的电工收费，收的高；村里给电业局只交 6 毛多。”

他说，“到 2028 年 30 年期满。有合同，都写着呢。”

他说，“现在干活儿的都是老的，都不在乎这点儿地。”

他说，村里地少、愿意种地的人也少。

他建议村里搞股份制，把地交给集体经营，各户“吃”股。这样的方式好，其他村有搞的，一亩地能拿 1 500元，比自己种还划算！他们村很多户都想这样搞。

7. 山东省禹城市张庄镇 BQ 村东队（BQ 村仅有两个组：东队、西队）

该队仅有 110 多人。

每三年小调一次。出嫁的，如果户口迁走了，地就要退出；户口未迁的，地才可以保留。

2012 年进行了一次大调整。

已经完成确权。

访谈对象情况： 女，约 60 岁。在麦地里拔除野麦子。

她说，“野麦子长的高，容易倒伏，就把麦子压倒了，所以需要拔掉。”问她野麦子是怎么来的？她说，可能是因为黄河水，这里浇地引的黄河水，水里可能有野麦种。

她家 5 口人。有 7.7 亩地，共三块，分别为 3.4 亩、3.3 亩和 1 亩（这块是河沿地）。

8. 山东省禹城市张庄镇 BQ 村西队（BQ 村仅有两个组：东队、西队）

该队仅有 130 多人。

每年进行一次小调整，添了人的排队，等去了人的退地。

每六年进行一次大调整。

已经完成确权。

以后只搞小调整，不再大调整了。

访谈对象情况： 男，约 65 岁。在麦地里锄野麦子。

他也认为野麦子来自黄河水。

9. 山东省平原县桃园街道 HL 村

该村是个小村，仅有 1 个组。共 300 多人。

该村自 1982 年承包到户后从未大调整过，但是每年进行一次小调整。

现在确权了，发证了。

访谈对象情况： 男，60 多岁。在抽水浇地。

他老两口共 4.8 亩地，两块，分别为 1.7 亩、3.1 亩。这两块地是 1982 年承包到户时分到的，一直没有动过。

他有两个儿子，各自有地。

他说，确权了还调不调，至今还不清楚，“人—地”不挂钩是不合理的。

据他介绍，这里一般都是引用黄河水灌溉，每亩地得交 49 元水费。用不用水都得交，所以农户都用。但是从渠里引水很不方便，得用拖拉机往上抽水，通过大水带引到地里。

据目测，现在水带长度约 350 米；还有一根水带待接上使用，接上之后约有 400 多米长。浇地很不方便，是个辛苦活儿。

他说，县里的万亩方弄了机井，但是既没电也没水，根本用不上，项目资金基本都浪费了。没水主要是地下水位太深，上不来水。结果是还得用黄河水。

10. 山东省平原县坊子乡 DC 村

该村共有 1 000 多口人，分为 5 个组。土地承包归各组。

该村 1999 年进行二轮承包，之后多数组没有调过地，个别组有调的。

现在确权了，发证了。

小麦亩产 1 000 斤左右，玉米亩产 1 400 斤左右。

访谈对象情况： 女，约 60 多岁。和家里人在抽水浇地。

她家在第 5 组，该组 200 多人。

她家有 10 亩地，共 6 块，比较细碎。浇地需要用几百米长的水带，非常麻烦，很累人。

现在确权了，想通过土地调整解决细碎化问题更不可能了。

她说，这里一般都是引用黄河水灌溉，需要交水费，用不用水都得交。

问她为什么不打井？她说，村里打过井，但水是咸的，不能用。

她家现在 9 口人（夫妇二人，一位老人，她两个儿子均已结婚生子），只有 5 口人有地，4 口人（两个儿媳妇、两个孙子）没有地。两个儿媳妇原本在娘家有地，但因为户口挪来了，娘家的地都给去了。人多地少，她对此意见很大。

她说，这里粮食产量高，土地租金能到 1 000 元。她家缺 4 口人的地（8 亩），相当于一年亏 8 000 块钱，亏了好多年了，真是亏死了！

11. 山东省德州市陵城区 LBD 村

该村 1 000 多人。分为 3 个队。

1999 年二轮承包时各队进行了大调整，之后没有大调整过。

目前，只有村支书，没有村长，也无队长。

由于村支书比较强势（或曰霸道），实行“减人减地，但增人不增地”制度，即去世的要退地，但是添人的却不给地！村支书收回的地，都包出去了。

访谈对象情况： 夫妇，约 55 岁。儿子 20 多岁。一家三口在麦地里浇水。

他家有 6 亩地，是一块地。1999 年分到的，之前也是一块地。

这里土质不好，小麦亩产八九百斤。土地流转费 500 元左右。

他们说，村支书是因为打架厉害才当上村支书的，工作作风比较霸道。

12. 河北省南皮县城关镇 HV 村

该村 1982 年承包到户。

1997 年二轮承包时进行了大调整。之后从未调过。

现有 500 多人。不分组。

访谈对象情况： 男，约 50 多岁。与两个儿子一起在麦地里浇水。小儿子 27 岁。

他家有 7.6 亩地。是 6 口人（他父母、夫妇、两个儿子）的地。

大儿子家有一个男孩、一个女孩，小儿子家有两个女孩（双生）。一个孙子、三个孙女都没有地。

他说，“由于开发，有的户已经把地卖了（征收）。”

他说，“估计 30 年期满也不调地了。卖了地的已经得了钱了，没法再调了。”

13. 河北省南皮县冯家口镇 MQ 村

该村 1982 年承包到户以来，至今基本没调过地。

目前 900 多人，不分组。没有村支书，只有村长。

访谈对象情况： 夫妇，约 50 多岁。与儿子一起在麦地里浇水。

承包到户时，他家本来有三块地，分别为 3.8 亩、2.7 亩和 1.5 亩。后来老人去世了，村里有人想要地，这对夫妇也觉得浇地难，就把稍远的那块 2.7 亩地退掉了。现在他们略有后悔，不如不退，现在租出去就能有收入。

这里的地不好，土地流转费较低，仅 300 元左右。

农村土地承包制度调研访谈情况
（河北、内蒙古、山西，2016年5月）

为进一步学习和研究农地制度，五一节期间，笔者在河北、内蒙古、山西的部分县（旗）深入田间地头，与正在劳动的农民面对面进行沟通，共随机访谈了6个农户。

1. 河北省万全县安家堡乡ZJV村

该村1980年分地到户后，再也没调过。

一轮承包期为20年（罕见）。

二轮承包从2000年开始，到2030年期满。

近年，玉米亩产1 500斤，高的能到2 000斤。这得益于3年前县水利局拨款打了机井。以前没有井的时候，玉米亩产只有800斤。

用机井浇地，每小时需交30元费用。这里干旱，玉米一年大概需要三遍水。

访谈对象情况： 一对老夫妇，及一位邻居。在地里播种玉米。

老大爷70岁。他老伴夸他是种地的老把式。

他家1980年分到10亩地，共四块地。2005年被征了4亩（两块），当时每亩得到补偿费4 000多元。

老大爷负责开垄，老太太负责撒种。这个地块小、也没有机耕道，因此很少使用机械。现在，这里用小毛驴种地的很少了。但是老大爷家一直使用小毛驴。用毛驴做动力牵引，老大爷把垄开得很齐，确实是老把式。

老太太说，“玉米自己吃。不打药（除草剂等），自己锄草。”

老大爷说，“附近有的村调地。我们村不调地，死了人的不消，闺女嫁了不减。有的卖地（征地）了，不好调了。目前，每亩征地补偿为 2.88 万元左右（农户所得）。”

我说，“从来没调过地，跟私有化差不多了。”老大爷说：“是的，差不多了。”

我说，“卖了地的，三轮承包时还有份儿吗?”老大爷说：“不一定，看政策。”

2. 内蒙古自治区土默特左旗陶思浩乡 GLG 村

该村有 4 个队，土地承包由各队负责。

4 个队有调地的，“死了的去、生了的加”；也有不调地的。

访谈对象情况： 一对夫妇，约 65 岁左右。在地里起沟，准备给小麦（春小麦）浇水。机井离他家的地有一里多，浇地时井水需要流经别人家的地，不仅距离远，有时也不好协调。用机井浇地需要交费用，每小时 26 元。

小麦亩产约 800 斤。

他家在 3 队，3 队不调地。

他家有 20 亩地，共 12 块。有好的，有差的，“悬殊很大，最差的地种什么都不长。”

二轮承包到 2029 年期满。

问他，“三轮承包时会调地吗?”他说：“应该会调。”

问他，“大调还是小调?”他说：“估计会是小调。”

3. 内蒙古自治区土默特右旗萨拉齐镇 UMA 村

该村有 4 个队。土地承包由队负责。

1999 年二轮承包时，4 个队都进行了小调整。之后再也没调过。

二轮承包时地分为五等，还有等外地，实际上一共是六等。现在地类差别小了，大概只有三等地（好、中、差）了。

访谈对象情况： 男，约 60 多岁。和儿子一起在地里播种玉米。租用了一辆拖拉机，播种、施肥、覆膜一并完成。

看到他的三轮车里有三种不同的种子。他说，“怕有假种，用三种种子更可靠，以免碰上假种子造成绝收。”三种种子的价格（一包）分别为 90 元、90 元、80 元，每包可种 1.5 亩地。他家在第 4 队。家里有 22 亩地，共 5 块地。正在播种的这块地有 11 亩，是最大的一块地。

他说，“二轮承包时是小调。实际还是大调好，但当时不让大调。”

我问，“二轮承包到期了调不调地?”他说，“到期之后调不调看国家政策。”问他，“您觉得调好还是不调好?”他说，“还是调好。并且是大调好，调成大地块好。”

他说，“实际上，国家不让调地是个坏事，可不公道了。去世的把地去了，生了小孩的给地，这样才公道啊。现在不公平太厉害了，有的小孩十来岁了还没地，老人去世了还种着地，可不公道了。”

我说，“如果觉得确实该调，现在调也可以啊（一些地方有调地的习惯）。”他说，“国家政策不让调啊，区里、市里、旗里都不让调。我们倒是想调。农民还是想调地的，但是政策上不让调。”

我说，“政策上不让调，是怕影响粮食产量。如果调地，可能减少土地投入，比如施肥、打井等。”

问他，“你觉得调地会影响粮食产量吗?”他说，“怎么会影响粮食产量?！动不动地都是这么个种法，影响不了粮食产量。”

追问他，“动地会影响施肥、打井吗?”他说，“不会啊。该施肥还得施肥，该打井还得打井。”

他说，他家主要是用黄河水浇地。黄河水放水一直到离他家的地一百多米远的渠里。抽水浇地，用塑料管子引到地里。每亩地需交 19 块钱。

他家的 5 块地，有 4 块地用黄河水，1 块用机井水。机井是大队打的。

我问，“机井是哪年打的?”他说，“承包到户前就打了井了。大概是1976年打的。”

我感到惊讶，“1976年就打井了？现在还能用?!”他说，“是的，1979年分地，差不多就是1976年打的。现在还能用。机井一直收费，按电费收。现在一度电是六毛五。”

他说，“这块地11亩，种起来省事。那4块地有一亩多的，有两亩多的，种起来费事。”

他说，“地膜可以保水保温，让玉米生长发育的更好，并且及时成熟，亩产量可以增加300斤左右。”他介绍说，“一卷膜100元，够4亩地用，每亩合25元。租用拖拉机覆膜，每亩费用30元。”这样算来，每亩覆膜成本55元，但可以增加两百多元的产量，每亩增加收益在150元以上。

我问，“旧膜是否回收?”他说，“膜不回收，都在地里，消化不了。”他说，“等玉米长到一米高左右，植株能够遮光了，膜就基本不起作用了。但是，到那个时候，旧膜很难收。机器收不了，人工收太麻烦，只能留在地里。”他说，“这块地二轮承包以来一直用地膜，地里的残膜已经有十几年了。”

4. 山西省太谷县北洸乡CV村

该村1998年二轮承包。当时没有调地，直接延包。因为地不值钱，一些人不想要地，所以没有调地的普遍需求。

访谈对象情况： 女，45 岁左右。与儿子在地里检查玉米出苗情况。

她 1985 年结婚。娘家在邻村 BFJ 村，只有一里路。BFJ 村人均 1 亩多地。1998 年二轮承包时，BFJ 村进行了大调整，她在娘家的地被去了。

她家有一个女儿（1985 年生）、一个儿子（1988 年生）。娘三口在 CV 村一直没有地。女儿嫁到另外一个乡镇，在婆家也没有地。

儿子在甘肃当兵，休探亲假回家过五一节。

她家有承包地 5.7 亩，共两块地。这块地是 4.1 亩，另一块地 1.6 亩，两块地相距 400 多米。

这块地浇水挺方便，机井的出水口距地头儿只有十几米。这块地长约二百米，水通过两百米长的毛渠流到另一头。机井是去年（2015 年）打的，县水利局财政拨款。浇水收取电费，每度 7 毛钱。

她说，到 2028 年二轮承包期满时，估计会调地。

5. 山西省太谷县北洸乡 BFJ 村

该村 1998 年二轮承包时进行了大调整，之后没再调过。“死的不调，生的也不调。”

访谈对象情况： 男，约 60 岁。

他家有 3.3 亩地，是一整块地。

他说，1998 年前他家是两块地，相距一里路，其中一块在这个地方；二轮承包时把另一块也调到了这个地方，并成一块地。

浇水有机井，倒是方便。但是井打得很深，有两百米，水不足，费电。电费每度六毛五。

我问，“2028 年二轮承包期满会不会调地?”他说，“我不知道。动不动都行。”

追问他，“如果调地，你家会增加还是减少?”他说，“肯定减少。因为现在村里卖了好多地了（征地），再分肯定会减少。”目前，征地补偿一亩约 3 万元左右（农户所得）。

追问他，“卖了地的三轮时还能分地?”他说，“也说不好。卖了地的都有合同，3 万元管 50 年，按说他们五十内不能再分地。”

追问他，“50 年以后怎么办?”他说，“不知道啊。”

他家种了春玉米，冬季没种小麦。他介绍说，现在太谷县普遍不种小麦了，因为缺水，小麦需浇五六遍水。浇水浇不起，成本太高。全县小麦弃种面积达到 60%～70%，这种情况已有三四年了。他说，“现在机井一般 200 多米深，水不多，机井的出水口很细，有时还上不来。小时候打几十米就有水。”

这里土壤为沙性土，特别费水。玉米一般也需要两三遍水。

为了改良土壤，有的农户使用农家肥。有的在地头挖一个储肥池。购买畜禽粪便，大概 30 元一吨。

6. 河北省行唐县城关镇Q村

该村1998年二轮承包时进行了大调整。之后没再调过地。

该村尚未进行土地承包经营权确权。

访谈对象情况： 男，约60岁。在麦地里浇水。

他家承包地5.1亩，是两块。一块2.0亩，另一块3.1亩、地稍好一些。两块地相距200多米。

我问，“2028年到期后会不会调整土地?”他说，“说不准。现在不好定。”

农村土地承包制度调研访谈情况

（河北、河南、山东，2016 年 10 月）

为进一步掌握农村土地承包的实际情况，了解农民的意见建议，深化有关思考和研究，国庆节休假期间，笔者深入到河北省、河南省、山东省部分县（市、区）的田间地头，与正在劳动的农民面对面聊天，共随机访谈了 12 个村的情况。有关情况原汁原味记录如下。

1. 河北省邢台市宁津县 HF 镇 NM 村

该村第三队目前有 300 多人，不到 200 亩地。

这个村的承包期制度不同于全国一般情况。三队 1980 年承包到户，承包期 1 年；1981 年再次承包，承包期 3 年；1984 年才算实行一轮承包，承包期 15 年。

1999 年二轮承包时进行了大调整。以后从未再调过地。

二轮承包证一直没发给承包农户。

目前尚未确权。

2029 年二轮承包期满。

访谈对象情况： 男，约 70 岁。和大儿子一起，在地里撒施化肥。拟于 10 月 15 日前种完小麦。

他家是三队的。

家里最初有 6.5 亩地。后来，地被征收了大部分。现在，还有 2.7 亩地，是两块，正在施肥的这块是 2 亩，约 150 米远处还有一块 7 分的地。

他说：现在种地都是用机器，倒是省事；就是地太小，用大机械拐弯都费劲。他建议搞合作社，统一种算了。

问他，“二轮承包期满会调地吗?”

他说，“调不调都行。好像上头说以后不动地了。”

他家买的化肥（复合肥）是北京产的。他说，市场上好多化肥都不放心，这个感觉还比较踏实，在县城的专卖店买的。一袋 50 公斤，85 元。N、P、J 的含量指标分别为 18%、22%、8%，合计含量大于（等于）48%。

他的大儿子建议我找村干部去了解更多的情况，他却说，“不要去，不要去。现在的村干部都是两面派，见什么人说什么话。”

老先生挺有意思。想给他拍照留影，他不让，怕有政治风险。我说，“您也没说什么敏感的问题啊。”他说，“那也不行。怕有事。”

2. 河北省邢台市宁晋县 HF 镇 NYT 村

该村共有 9 个队。第二队有 290 多人。

二队 1985 年进行了土地大调整，2000 年又大调了一次。

大部分农户都是有两块地，一块好的、一块稍差的。一家只有一块的很少，而且他们是通过私下换地才变成一块的。

该村尚未确权。

玉米带棒卖，价格仅三毛一、三毛二。

访谈对象情况： 男，60多岁（访谈中又有三人参加聊天。他们四人是三家的）。

他们说，现在是增人不增地、减人不减地，"30年不变"，"死了的不去，添了的不加"。

他家现有5.1亩地，两块，这一块3.5亩，公路外边那块1.6亩。

他们说，"二轮期满应当调地，调一下好。不调也行。"

他们说，再调地的时候可以一户一块地，"那样种着方便，好弄，好种。"

问他们，承包期多长合适？

甲（男）说，"30年太长。"

乙（男）说，"越长越好。"问他，"50年？"他说行。

丙（女）说，"10年好。"

甲说，"他（乙）说的是气话，他不同意承包期太长。他孩子15岁了，还没有地。他有意见。"

关于农民对土地的投入。我问他们："如果明年调地，和今后不调地相比，农民会减少对土地的投入吗？"他们一致说不会，“调不调，种地都一样。不投本儿，就收不了。”

3. 河北省邢台市大曹庄区 XJH 乡 SJV 村

该村共有 18 个队，5 000 多人。

该村 1980 年承包到户。1984 年大调整了一次。1988 年又大调整了一次。以后没再调过地（即，二轮承包时也没有调），“28 年了，从来没动过。”“27 岁以下的人，都没地。”

大部分农户有 3 块承包地。当时，分为三类地主要有两个因素，一是离村远近，二是水电条件。有的地方没有井，种不了小麦，一年只种一季玉米，称为“秋田”。现在，已经没有地类差别了，地都一样了。

该村已确权。没有搞现场测量，是根据卫星图片确权。还没有发证。

现在，种玉米让他们闹心，“光化肥就得 100 元，机收又得 100 元（包括秸秆粉碎）。可是现在价太低。”“现在种地是‘鸡肋’，种了不挣钱，不种也不行。”

访谈对象情况： 男，50 岁。是第六队的（访谈中又有两三人加入聊天）。

他家有 11 亩地，是 3 块地。

他的孩子 28 岁，正好赶上了 1988 年那次分地。分地那时，这个孩子刚四五个月大。

关于“二轮承包期满是否调地”，他说，“这么多年没有调地了，对二轮承包基本没有概念了，我也说不清是哪年到期。”“这次确权了，以后地更变动不了了。”

他又说，“农民多数都是愿意调地的，但是有的调不动。”

聊了一会儿后，他们说，“还是调好。”“调一下好，三块变一块。”

4. 河南省南阳市镇平县 XF 区 XXY 村

该村一轮承包期间，户均承包地三四块。

1997 年二轮承包时进行了大调整，普遍实现了一户一块地。

二轮承包以后，从未再调过地。

访谈对象情况： 男，约 50 岁。他雇了拖拉机和司机，正在地里进行旋耕和施肥。

他家有 3 亩承包地，是一整块。

他一共种了 50 多亩地。

问他现在是否还有土地调整？他说，“不调。19 年了，没调过。”司机的妻子说，现在是“去人不去地，添人不添地”。

问他二轮承包期满的时候是否会调地？他说，“现在难说。”

雇拖拉机进行旋耕和施肥，每亩费用 50 元。这台拖拉机的施肥器械在拖拉机的头部，安装有一个塑料筐，塑料筐下有出肥口。通过动力，在出肥口处向前方及左右进行喷施（撒施）。

他买的洋丰牌复合肥是湖北省荆门市生产的。每袋50公斤，120元。N、P、J的含量指标分别为24%、15%、6%，合计含量大于（等于）45%。

5. 河南省南阳市镇平县XF街道QP村

该村有13个队。

新修的水泥路3.5米宽。但是有时候感觉还是不够宽，比如，如果两辆大型旋耕拖拉机对面，就过不去。

访谈对象情况： 女，四人，50岁左右。访谈最后，又有一男加入，65岁。

问她们，三轮承包时是否会调地？她们一下子来了兴致，七嘴八舌说个不停。她们一致说，“大家都愿意调。”有的说，“孩子12岁了都还没地。”有的说，“那可不是，还有的都快20岁了都没地。”她们的意见很强烈，对现在不让调地很不满意，要求我一定要反映上去。

等她们说得差不多了，这时走上来一位65岁左右的男的。他扯上我，边走开边说，“别听她们说。地不好调，很难调得动。”看来，农民中有不同认识，有不同看法，各有各的算盘，意见不一致。

由于玉米价格低，她们还反映说，“有的户想今后只种小麦，不种玉米了。”

6. 河南省南阳市镇平县AZY乡YMS村

该村共有24个队！3 000多人。

土地承包以队为单位进行。

该村 1998 年二轮承包时进行了大调整。之后没有再动过地，“三十年不动。”

目前正在进行确权。

访谈对象情况： 男，50 岁。

他家是第 20 队的。

家里有 12 亩承包地，共 5 块。原来这是 8 口人的承包地，后来父母去世了，现在是 6 口人。

问他，“现在你家 5 块地的地类差别还大吗?”他说，“还大。主要是最远的那块地浇不了水。”问他什么原因，他说，“没有电，所以用不了井。如果自己拉电线，需要五六百米，弄不了。”

问他对土地调整的看法。他说，“村里有一户，是 10 个人种 5 个人的地。他们家承包时有 5 口人，两口子、两个儿子、一个闺女。后来，两个儿子都结婚，一家生了两个孩子。尽管他家闺女嫁出去了，全家减少了 1 口人，但是却增加了 6 口人，净增 5 口人。他们就很想要地。”他的意见，三轮承包时，“应该动，但是难动得很。”他最后说，“到时候动不动，主要看国家发文，发了文，就会按文办。”

7. 河南省南阳市邓州市 RD 镇 VV 村

该村 2009 年进行过一次大调整，普遍实现了一户两块承包地。以后没调过，“添也不添，去也不去。”

访谈对象情况： 两个农户。

男，70 岁。家里有三人在地里，手工撒施肥料。

他家有 8 亩多承包地，是两块。

女，40 多岁。雇了拖拉机和司机，在地里进行旋耕和施肥。每亩费用 50 元。施肥设施在拖拉机尾部，为漏斗式、同排多孔施肥。这种施肥方式或许比拖拉机前部喷洒式效果好一些，但应该相差无几，因为旋耕后，肥料应该都比较均匀。

她家有 10 亩承包地，也是两块地。2009 年以前有三块承包地。

她说，现在两块地之间还有明显差别。主要是，较差的那块地浇不了水，那边没有电，用不了井。也有的农户家，两块地都浇不了水，还是“靠天吃饭”。

问她三轮承包时会不会调整土地？她说，“调不调都行。我们随大流。”

她买的金飞牌复合肥是湖北省钟祥市生产的。每袋 50 公斤，140 元。N、P、J 的含量指标分别为 12%、18%、15%，含 P 较高，合计含量大于（等于）45%。

8. 河南省周口市太康县 MI 镇 MI 村

该村是个小村，只有两个组，每组 100 多人。

1991 年进行了一次土地大调整。之后没再调过地（1995 年二轮承包时也没有调），“25 年了。”

二轮承包将于 2025 年到期。

访谈对象情况： 男，50 岁。他雇了拖拉机和司机，正在地里进行旋耕和施肥。

由于土质较黏，且几天前下过雨，需要旋耕三遍。每亩费用 70 元。

他儿子 24 岁。没有赶上 1991 年那次分地。

他家有 6 亩承包地，共 4 块。

他说，“四块种着不方便，当然是一块方便了。现在，四块地仍不一样。有的是碱地，有的是淤地（好地）。”

他说，三轮承包时调不调无所谓。

9. 河南省商丘市柘城县 YX 镇 BJ 村

该村有 11 个队。

1988 年进行过一次土地小调整。之后没再调整过（二轮承包也未调）。

访谈对象情况： 老两口，70 多岁。在地里用钩子给覆膜开眼儿，让大蒜苗探出头来。

他家有 9 亩承包地，共 6 块。

他说，当时分地时土质不一样。有能浇的，有不能浇的；有的是跑沙地，漏水漏肥；淤地是好地，“淤地见庄稼。”

我问，“现在还差别这么大吗？”他说，“还有差别。”目前，三块地能浇，三块地浇不了。

他说，浇不了主要是电线设施损坏，没有电，没人管理，“只有电线杆了，没有电线。电线杆有十多年没发挥作用了。”有井，是公家打的，当年差不多是与电线杆同时建的。有拖拉机的，可以用拖拉机抽井里的水，没有拖拉机就不行。他说，有时自己拉电线浇，需要两百米的电线。他强调，“现在最大的难处就是浇水。”

他不知道 30 年承包期从哪年到哪年。

问他对土地调整的看法。他说，“有的年纪大了，没有人了（即去世了），还占着地。”三轮承包时，调不调都行。如果不调，各家在地类方面仍保持公平；如果调，调了便于耕种。

他还反映，宅基地都不愿意住，因为没有路，出门得穿胶鞋。都愿意在公路边盖房子，“公路边上方便。罚点儿钱，就摆平了。”

10. 河南省商丘市民权县 WVVV 镇 YV 村

该村有 5 个队。

1986 年进行过一次土地大调整。之后没再调整过（二轮承包也没调）。

每户一般四五块地。有个别农户间进行了地块互换，以尽量使承包地连片。

目前，该村普遍有施用农家肥的习惯。

访谈对象情况： 男，约 40 岁。在地里与父母、老婆、妹妹一起种植大蒜。

他家是 GPV 自然村（队）的。

1986 年大调整时，他家有 4 口人，即父母、他和弟弟。他妹妹是这次分地之后出生的，所以，“一直没地。”当时分地时分到 4 亩，是 5 块。后来，地被征去一部分。

大约十年前，他家把剩下的 2 亩地与其他农户进行了互换调整，变为一整块承包地，以便于耕种。目前，种植模式是“玉米—大蒜”。

他知道“30 年不动地”，但是不知道“30 年”从哪年起算。

目前，仍有地类差异。“有旱的，有涝的，有浇不了水的。”

他们说，30 年期满，“肯定希望调。”

11. 河南省商丘市梁园区 LV 乡 LV 村

该村共有 5 个队。

1996 年二轮承包时进行了土地调整，之后没再调过，“20 年没调地了。”

目前，该村普遍有施用农家肥的习惯。农家肥主要是用树叶、秸秆等堆沤形成。

访谈对象情况： 老两口，分别为 72 岁、71 岁。

他家是二队的。

家里有 12 亩承包地，共 5 块，各块面积分别为 5.0 亩、2.9 亩、1.6 亩、1.5 亩、0.6 亩、0.4 亩。

他说，“现在，地类差别没有那么大了，但是还有差别。”

他说，这是块好地（5亩），玉米产650公斤左右，小麦产600公斤左右。

12. 山东省菏泽市曹县LDT镇IP村

该村共有5个队。

1979年进行过一次土地大调整，之后没再大调过，“37年没调过了！”

1998年二轮承包时，各队分别进行了小调整。以后再也没有调整过。

户均承包地三四块。

原来分为三等地。现在基本没有区别了，“可以一户分一块了”。

访谈对象情况： 男，62岁。与几个村民在地里测量，拟建大棚。

他家是二队的。担任村委会委员职务。

他家有3.5亩承包地，是两块。与其他多数农户比，他对此挺满意。

问他对土地调整的看法。他说，“有的十几口人，只有三四个人的地。”

他还反映了一个情况，很少见，也挺有意思。当年分队时，队都比较小，一个队只有四五十人。经过二三十年的发展，现在情况大不一样了。有的队因为生闺女多，嫁出去后队里人就少了；有的队因为生男孩多，结果队里人越来越多。目前，人数较少的队只有二十多人，人均耕地

3亩多；而人数较多的队达到近200人，人均耕地只有三分多。他希望国家出台政策，平衡一下队与队之间的这种巨大差异。

他说，“有的队人已经很少了”，希望2028年三轮承包时，五个队的地打乱重分。

农村土地承包制度调研访谈情况

（山东，2017年1月）

大年初三，天气晴好，我专程走访了山东省临沭县涝枝新村。该村有三个自然村，即西后涝枝村、东后涝枝村和李洼村，主要种植小麦和花生。

2015年2月，我的论文《落实“长久不变”的思路与对策》在“三农中国网”发布。涝枝新村党支部书记张计强是“三农中国网”的粉丝，他对我的论文很有兴趣，作了几条评论，我也与他有互动。从此时常联系，交流信息，讨论问题。

早就想去见张书记，今年春节终于成行，很高兴。张书记约了十来位村民代表“接见”我，围绕农地制度等话题相谈甚欢，大家对许多具体问题的认识和思路非常一致。

据张计强书记介绍，涝枝新村三个自然村的土地承包情况大致相同。1997年进行二轮承包时，三个村都采取了“大调整”的方式；2003年土地承包法实施前，三个村每年进行“小调整”；2003年以来，落实了“增人不增地，减人不减地”的政策。目前，三个自然村均已完成承包土地确权。其中，西后涝枝村（自然村）有 300 多户，1 500 亩地，人均约 1.6 亩。

大家谈论的要点如下：

（1）当前亟须解决承包地“细碎化”问题。二轮承包时，村里的地根据土质好坏、水电条件、距村远近等因素分为四类，户均承包地四五块。在八九十年代，主要靠人力和牲畜耕种，地块零碎对农户生产基本没有什么影响。随着青壮年劳动力外出务工，在家从事生产的主要是老人和妇女，他们觉得地块零碎分散使耕种很不方便，先进的农业机械也难以使用。由于土地太零散，流转也不方便，没人愿意要。为解决“细碎化”问题，村里曾经发放过表格征求意见，结果是 90%以上的农户同意整合；近 10%的农户不同意，做工作也做不下来，成为“钉子户”。这事只好作罢，非常可惜。大家建议尽快明确政策，采取“三分之二”政策解决这一问题。即，按照民主决策的惯常做法，有 2/3 同意即可实施整合，以达到一户一块田（或两块田）。现在，还有地类差别，但差别不如以前那样大了。村民有积极性搞基础设施建设，减小地类差别。也可以采取差地折算成好地的办法。

（2）“增人不增地，减人不减地”有利有弊。有村民代表提出，应实行“减人减地，增人增地”，其他代表对此提议附和同意。实行土地承包法之前，该村一直实行“减人减地，增人增地”。减地，一般是抽掉“一四类”地或抽掉“二三类”地，即好坏搭配“抽地”。以西后涝枝村为例，每年大约有十几户“抽地”的、十几户“补地”的。2003年刚实行土地承包法，当年也进行了“减人减地，增人增地”，但是有被减地的农户于2004年进行了信访，村里只好把减掉的地又还给了原农户。之后就不再进行“小调整”了。大家反映，还是“小调整”合理，不调不合理，“该抽的不抽，该分的不分”。他们说，应实行“小动大不动”。

（3）通过土地流转发展规模经营有风险。转入土地需要付出流转费用，这无疑抬高了粮食生产的成本，这是个现实问题；而受国际市场影响，国内粮价低迷，粮食规模经营的利润空间有限，甚至存在经营亏损风险。现在大家都很谨慎，不太敢出头搞规模经营。

（4）应收回全家迁入设区的市的农户承包地。该村有几户是这样的情况。大家认为应该收回这几户的地，“他们全家户口都迁走了，应该收地。这样才合理。”“承包法规定得很清楚，应该收回。”该收的地收回来，有利于农村逐步扩大户均经营规模，从长远看，这才是发展规模经营的可靠路径。

（5）应拿出5％～10％的耕地发展集体经济。大家普遍提出集体收入的问题，赞同集体经营机动地用于解决集体收入。他们认为，2006年取消农业税，作为集体收入主要途径的“村级提留”制度也取消了，实际上不合理。

他们说，不担心村干部腐败问题，有腐败就有治理的办法；机动地是发展集体经济、增加集体收入的根本路径，不应因部分村干部腐败就因噎废食。

（6）跑到镇上盖村委会的公章很不方便。该村到大兴镇政府驻地有 25 里路。生孩子上户口、车辆检验等等事情，都需要到镇上去盖村委会的公章，实在是不方便。

（7）村干部任期应为五年才科学合理。目前，三年任期太短，刚熟悉、有思路，就换届了。任期改为五年合适。

当天路途中，还随机走访了临沭县的一个村——南古镇后寨村。这是一个自然村，300 多户，1 000 多人，耕地面积不足 800 亩，人均 7 分地。已经完成承包地确权。

土地承包法实施以来，该村实行“减人不减地，增人不增地”，没有再调整过土地。问他们：“为什么不调?”他们说，“中央有政策，不让调了。”“人均 7 分地，调不调意思不大。”“人多，调地不容易。”问他们：“二轮承包期满会不会调?”他们说，“看政策啦。”“那得调，不能让人家（指目前没有地的）一辈子没地。”“总没有地，怎么个活法儿?”

农村土地承包制度调研访谈情况
（山东，2017 年 4 月）

为进一步研究农地制度，特别是了解“小调整”问题、机动地问题，4 月 2 日笔者在山东省平原县深入田间地头，与正在劳动的农民面对面进行沟通，随机访谈了 3 个村的情况。现将有关内容记录如下。

1. 平原县 TY 办事处 DDM 村

该村有 4 个队（组），土地归组，差不多都是人均 2 亩地。4 个组都进行小调整，每年秋后进行。

各组基本都没有机动地。近年没有进行筹资筹劳。让农民出劳参与种树等集体公益事业时，给农民工钱，一般一个工三四十元。

访谈对象情况：

（1）女，50 多岁。在地里拔草，草不多，用手拔。小麦长势挺好，同常年，关键看后期是否发生虫害。小麦近年亩产 500 多千克。

她家是三队的。三队人均 2 亩多地。

她家有近 12 亩地，共 7 块，是 5 口人的地。

她说，“小调合理。一直不动不行。”“人家要地，不给人家，就有意见。”“不调不好。”

问她：“小调会带来什么坏处吗?”她说：“小调没啥坏处。”

她说，现在仍有地类差异，队上的地分为三类。

（2）男，20 多岁。在地里浇水，是假期回家帮助干活儿的。

他家也是三队的。

他家有 11 亩地，共三块，是 5 口人的地。原来也是六七块，跟农户进行调换后变成了三块。

他正在使用五百多米长的水带往地里输水！

2. 平原县 TY 办事处 IV 村

该村有 6 个队（组）。土地归组，差不多都是人均 2 亩地。各组一般每十年进行一次大调整，两三年进行一次小调整。

访谈对象情况： 男，60 多岁。在地里浇水。地块离水渠远，需要 400 多米的水带，但是他家只有 200 米水带，后半截还得靠土渠输水。黄河水按亩收费，每亩 45 元左右。

他家是一队的。该队有 30 亩机动地，是 7 年前那次大调整时预留的，当时租出去了，租期十年，每亩每年租金 200 多元，租金一次性交清，合计 6 万多元。

他家有 11 亩地，共四块，是 5 口人的地。

他说，“十年一次大调，三年一次小调。去年应该是小调，但是确权发证了，就没调成。”

他说，“小调调不调都还行，大调还是应该调的。如果十年二十年不动地，那太不平均了。如果二十年不调，就会很不平均。”

他说，“不知到十年还调不调。”“还是调一次好。队上有娶媳妇、生小孩要地的。”

他还说，“现在允许二胎了，生的多、死的少，倒是更难调了。”

3. 平原县 QC 镇 DUJM 村

该村有 2 个组，土地归组。人均 1.3 亩地。每年进行小调整。

村里共有 30 多亩机动地，出租经营，每亩每年租金不足 300 元。

该村 2013 年把村内道路硬化了，农民人均筹资 100 元。

访谈对象情况： 男，共五六人，50 岁左右。在打机井。这口机井是 7 户合打的，共需费用 1 万多元。机井打 30 多米深。机井附近没有电，需要他们自己从村里拉电线（需 400 多米）过来。机井水不收费。

其中一户，有 12 亩多地，共六块，是 10 口人的地。

他说，“小调整合理。办法是‘上去下靠’，即人少了去地，增人的排队等地。”

他们说，目前地类差别仍比较明显。

附录 2：参考资料

农村土地承包政策执行效果评估[①]

农业部农村经济研究中心研究员　廖洪乐

我国农村土地承包制度肇始于安徽省小岗村 1978 年底的大包干，至今已实行 30 余年，有关承包经营政策在探索实践中不断完善。本文就农村土地承包政策的执行效果进行评估性研究。考虑到自 2003 年 3 月起施行《农村土地承包法》，农村土地承包政策进入法制化阶段，2004 年起中央连年出台聚焦三农的 1 号文件，强农惠农富农政策体系逐步健全，本研究以 2003 年为节点，将农村土地承包政策分为两个阶段作出评估。

一、改革开放至 2003 年农村土地承包政策及执行效果

（一）第一轮土地承包政策："15 年不变"和"大稳定、小调整"

在 1978—1983 年间，全国农村开始陆续推行家庭联

---

① 此文为国家自然科学基金资助项目《近十年来我国农村土地政策执行问题研究》（应急项目批准号：71341021）阶段性研究成果。

产承包责任制，集体将耕地承包给农户自主经营，承包期限一般为1至3年，长的可达5年。1984年，中共中央做出决定将耕地承包期延长到15年。当年的中共中央1号文件要求：土地承包期应在15年以上，对生产周期长的和开发性项目，如果树、林木、荒地等，承包期应当更长一些；对群众有调地要求的，在延长承包期为15年之前，可本着“大稳定、小调整”原则由集体统一调整土地。人们通常将1978—1983年间的耕地承包及此后的承包期15年统称为第一轮承包，第一轮耕地承包期为15年。至于15年承包期内是否可以调地，1984年的中共中央1号文件和此后的文件都没有做出明确规定。从实际执行情况看，全国多数地方将1984年中央1号文件提出的“大稳定、小调整”政策同时适用于延包前和延包后，多数村组在15年承包期内进行过土地调整，差别表现为有些是大调整，有些是小调整；有些是年年小调整，有些是隔几年小调整一次。

（二）第二轮土地承包政策：“30年不变”和“增人不增地、减人不减地”

从1978年算起，第一轮承包“15年不变”到1993年期满。期满后怎么办？1993年11月，中共中央做出如下决定：将耕地承包期再延长30年不变，对开垦荒地、营造林地、治沙改土等从事开发性生产的，承包期可以更长；与此同时，中央政府提倡耕地承包期内实行“增人不增地、减人不减地”政策。1993 年以后耕地承包期 30 年不变被简称为第二轮承包。在第二轮承包初期，由于中央政府只是提倡“增人不增地、减人不减地”政策，因此，有些地方规定 30 年承包期内继续按“大稳定、小调整”原则对承包地进行调整；有些地方规定 30 年承包期内实行“增人不增地、减人不减地”，不再对承包地进行调整。对那些在第二轮承包期内继续采用“大稳定、小调整”办法的地方，中央政府要求小调整间隔时间最短不得少于 5 年。从 1997 年开始，中央政府明确提出“30 年承包期内不再调整承包地”政策。当年，中共中央办公厅和国务院办公厅联合发出《关于进一步稳定和完善农村土地承包关系的通知》，明确指出：土地承包期再延长 30 年，指的是家庭土地承包经营的期限；集体土地实行家庭承包制度，是一项长期不变的政策。2002 年 8 月全国人大常委会通过《中华人民共和国农村土地承包法》，该法自 2003 年 3 月起施行。《农村土地承包法》有关耕地承包的政策，主要体现在如下三项核心规定：即耕地承包期为 30 年；30 年承包期内，除自然灾害等特殊原因外，发包方不得调整承包地，因自然灾害等特殊原因确需调整土地的，需经村民代表或村民会议 2/3 多数同意，并报上级政府批准；30 年承包期内，除农户所有家庭成员迁入设区的市转为非农业户口外，发包方不得收回农民承包地。

（三）2003 年前“30 年承包期”和“增人不增地、减人不减地”政策执行效果评估

由于第二轮“30 年承包期”政策施行初期，中央政府并没有明确提出期间不可调整承包地，很多地方在执行“30 年承包期”政策时采纳了 30 年内调整土地的做法。根据农业部 1997 年调查数据，在已延长承包期的村中，真正实行 30 年承包期的只占 30％，有 41.6％的村其承包期低于 15 年。后来，经过各级政府多年的共同努力，承包期 30 年政策基本得以普遍实行。根据农业部的调查，到 2002 年 6 月底，实行家庭承包经营的村中有 93.5％的村承包期达到 30 年及以上。也就是说，在《农村土地承包法》正式实施前，全国还有 6.5％的村其承包期不足 30 年。

二、2004 年以来我国农地承包政策的主要内容

2004—2013 年，中央政府连续出台 10 个 1 号文件，其中有 8 个年份的 1 号文件涉及土地承包政策，相关规定和政策要求详见表 1。总体看，这些政策规定都指向同一个核心目标，即保持土地承包关系稳定不变。分阶段看，2004—2007 年主要强调严格执行《农村土地承包法》有关承包期内不得随意调整承包地和不得随意收回承包地的

法律规定，要求各省、自治区、直辖市尽快制定《农村土地承包法实施办法》，对二轮承包政策落实情况进行全面检查，对违反法律和政策的要坚决纠正；自 2008 年起，提出“长久不变”政策和构建土地承包纠纷调解仲裁制度。

表 1　2004 年以来中央 1 号文件有关土地承包政策

年份	有关土地承包政策的规定和工作要求
2005	①对二轮承包政策落实情况进行全面检查，对违反法律和政策的要坚决予以纠正，并追究责任 ②尊重和保障外出务工农民的土地承包权和经营自主权 ③各省、自治区、直辖市要尽快制定农村土地承包法实施办法
2006	①保护农民的土地承包经营权
2007	①坚持农村基本经营制度，稳定土地承包关系
2008	①继续推进农村土地承包纠纷仲裁试点 ②现有土地承包关系要保持稳定并长久不变
2009	①抓紧修订、完善相关法律法规和政策，赋予农民更加充分而有保障的土地承包经营权，现有土地承包关系保持稳定并长久不变
2010	①加快制定具体办法，确保农村现有土地承包关系保持稳定并长久不变 ②加快构建农村土地承包经营纠纷调解仲裁体系
2012	①加快修改完善相关法律，落实现有土地承包关系保持稳定并长久不变的政策 ②健全土地承包经营纠纷调解仲裁制度
2013	①抓紧研究现有土地承包关系保持稳定并长久不变的具体实现形式，完善相关法律制度

根据中央1号文件有关土地承包政策的规定和工作要求，2004—2013年间我国耕地承包政策主要包括如下八个方面：耕地承包期为30年；30年承包期内不得随意调整承包地；30年承包期内不得随意收回承包地；现有土地承包关系要保持稳定并长久不变；尽快制定《农村土地承包法实施办法》；全面检查二轮承包政策落实情况；加快修改相关法律法规，落实“长久不变”政策；加快构建农村土地承包纠纷仲裁体系和仲裁制度。前四个方面属耕地承包政策规定，后四个方面属相关工作要求。做好后四个方面的工作，主要是为了更好地将前四项承包政策真正落到实处。

三、2004年以来中央有关农地承包四项工作要求的落实情况

（一）尽快制定《农村土地承包法实施办法》工作要求的落实情况

1.《农村土地承包法实施办法》制定情况

2005年中央1号文件要求各省、自治区、直辖市（简称省级单位，下同）尽快制定《农村土地承包法实施办法》。从掌握信息资料看（网上查找），到2013年底，全国31个省级单位中有21个省级单位以政府通知或人大

条例（办法）形式，制定了《农村土地承包法实施办法》，占全国省级单位 2/3；有 10 个省级单位没有出台相关的《农村土地承包法实施办法》，占 1/3。

2. 各省级单位《实施办法》有关“承包期内不得调整承包地”的规定

在制定了《农村土地承包法实施办法》的省级单位中，天津、河北、辽宁、吉林、上海、江苏、浙江、安徽、福建、重庆、云南等 11 个省级单位的《实施办法》均执行《农村土地承包法》有关承包期内不得调整承包地的规定，只将严重自然灾害等视为可以小调整的例外因素；山西、山东、内蒙古、江西和新疆等 5 个省级单位除自然灾害因素外，还将土地征收（放弃征地补偿）也视为可以小调整的例外因素；湖北、湖南、四川、陕西等 4 个省级单位除自然灾害因素外，还将土地征收和集体建设占用等 2 个因素视为可以小调整的例外因素；除自然灾害、土地征收和集体建设占用等 3 个因素外，陕西省还将“个别农户人均承包面积不足该集体人均承包面积的一半”作为可以小调整的第四个例外因素。

3. 各省级单位《实施办法》有关“承包期内不得收回承包地”的规定

在制定了《农村土地承包法实施办法》的省级单位中，天津、河北、辽宁、吉林、上海、江苏、浙江、福建、江西、湖北等10个省级单位的《实施办法》均执行《农村土地承包法》有关承包期内不得收回承包地的规定，只有全家迁入设区的市且转为非农业户口才可以收回其承包地；山西、重庆、陕西等3个省级单位除全家迁入设区的市要收回承包地外，全家迁到其他村集体经济组织且取得承包地的，也要收回承包地；海南省规定，农户全家迁入设区的市、不设区的地级市和其他县级政府所在地城镇，且转为非农业户口的，集体可收回承包地；重庆市规定，农户全家迁入本市各区县所辖街道办事处或县人民政府驻地镇且转为非农业户口的，集体可收回承包地。

（二）"全面检查二轮承包政策落实情况"工作要求的落实情况

2005年中央1号文件要求对二轮承包政策落实情况进行全面检查，对违反法律和政策的要坚决予以纠正，并追究责任。为落实中央此项工作要求，全国人大、国务院、农业部、最高人民法院和省、市、县三级人民政府及有关部门做了大量具体工作。

早在2004年4月，国务院办公厅发出了《关于妥善解决当前农村土地承包纠纷的紧急通知》，要求切实保障农民土地承包经营权，不得随意收回或调整农民承包地，要尊重和保障外出务工农民的土地承包经营权和经营自主权，要坚决纠正以欠缴税或土地抛荒为名收回农民承包地。同年，农业部发布了《关于贯彻落实〈紧急通知〉的通知》，要求各地农业部门要做好土地纠纷调处、二轮延包后续完善等工作。

2005 年 3 月，最高人民法院出台了《关于审理涉及农村土地承包纠纷案件适用法律问题的解释》，为处理各类土地承包纠纷提供了法律依据。

2007 年，经国务院同意，由农业部、国土资源部、监察部、民政部、中央农村工作领导小组办公室、国务院纠风办、国家信访局等七部委办共同组织全国农村土地突出问题专项治理，着重解决八类侵害农民土地权益的突出问题，其中五类问题与农民土地承包经营权有关。专栏 1 列出了课题组实地调查的某样本县 2007 年农村土地突出问题专项治理工作落实情况。

专栏 1　样本省县级市农村土地突出问题专项治理情况

该市经管局根据全省农村土地突出问题专项治理电视会议精神和市政府领导安排，自 2007 年 8 月 15—19 日，集中 5 天时间，对全市农村土地存在的突出问题采取召开座谈会、下发调查表格、实地调查等形式，进行了初步调查，调查发现存在如下几大问题。

一是个别村没有落实土地承包期延长30年的规定。据初步调查统计，全市有31个村经营权证书和承包合同没有发放到户；有30个村没有开展二轮延包工作；还有一些村，由于土地征占用，农户的经营权证上的土地面积和实际耕种的面积发生了很大的变化。

二是部分村在土地延包后违规调整土地。有的村将农民延包地重新收回或违规留取机动地，高价发包；有的村三年或五年一小调，极个别的甚至一年一调，影响了土地承包关系的稳定；还有的留黑地、造假账、欺上瞒下。据调查，全市超标准留取机动地的有8个村，留有土地932亩；留取结构调整用地的有9个村，留有土地636亩；实行工资田、奖励田、保险田的有39个村，占地388亩；2005年以来，收回、调整农户承包地的村有66个。

三是个别地方违法圈占农户的承包地。有的镇街和村借发展经济为名，违法圈占农户的承包地，用于种树或办企业；甚至土地圈而不用，造成闲置浪费；有的村干部以地谋私，将集体“四荒”地暗箱操作，廉价包给、租给、转让给自己或亲朋好友，并一次性收取15年或20年的承包金，有的年限更长。

四是有的土地流转不规范，随意截留农户收益。有的村不办理任何手续，随意改变土地的农业用途；有的农户私自流转不签合同，出现纠纷难以调解；还有的截流农户土地流转收益，损害农民土地流转权益。初步统计，全市实行反租倒包的村有14个，以租代征的村有10个，改变土地农业用途的地块有335宗。

五是特殊群体的土地权益得不到保障。有些出嫁女、大中专学生、转非人员等特殊群体的土地权益得不到保障，有的地被村里强行收回；有的应得的征地补偿款不能享受。

六是征地补偿政策落实不到位，失地农民的生活得不到保障。有的村征地款全部分光花净，农民以后的生活没有保障；有的补偿政策不到位，补偿费过低。

2011年，全国人大常委会对《农村土地承包法》和《农村土地承包经营纠纷调解仲裁法》执行情况进行检查。检查组在听取了国家发改委、财政部、农业部、国土资源部、水利部、国家林业局和最高人民法院关于贯彻实施“两法”以及相关情况的汇报后，分6个小组赴湖南、安徽、吉林、河北、山东、甘肃六省开展了检查工作。期间，检查组听取了各省政府及有关部门对法律贯彻实施情况的汇报，召开有基层干部和农民代表参加的座谈会，实地走访村组、土地流转服务中心、仲裁机构等，广泛听取意见。同时，全国人大常委会还委托其余各省（自治区、直辖市）人大常委会对本行政区域内“两法”实施情况进行检查。

2005年，湖北省针对1998年二轮延包存在的问题开展二轮延包完善工作。1997—1998 年，湖北省第一轮承包期满，由于当时种田负担重、效益低，农民纷纷弃田抛荒，再加上 1998 年特大洪灾等原因，湖北许多地方没有开展二轮延包，或者只是简单地换发一下权证。2002 年开始农村税费改革和农业补贴，种田效益明显提高，原来弃田的农民纷纷回家要承包地。据记载，当时有个乡镇有 1 万多外出农民回家要田，个别县市连续发生原承包户哄抢种养大户事件，农民群体性上访和越级上访事件日益增多。为此，湖北省委办公厅、省政府办公厅于 2004 年 11 月发出《关于依法完善农村土地二轮延包工作的若干意见》，2005 年发出《关于依法完善农村土地二轮延包工作若干具体政策性问题的补充意见》和《关于当前农村土地二轮延包工作中需要注意的几个政策性问题的紧急通知》，上述三个文件对完善二轮延包工作做出了详细规定。湖北省要求一个市州选择一个县市，一个县市选择一个乡镇，一个乡镇选择 1～2 个村进行完善二轮延包试点，完善二轮延包试点必须在 2004 年底结束，并以县市为单位在 2005 年秋播前全面完成二轮延包完善工作。湖北二轮延包完善工作重点解决了如下 12 个问题：一是关于举家外迁、外出务工经商和抛荒弃田农户的确地确权问题，二是关于自行委托代耕、自找对象转包农户的确权确地问题，三是关于在校大中专学生、民办教师、“两劳”人员、五保户等“特殊群体”的承包地问题，四是关于种养大户、

"外来户"的确权确地问题，五是关于三峡工程、南水北调中线工程、中央直属水库和青江流域移民的确权确地问题，六是关于被征占地农户的确权确地问题和经济补偿问题，七是关于开发区农户的确权确地问题，八是关于村组超额多留机动地问题，九是关于村组"化债地"问题，十是关于农业结构调整、连片开发等与原承包农户的矛盾问题，十一是关于"两田制"清理整顿问题，十二是关于打破村民小组界限以行政村为单位调整土地问题。

（三）加快构建农村土地承包纠纷仲裁体系和仲裁制度

2008 年中央 1 号文件要求继续推进农村土地承包纠纷仲裁试点，2010 年和 2012 年中央 1 号文件要求加快构建农村土地承包经营纠纷调解仲裁体系和制度。早在 2004 年农业部就选择了 4 个省 10 个县开展农村土地承包纠纷仲裁试点，到 2008 年底，农业部累计批复 27 个省区市的 229 个县进行农村土地承包纠纷仲裁试点。2009 年，全国人大常委会通过《农村土地承包经营纠纷调解仲裁法》。农业部和国家林业局制定了农村土地承包纠纷仲裁规则和农村土地承包仲裁委员会示范章程。根据农业部的统计，到 2011 年底，全国共设立农村土地承包仲裁委员会 1848 个，聘任仲裁员 11853 名；30 个省份的村、乡镇政府和农村土地承包仲裁委员会共受理土地承包及流转纠纷 21.9 万件，以调解方式调处 17.7 万件，仲裁纠纷 1.46 万件。

（四）加快修改相关法律法规，落实“长久不变”政策

到目前为止，修改相关法律法规、落实“长久不变”政策这项工作并没有取得实质性进展，究其根本原因在于这项工作事关农民根本利益，涉及面太广。首先，第二轮 30 年承包得到了广大基层干部和农民的普遍认可。其次，社会对“长久不变”政策的“长久”究竟是多久，还没有形成统一认识，是 70 年、99 年还是永久都没有一个趋向性的意见。再次，将承包期由“30 年不变”改为“长久不变”不只是简单地修改法律、法规的问题，很多地方可能会牵涉到土地调整问题，在 30 年承包期未满的情况下调整土地本身就是违法行为。

四、中央政府四项农地承包政策执行效果与问题分析

本项调查对象包括全国 11 个省级单位、98 个县市、109 个村和 1076 户样本农户。对四项耕地承包政策规定执行情况的评估与问题分析，主要依据县市、村和样本农户三级调查数据。

（一）“耕地承包期30年”政策执行效果与问题分析

耕地承包期再延长30年政策是中央政府于1993年11月份提出的，与其配套的，是提倡“增人不增地，减人不减地”政策。也就是说，当时中央政府并没有要求强制执行“增人不增地，减人不减地”政策。

专栏2 不同时期“30年不变”政策的执行情况

根据农业部百县调查结果，到1994年10月底，百县有38%的村完成了二轮延包，其中承包期为5年的村占21.6%；6～29年的村占14.4%；30年以上的占64%。也就是说，有1/3的村其耕地承包期限没有达到中央政府的规定期限。

根据农业部1997年的调查，在已延长承包期的村中，承包期在5年以下的占12.9%，6～14年的占28.7%，15～29年的占28.4%，30年以上的只占30%。

根据农业部经管司统计，到1999年5月底，全国已有89%的村组开展了二轮延包工作，尚未开展的主要是第一轮承包期还未到期；在已经开展二轮延包的村组中，有86%的耕地面积承包期为30年；到1999年底，全国农村总体上已完成了延包工作，实行家庭承包的土地95%

以上承包期达 30 年。

根据农业部调查，到 2002 年 6 月底，除个别地区外，全国农村基本完成了二轮延包工作，在实行家庭承包经营的村中，有 93.5%的村其土地承包期在 30 年及以上；到 2003 年底，全国已有 99%的村组完成了二轮延包工作，农民普遍获得了 30 年不变的土地承包经营权和承包土地。

注：本专栏数据来源于历年《中国农业发展报告》。

本次调查 11 个省的 98 个样本县市中，有 70 个县市耕地承包期均统一为 30 年，占 71.4%；有 27 个县市的耕地承包期存在不足 30 年的情形，占 27.6%；有 1 个县市耕地承包期统一为 70 年（表 2）。分省看，福建、山东、陕西和江西等 4 省样本县中耕地承包期没有统一为 30 年的比例较高；河北、安徽和湖南等省样本县中耕地承包期统一为 30 年的比例较高。

表 2　各省样本县耕地承包期限分布状况

省份	有效样本	承包期均统一为 30 年		承包期有低于 30 年的村组	
		县个数	比例（%）	县个数	比例（%）
河北	9	8	88.9	1	11.1
辽宁	12	9	75	3	25

（续）

省份	有效样本	承包期均统一为 30 年		承包期有低于 30 年的村组	
		县个数	比例（%）	县个数	比例（%）
江苏	4	4	100	0	0
安徽	10	8	80	2	20
福建	7	3	42.9	4	57.1
江西	9	6	66.7	3	33.3
山东	9	4	44.4	5	55.6
湖北	8	6	75	2	25
湖南	10	9	90	1	10
四川	10	8	80	2	20
陕西	10	5	50	4	40
合计	98	70	71.4	27	27.6

注：陕西省有一个县耕地承包期限为 70 年。

（二）“30 年承包期内不得调整承包地”政策执行效果与问题分析

《农村土地承包法》第 27 条规定：承包期内，承包方不得调整承包地；对承包期内因自然灾害严重毁损承包地等特殊情形确需在个别农户之间适当调整承包耕地和草地的，必须经本集体经济组织成员的村民会议三分之二以上成员或者三分之二以上村民代表的同意，并报乡（镇）人民政府和县级人民政府农业等行政主管部门批准。承包合同中约定不得调整的按照其约定执行。

1. 样本县市30年承包期内的土地调整情况

89个有效样本县市中，有53个县市的所有村组集体都规定不再调整承包地，占59.6%；有34个县市辖区内有部分村组集体规定还要调整承包地，占38.2%；有2个县市所有村组都规定还要调整承包地，占2.2%。也就是说，样本县市中有40%的县市还存在土地调整现象。34个部分存在调地现象的县市中，有19个县市列出了调整承包地的村组比例，从1%到80%不等（表3）。

表3　各省样本县30年承包期内的土地调整状况

省份	样本县（个）	有效样本（个）	所有村组都规定不调地		部分村组规定还要调地		所有村组都规定要调地		缺省样本
			县数	百分比	县数	百分比	县数	百分比	
河北	9	9	8	88.9	1	11.1	0	0.0	0
辽宁	12	11	7	63.6	3	27.3	1	9.1	1
江苏	4	3	3	100.0	0	0.0	0	0.0	1
安徽	10	9	8	88.9	1	11.1	0	0.0	1
福建	7	7	2	28.6	4	57.1	1	14.3	0
江西	9	7	2	28.6	5	71.4	0	0.0	2
山东	9	9	2	22.2	7	77.8	0	0.0	0
湖北	8	8	5	62.5	3	37.5	0	0.0	0
湖南	10	9	5	55.6	4	44.4	0	0.0	1
四川	10	8	7	87.5	1	12.5	0	0.0	2
陕西	10	9	4	44.4	5	55.6	0	0.0	1
合计	98	89	53	59.6	34	38.2	2	2.2	9

2. 样本村 30 年承包期内的土地调整

107 个有效样本村中，有 81 个村全村统一不调整，占 75.7%；有 8 个村全村统一进行调整，占 7.5%；有 18 个村全村不统一，但有些村民小组还在进行土地调整，占 16.8%（表 4）。也就是说，样本村中约有 1/4（即 25%）的村 30 年承包期内还在调整承包地。分省看，江苏、江西、山东、湖南等省样本村还在调地的比例较高，分别有 40%、45%、50%和 50%的村还在调整承包地。

表 4　各省样本村 30 年承包期内的土地调整状况

省份	样本县	有效样本村数	全村统一不调		全村统一调，有些组还在		全村不统一，有些组还在调		缺省样本
			县数	百分比	县数	百分比	县数	百分比	
河北	9	9	8	88.9	0	0.0	1	11.1	0
辽宁	12	11	10	90.9	1	9.1	0	0.0	1
江苏	10	10	6	60.0	2	20.0	2	20.0	0
安徽	11	11	8	72.7	0	0.0	3	27.3	0
福建	9	8	8	100.0	0	0.0	0	0.0	1
江西	9	9	5	55.6	1	11.1	3	33.3	0
山东	10	10	5	50.0	3	30.0	2	20.0	0
湖北	9	9	8	88.9	0	0.0	1	11.1	0
湖南	10	10	5	50.0	0	0.0	5	50.0	0
四川	10	10	10	100.0	0	0.0	0	0.0	0
陕西	10	10	8	80.0	1	10.0	1	10.0	0
合计	109	107	81	75.7	8	7.5	18	16.8	2

3. 样本农户30年承包期内的土地调整

898个有效样本农户中，有567户农户表示其所在村组明确规定30年承包期内不再调整土地，占63.1%；有101户农户表示其所在村组明确规定还要调整承包地，占11.2%；有170户农户表示村组集体既没有明确规定要调地，也没有明确规定不调地，占18.9%（表5）。分省看，四川、河北、陕西3省样本农户表示村组明确规定不调地的比例较高，江苏、山东、江西和湖南等省样本农户表示村组明确规定不调地的比例较低。838户对承包期30年内是否调地有明确表示的样本农户①，分布在103个样本村中（有6个样本村的农户全选不知道或未作回答），其中有44个村所有样本农户都明确表示30年承包期内不会调整承包地，占42.7%（注：有61个村有超过2/3的农户表示30年承包期内不会调整承包地，占59.2%）；有6个村所有样本农户都明确表示30年承包期内还会调整承包地，占5.8%（注：有9个村有超过2/3的农户表示承包期内还会调整土地，占8.7%）；有8个村所有农户都表示村组既没有规定不调地，也没有规定要调地，占7.7%（注：有17个村有超过2/3的农户表示村组既没有规定不调地，也没有规定要调地，占16.5%）；其他45个

① 即选择明确规定不再调地、明确规定还要调地和既没规定不调也没规定要调的三类农户之和。

村的样本农户对村组集体是否明确规定30年承包期内调地或不调地存在相互矛盾的判断，即有农户认为村组有不调地的规定，有农户认为村组有要调地的规定，有农户认为村组集体对承包期内调地还是不调地没有规定。在规定30年承包期内还要进行土地调整的村中，有些村组每隔5年、10年和15年大调整一次；有些村组每隔3年、5年、10年和15年小调整一次，还有些村组在年年调整承包地（按人口出生和死亡顺序排队进行对调）。

表5　各省样本农户认可的30年承包期内的土地调整状况

省份	样本数	有效样本村数	明确规定不再调整		明确规定还要调整		没规定不调，也没规定要调		不知道		缺省样本
			户数	百分比	户数	百分比	户数	百分比	户数	百分比	
河北	91	86	71	82.6	0	0.0	7	8.1	8	9.3	5
辽宁	120	89	60	67.4	14	15.7	7	7.9	8	9.0	31
江苏	85	54	22	40.7	1	1.9	29	53.7	2	3.7	31
安徽	111	93	53	57.0	5	5.4	32	34.4	3	3.2	18
福建	89	65	42	64.6	12	18.5	10	15.4	1	1.5	24
江西	90	85	42	49.4	14	16.5	24	28.2	5	5.9	5
山东	101	91	42	46.2	19	20.9	11	12.1	19	20.9	10
湖北	90	70	42	60.0	6	8.6	14	20.0	8	11.4	20
湖南	100	88	44	50.0	24	27.3	20	22.7	0	0.0	12
四川	99	97	90	92.8	5	5.2	0	0.0	2	2.1	2
陕西	100	80	59	73.8	1	1.3	16	20.0	4	5.0	20
合计	1076	898	567	63.1	101	11.2	170	18.9	60	6.7	178

注：178个缺省样本户中有114户农户的承包地要么被政府完全征收，要么由村组统一转出。

4. 村组与农户有关30年承包期内土地调整判断的差异

81个全村统一不调地的村中，有24个村的所有样本农户做出了与村干部完全一致的判断，即这些村所有样本农户都知道村组集体有“30年承包期内不调地”的规定，占29.6%；有19个村的样本农户中有2/3以上的农户都知道村组集体明确规定承包期内不调地，不过也有一定比例的农户认为村组集体没有不调地的规定或者不知道有这项规定，占23.5%；有38个村的样本农户认为村组集体有不调地规定的比例低于2/3，有些村甚至有50%的农户认为村组集体没有不调地的规定，占46.9%。

（三）“30年承包期内不得收回承包地”政策的执行效果与问题分析

《农村土地承包法》第26条有如下系列规定：承包期内，发包方不得收回承包地；承包期内，承包方全家迁入小城镇落户的，应当按照承包方的意愿，保留其土地承包经营权或者允许其依法进行土地承包经营权流转。承包期内，承包方全家迁入设区的市，转为非农业户口的，应当将承包的耕地和草地交回发包方。承包方不交回的，发包方可以收回承包的耕地和草地。承包期内，承包方交回承包地或者发包方依法收回承包地时，承包方对其在承包地上投入而提高土地生产能力的，有权获得相应的补偿。也就是说，只有承包农户全家迁入设区的市且转为非农业户口的，集体才可收回其承包地，任何其他情形下都不可以收回。

107个有效样本村中，有16个村近10年来发生过收回农户承包地的情况，占15%。有4个村是由于承包期到期收回重新发包，河北、江苏、山东和陕西省各1个；有4个村是由于农户所有家庭成员转为城镇居民而收回其承包地；有2个村是由于农户家庭有部分成员转为城镇居民而收回其承包地，均为山东省样本村，这两个村的做法不符合《山东省农村土地承包法实施办法》的规定；有4个村是由于政府征收集体土地后重新分配承包地，有2个村因整户死亡而收回农民承包地，有3个村因农户人口减少或自愿交回而收回农户承包地（表6）。

表6　近10年来各省样本村收回农户承包地及其原因

单位：个

省份	有效样本	收回过承包地	收回农户承包地的原因						
			承包到期	所有家庭人口转为城镇居民	部分家庭人口转为城镇居民	土地被征收	整户死亡	重大自然灾害	其他
河北	9	1	1	0	0	0	0	0	
辽宁	12	1	0	0	0	0	1	0	
江苏	10	4	1	0	0	2	0	0	1
安徽	11	2	0	1	0	1	0	0	
福建	8	0	0	0	0	0	0	0	
江西	9	0	0	0	0	0	0	0	
山东	9	4	1	2	2	0	0	0	1

（续）

省份	有效样本	收回过承包地	收回农户承包地的原因						
			承包到期	所有家庭人口转为城镇居民	部分家庭人口转为城镇居民	土地被征收	整户死亡	重大自然灾害	其他
湖北	9	0	0	0	0	0	0	0	
湖南	10	0	0	0	0	0	0	0	
四川	10	1	0	1	0	0	1	0	
陕西	10	3	1	0	0	1	0	0	1
合计	107	16	4	4	2	4	2	0	3

984 户有效样本农户中，近 10 年里有 37 户农户的承包地被收回，占 3.8%；有 16 户农户因婚嫁、死亡减少人口其承包地被收回，有 12 户农户因农转非减少人口其承包地被收回（表 7）。

表 7　近 10 年来各省样本农户承包地被收回及其原因

单位：户

省份	有效样本	承包地被收回	农户承包地被收回的原因		
			因婚嫁、死亡减少人口	因农转非减少人口	严重自然灾害，集体重新调整土地
河北	89	0	0	0	0
辽宁	99	1	0	1	0
江苏	75	2	0	2	0
安徽	104	0	0	0	0
福建	60	1	1	0	0
江西	82	14	7	6	0
山东	97	11	7	3	0

（续）

省份	有效样本	承包地被收回	农户承包地被收回的原因		
			因婚嫁、死亡减少人口	因农转非减少人口	严重自然灾害，集体重新调整土地
湖北	86	3	0	0	2
湖南	98	0	0	0	0
四川	99	1	1	0	0
陕西	95	4	0	0	0
合计	984	37	16	12	2

（四）中央政府“现有土地承包关系保持稳定并长久不变”政策执行效果

109个样本村中没有一个村执行“长久不变”政策。1011个有效样本农户中，有78%的农户知道土地承包“长久不久”政策，有22%的农户不知道这一政策。分省看，福建和湖南两省不知道这一政策的农户比例较高，超过40%。在知道土地承包“长久不变”政策的农户中，有77%的农户通知乡村干部知道这一政策，有69%的农户通过广播电视知道这一政策，有31%的农户通过报刊杂志知道这一政策，有22%的农户通过亲朋好友知道这一政策。

1 000户样本农户中有50%的农户认为土地承包“长久不变”政策可行，有17%的农户明确表示这项政策不可行，有约1/3的农户说不清楚。11个样本省中，没有一个省的样本农户认为这项政策可行的比例超过 2/3（表 8）。

表 8　样本农户对“土地承包长久不变”政策是否可行的看法

单位：户

省份	有效样本	可行	不可行	说不清楚	不可行+说不清楚
河北	91	51.6	15.4	33.0	48.4
辽宁	115	60.0	15.7	24.3	40.0
江苏	75	45.3	13.3	41.3	54.7
安徽	103	40.8	18.4	40.8	59.2
福建	64	31.3	14.1	54.7	68.8
江西	82	64.6	14.6	20.7	35.4
山东	97	42.3	17.5	40.2	57.7
湖北	84	38.1	25.0	36.9	61.9
湖南	98	53.1	24.5	22.4	46.9
四川	98	60.2	6.1	33.7	39.8
陕西	93	53.8	20.4	25.8	46.2
合计	1000	49.9	16.9	33.2	50.1

“土地承包到期后再延长三十年”意味着什么不意味什么[①]

国家行政学院法学教研部教授　宋志红

党的十九大报告指出：巩固和完善农村基本经营制度，深化农村土地制度改革，完善承包地“三权”分置制度。保持土地承包关系稳定并长久不变，第二轮土地承包到期后再延长三十年。这一关于完善土地承包制度的部署引起了社会的广泛关注，尤其是关于“第二轮土地承包到期后再延长三十年”的表述在社会各界引起热议。随着第二轮农村土地承包期进入最后一个十年，社会各界对第二轮承包到期后新的承包期限设置存在不同主张，十九大报告的这一规定有定纷止争之效，有利于稳定家庭承包责任制度、保障农民土地承包权益。正确理解十九大报告中土地承包政策的含义对于正确贯彻落实十九大精神、推动《农村土地承包法》科学立法具有重要意义。然而，在对这一政策的解读宣传中，笔者注意到部分观点存在可商榷之处，例如将这一规定引申为“农户现有的具体承包关系再延长三十年”，甚至理解为“三十年到期后土地不调整

① 此文原载于《法制日报》2018年1月31日。

继续由原承包人承包三十年”，有关专家对正在全国人大常委会审议的《农村土地承包法》修正案的解读也隐约指向这一内涵。笔者认为这种解读不符合十九大报告本意、也脱离了当前农村实际情况和相当农民群体的真实意愿，有过度引申乃至曲解之嫌，甚至会对《农村土地承包法》的修改产生不利影响。对十九大报告这一部署应结合我国国情做整体理解。

再延长三十年意味着什么

意味着坚持家庭承包责任制度不动摇

“第二轮土地承包到期后再延长三十年”首先意味着要坚持家庭承包责任制不动摇。十九大报告指出要“巩固和完善农村基本经营制度”，而这一“农村基本经营制度”就是指家庭承包责任制。家庭承包责任制作为中国农民的伟大创造，在中国发展史上发挥了丰功伟绩，虽然近年来出现了不少对土地细碎化、分散经营、集体弱化的忧虑，由此也带来了一些对承包经营制度的质疑之声，但这些问题的出现恰好是对包括统分结合的双层经营机制在内的“家庭承包责任制”贯彻落实不全面所致。无论是对壮大集体经济的追求，还是对农业适度规模经营的追求，均不与家庭承包责任制相矛盾，也均不能否定家庭承包责任制作为农村基本经营制度的地位；农村各种形式的股份合作也均应以承认并保障个体农户基于家庭承包所取得的土地承包经营权为基础，如此才能做到“统分结合”，这与改革开放前"只统不分"的"大锅饭"是存在本质区别的。因此，十九大的这一部署有力地否定了一些"以否定农户个体权利为代价重走集体化"的主张。

意味着新的承包期继续定为三十年

从上世纪80年代初开始的第一轮承包设定的承包期是15年，1997年左右开始的第二轮承包期限延长为30年，目前处于第二轮承包的后半段时期。对于第二轮承包到期后的承包期限设定，理论界和实务界一直存在"长久说"、"70年说"、"30年说"等不同主张。其中"长久说"主张不再设定承包期限，由农户实行永久承包，以此一劳永逸地解决"到期后如何处理"的难题，其依据则是党的十七届三中全会首次提出的"长久不变"；"70年说"主张的理由则是与城市住宅土地使用权接轨；"30年说"的理由则是继续沿用第二轮承包的期限。十九大的这一部署彻底了却了对承包期限的纷争，也彻底解决了对"长久不变"之内涵理解的争议："保持土地承包关系稳定并长久不变"是指"承包制度长久不变"，指"农民集体和农民成员之间整体的承包关系长久不变"，这是一种抽象的政治关系和经济关系，而非针对具体的单个承包法律关系。换言之，"长久不变"的是整体承包关系，而非单个具体的承包法律关系，更不是指向承包期。第二轮承包到期后集体有权利也有义务同其成员设定承包关系，但一次承包关系的存续期限只能是30年。

再延长三十年不意味什么

不意味原人原地延包三十年

不可将“第二轮土地承包到期后再延长三十年”的部署僵化理解为“不调整原人原地承包”。“土地承包到期后再延长三十年”只是解决了第三轮承包的期限问题，并未对到期后是否调整后重新发包做出部署。我们认为，十九大报告不写明这一点是深思熟虑的安排，是十分明智的表现，而不能将此延伸曲解为“不调整延包”。近年来，学术界对第二轮承包期届满后的延包是否应当调整承包地块存在几种不同意见，“不调整原地延包说”的理由是稳定经营预期，避免到期前的短期行为，主要是基于效率的考量；“调整后重新承包说”的理由是三十年中人和地都因为自然生死、“农转非”等原因而发生了结构和数量的变化，再加上在第二轮承包期内实行“生不增、死不减”政策，第二轮承包期结束时农户间土地承包数量不均的矛盾已经积累到了一定程度，基于公平考虑延包时应当调整后重新分配。这两种观点很难说孰对孰错，体现的是基于效率需求的稳定农户土地承包经营权与基于公平需求的“平均地权”之间的博弈。事实上，由于各个地方人地关系变化的情况不尽一致，在承包地征收时补偿的对象和方式也存在很大差异，而且在第二轮承包期内是否严格执行中央“增人不增地、减人不减地”政策的情况也不尽相同，从第一轮承包到期后第二轮承包的实际情况来看，调整承包方案的集体也占大多数。有鉴于此，我们认为，对这一问题应当充分尊重农民集体的自主决策权，允许各农民集体根据实际情况民主决策到期后是"调还是不调"，"大调还是小调"，如此也顺应了"健全自治、法治、德治相结合的乡村治理体系"的要求。因此，党的十九大只明确承包期不明确是否调整的做法是符合我国现实国情的安排，有利于通过"农民当家作主"的方式因地制宜平衡效率与公平价值。

如果将十九大的这一规定机械曲解为现有承包法律关系原户原地再延长三十年，则剥夺了第二轮承包期满后农民集体通过自决方式矫正累积的土地资源配置不公平状态的权利，也剥夺了现在无地农民成员的承包期待权，甚至形成"现在有地的非集体成员再继续承包三十年，现在无地的集体成员继续三十年无地"的局面。这显然不是这一规定的本意。

对于一些人担心的到期后调整承包地可能会引起的"短期经营行为"问题，农民事实上自己能找到兼顾平衡和效率的方法。笔者调研发现，为了避免在土地承包到期前的"短期经营行为"，稳定经营者的经营预期，同时也为了较好平衡现在无承包地的农户权益，一些集体经济组织自发采用了"动账不动地"的形式，不调整承包地，但是在账面上调整农户之间的承包地权益，在集体经济组织的统筹下由地多的农户对无地或少地的农户给予适当补偿。因此，在第二轮承包到期时一方面应当允许农民集体自主决定是否调整承包地，不作统一硬性要求；另一方面可以鼓励农村集体经济组织在第二轮承包到期时不调整承包地，但采用“动账不动地”方式平衡好农户间的利益。将十九大报告的规定曲解为“一律不予调整承包地继续延包”显然脱离农村实际情况。

不意味原有流转关系延长三十年

对于已经流转的承包地，无论是以出租、转包方式还是以转让、入股方式流转，也无论流转时是否约定流转期限为剩余承包期，其流转法律关系的效力均不能及于二轮承包期限届满之后。《农村土地承包法》第三十三条明确规定“流转的期限不得超过承包期的剩余期限”，这是强制性而非任意性规定。如果流转双方约定了比剩余承包期更短的流转期限，则适用这一约定期限；如果没有约定流转期限或者约定的期限比剩余期限长，则到剩余期限届满之时流转关系终止。因此，“土地承包到期后再延长三十年”绝非意味着“原有流转关系再延长三十年”，原有流转关系是否延长，既要取决于新的发包关系中人地关系是否调整，又要取决于新的土地承包经营权人和土地经营者的流转意愿，应当由土地经营者与新的土地承包经营权人平等自愿协商确定，实则是达成新的流转法律关系。因此，对现有流转关系的法律保护不能及于新一轮的承包期。当然，为了鼓励经营者的长期经营行为，可以在流转合同中对经营者的优先流转权作出约定。

不忘初心　继续探究

（后记一）

一、为什么研究农地制度

我学习和研究农地制度，始于 2003 年。非常有幸，那年 9 月，我到中国人民大学农业经济系[①]读农业经济管理专业在职研究生。之所以说是有幸，一是，年初的入学考试成绩不错，比较顺利地被录取了（当然，之前的复习考研是异常辛苦的）；二是，2004 年，不再招收该专业的在职研究生了，“过了这个村，就没这个店了”。

本科期间，我读的是北京农业工程大学工业与民用建筑工程专业，虽然与农业建筑工程专业同在水利与土木工程系[②]，但是这个专业与农业根本不沾边。毕业以后，到农业部机关服务局工作，也不是直接从事农业工作。看到身边的年轻人纷纷报考研究生，我也不想落后。既

---

① 2004 年，农业经济系改建为农业与农村发展学院。

② 1996 年，北京农业大学与北京农业工程大学合并为中国农业大学，水利与土木工程系则改建为水利与土木工程学院。

然在农业部门这个大环境里，是否学一个农业经济专业的研究生呢？那时以为，农业不就是种地嘛，农民会干的事，还能有多难？再说，学经济类专业是潮流，社会主义不就是要搞好经济建设吗。遂决定报考这个想象中既简单又时髦的专业。经历后来的考研复习和在校学习才知道，农业经济管理专业哪里好学？复杂着咧。这是后话。

尽管之前的主要经历没有涉过农，但是，土地是财富之母，这是尽人皆知的道理；研究生入学的时候我还是懂得的，农地制度是农业经济的基础性制度，至关重要。自己作为农业经济管理专业的门外汉，就从这个最基础也最重要的方面学起吧。

通过课堂听讲、查阅资料等，不久，我对农地制度形成了这样的认识：尽管这个制度很重要，但是现行制度并不完善，尤其是，存在两个比较突出的问题。一是，对于每个农户来说，承包土地的面积比较小、地块却比较多，承包地零碎、分散，耕种是很不方便的。地块细碎是由于分地时追求绝对的平均主义造成的，土质好的坏的、位置远的近的、水电条件好的差的，甚至水田旱地、坡地平地，统统都要每家分上一点儿，这样才能家家公平、户户均衡。这样“按等级分地”的承包方式，做到了公平，却损失了效率。二是，分配承包地的时候是按实有人口计算的[①]，但是人口却是个变量，人口增了减了，就存在要不要调整土地的问题。在农民的普遍意识里，公平是一个重要的概念，公平是个大事，正因此，就存在随人口增减而调整承包地的现象。但是，中央政策出于稳定承包关系、促进田间投资的考虑，不主张不支持农民调整承包地，甚至严禁进行土地调整。在"人—地"关系这个问题上，基层群众的倾向与中央政策的取向形成一对矛盾，这个矛盾在农村实践中普遍存在。

这两个问题，我感觉挺让人头疼，因为哪一个问题都不好解决。当然，相比较来说，感觉细碎化问题比人地矛盾问题要好解决一些，因为细碎化是分地方式造成的，如果总结并推广一些地方"按产量分地"的方式，细碎化问题是可以解决的。但是，在土地分配已经完成、正处于承包期间的情况下，如果要改"按等级分地"为"按产量分地"，则涉及是否允许进行土地调整这个非常敏感的政策问题。如果土地调整的政策是"封死"的，不允许调整土地，就不能重新分地，不能改进分地方式，不能解决细碎化问题。至于人地矛盾问题，更是这样，如果土地调整的政策是"封死"的，不允许调整土地，就不能进行"抽—

① 我国农村土地承包制度是"按户承包"，具体到实践中，分配承包地的时候是"按人计算"。因此，农地制度可以概括为"按户承包，按人计算"，两句话，八个字。但是，一些专家学者却往往只讲"按户承包"，不讲或者少讲"按人计算"，结果是，政策导向变成了强调"按户承包"，却忽视"按人计算"，对于"人地矛盾"这一现实问题漠然视之，不以为然。

补”或重新分地，不能解决人地矛盾问题。所以，归结起来，这两个问题都是难以解决的，因为都需要通过“土地调整”才能解决。

政策理论界、学术研究界普遍认为，如果允许土地调整，则影响土地承包经营稳定性，影响农民对土地进行投资，从而影响农产品产出，尤其是危及国家粮食安全。在一个有十几亿人口的国家里，粮食安全毫无疑问是天大的事。有的国家（其人口并不多）因为粮食出了问题而导致政府垮台，这是无比沉痛的教训，中国当然要竭力避免这样的祸乱。这是完全可以理解的。

有了这样的认识以后，我逐步下了决心，要坚持学习和研究农地制度，直到找到解决“两大问题”的“秘方”。同时，我还认识到，我们国家的国情农情太特殊，人口太多、农民太多！十几亿人口，十几亿张嘴，粮食安全的压力确实是巨大的；九亿农民，2.4 亿承包农户，一家一户的土地面积太小，更何况还很零碎。这样特殊的国情农情，就逼着我们应去设计出更为完善、更为精美的农地制度来，以切实保障国家粮食安全，保障农产品有效供给，并逐步改善小农户的生产经营条件。那时候，想到这些，常感觉身上起鸡皮疙瘩，颇有些压力感、使命感。

正是带着这样的认识和感受，学习和研究农地制度，我一路走来，坚持了十几个年头，孜孜不懈。我深知自己智商情商不高，甚至有些愚笨，但是也深知“滴水可以穿石”，关键看能不能坚持，“只要功夫深，铁杵磨成针”。只要坚持，日行千步，也能够积跬步而致千里；只要坚持，下足功夫，就应该会有所造化。退一步说，只要坚持，能够一步一步超越自己，即便最终形不成非常有价值的成果，那也已经够了。人的一生，还有比“超越自己”更为重要更有意义的事情吗？因此，不必计较最终的结果，坚持就是胜利。正是在这样的信念和状态下，对于农地制度的学习和研究，我坚持到了今天；而且，仍将继续坚持下去。

二、为什么出版此书

这本书的出版，纯属偶然。在我的人生计划里，本没有出版图书的安排。

十多年来，我也很少写关于农地制度的文章，有两个原因。一是，感觉认识还比较肤浅，对于如何解决现实问题也没有什么切实的思路；二是，要写文章，就要围绕敏感的问题写，围绕关键的问题写。如果不痛不痒、也不重要，就不如不写。2009 年，感觉承包地细碎化问题值得写一篇研究报告，以引起有关领导、有关部门更加重视，遂撰写了《农村承包土地细碎化问题研究》，刊登在单位内部刊物上。

近一两年，我感觉对农地制度的认识和分析比较深入、比较成熟了，对于有些认识，如果不写出点儿东西来，感觉不吐不快。我知道，其实这是最好的写作状态。于是，就围绕感兴趣的题目陆续写了几篇文章。2015 年初，写了《落实“长久不变”的思路与对策》；2015 年底，参加了湖北省沙洋县“按户连片”耕种调研，执笔撰写了调研报告；2016 年上半年，先后撰写了《杜老的农地制度思想》和《关于“人地矛盾”问题的争议》。这几篇文章，写起来都得心应手，每篇仅用两三天时间就完成了。我很喜欢这样的写作状态，也很享受这样的写作状态。

这个时候，我感觉应该就农地制度写一篇总的研究报告了，算是对十多年学习和研究的一个总结、一个交代。并且，当前已经到了需要为“三轮承包”筹划顶层设计和具体政策的时候，因此写这样一篇研究报告也是有现实意义的。既然是对十多年思考的一次总结，算得上“十年磨一剑”（姑且不论此剑是否锋利），算得上是人生中一次比较重要的写作，我想，文章的题目也应当庄重、“高档”一些。考虑了两三天后，认为：既然是对农地制度的思考，对农地制度的论述，对农地制度的肺腑之言，就取名《农地制度论》好了，简洁有力。这个题目似乎有些大，但是难以找到更为妥帖、更能表达胸臆的题目了，就它了。断断续续写了十七八天。稿子出来后，征求一些专家、朋友的意见建议。果然，有专家建议说，“这个题目偏大了，针对性应该再强一些”；还有朋友提出意见说，

“内容不够全面、不够丰满，难以撑起这么大的一个题目。”我的感受是，有专家指出“题目大”是预料之中的；内容方面，我本就没有想面面俱到，而是想抓住关键问题、主要矛盾。因此，这个题目是要坚持的。对于文章中的核心观点，即“稳定土地承包关系的必要性值得重新审视”、“‘公平’（土地调整）并不损害‘效率’”、“当矛盾积累到一定程度的时候，小调整解决小问题、大调整解决大问题”，专家、朋友给予的褒贬大致各半，我想，这就够了，一种新的认识能得到普遍认同的可能性是比较小的。

之前写的几篇文章，分别公开发表了，以引起关注和讨论。这篇《农地制度论》，是“十年磨一剑”，通过什么方式发表？这值得认真考虑。我突然冒出一个想法，与之前的几篇文章结集出版可好？另外，调研时的几篇访谈资料，也可以作为书的内容，也是有意义的。这个想法很快得到自己的肯定，这个方式好！于是，一个从未想着要出版书的人，这次是真的想要出版一本了。

三、表示感谢的话

谨以此书献给原农垦部副部长孟宪德同志和夫人裴文珍同志。孟老革命风范永存，音容笑貌犹在。二老给予我的教诲，激励我矢志前行。

2003 年入学伊始，有些许兴奋，也有些许彷徨。从本科的建筑工程专业即将跨入经济学殿堂，自感没有基础，对此颇感畏难和头痛。导师金洪云副教授刚从日本回国，很快就给出了“药方”——20 余本经济管理学科的必读书籍，使我看到了一条可以迈步向前之路。

在我起初学习研究农地制度的时候，有几本这方面的著作对我影响较大[①]。一是，张红宇著《中国农村的土地制度变迁》（中国农业出版社 2002 年版），我感觉是经典之作，对我来说是经典教材，反复研读学习过多遍。内心深以为，张红宇司长是农地制度的大家，很是钦佩。当然，那时候是“神交”、“远交”，而并没有当面请教、交往过[②]。二是，唐忠著《农村土地制度比较研究》（中国农业科技出版社 1999 年版）。我入学时，唐老师是人民大学农业经济系主任，年青干练，非常出众；现在是农业与农村发展学院院长，身为院长、知名专家，唐老师还能够时常在微信里与学友们讨论问题，很是平易近人。三是，金洪云译作《日本的农地制度》（关谷俊作著，三联书店 2004 年版），这是导师辛勤之作，是全面介绍日本农地制度的经典文献。四是，廖洪乐、习银生、张照新著《中国农村土地承包制度研究》（财政经济出版社 2003 年版），书中所展现的调查方法、分析方法以及农村实况，都非常

① 当时手头的文献资料有限。此处仅列举四本。

② 近年，是有当面请教张司长的机会的。张司长鼓励我多调查多思考，特别是，多积累基层素材，积少成多，将来可以作为决策参考。

值得学习借鉴。这本书，我是从好朋友徐观华那里讨来的，而徐与廖是北京农业大学研究生同班同学，是好友。记得我硕士论文开题时，我跟徐去见廖（因为我需要去拜见、求教），那时他刚刚被农业部农研中心聘为研究员，年纪轻轻就已经是研究员了，很了不起的。我心里对这位较我稍年长的研究员很是尊重，也很羡慕。而我当时实在是学识太浅，连请教他问题都觉得难以开口，怕露了自己的肤浅。

我很荣幸能够回忆拜访杜润生杜老的那次经历。那是2008年6月初，杜老已95岁高龄。经杜老的秘书李剑同志协调，我到杜老的家里去拜见了他。杜老的身体依然硬朗，只是听力有些不好了，来访者想表达的意思，需要李剑写到小黑板上给杜老看。听说我对学习研究农地制度有兴趣，杜老笑了，挺开心。这对我是莫大的鼓励和激励。拜见时间约二十分钟，辞行时，杜老执意要送我到门口。95岁高龄的老人，从沙发走到门口竟然不需要拐杖，也不需要搀扶！而这是一段不小的距离。杜老的身体真好！我们年轻人为杜老的健康感到开心。

从我读研至今，可以说，华中科技大学中国乡村治理研究中心主任贺雪峰教授对我影响较大。贺教授的调研颇多，著述颇丰。贺教授的著作、文章，我都是要收集来学习研读的。贺教授是“唯实”的学者中的典型代表，对于做学问，“唯实”是一种可贵的品格和精神。不敢说贺教授的每一个观点、每一个结论都是正确的，但是他的出发点是“唯实”的；而且，因为基于广泛深入的调查，他的绝大多数观点也是比较可靠的。因此，非常值得信赖，非常值得敬重。

话题回到当前。《农地制度论》稿子发给中央党校徐祥临教授后，徐教授说他也刚刚完成一篇土地方面的文章，随后将发给我，交流一下①。收到《农村土地集体所有制优势及实现形式》的邮件后，我迫不及待地拜读。好文啊！无论是集体所有制，还是叶屋村这个现实典型，文中都论述分析得非常到位。尤其是，我对于叶屋村“通过重新分地从而彻底解决承包地细碎化问题”的做法也进行过持续关注，对于这个典型做法深表赞同，如同我《农地制度论》文中总结的那句话，“大调整可以解决大问题”。这篇论文的素材、观点，与我《农地制度论》文中的关注点、观点，是非常一致的；而徐教授又是著名专家。我一下子就有了想法，想把徐教授的这篇论文作为我拟出版的《农地制度论》一书的代序！给徐教授发了信息，说明出书的想法，请示他关于代序的意见。半小时后，收到徐教授回复：“好啊，好事。”

廖洪乐研究员的《农村土地承包政策执行效果评估》

① 这是徐教授的客气话，其实我只有学习的份儿。记得我在人民大学读研时，徐教授曾去给我们讲“农经专题”课。那个时候他就是知名教授，而我是一名普通学生。

一文，则是我讨来的。因为确实感觉书稿内容不够丰满，而廖研究员是农地制度方面的专家，一定有好文可以共享。果然没有失望，《农村土地承包政策执行效果评估》一文是一篇非常有参考价值的研究报告。

……

以上只点出这么多。其实需要感谢的领导、专家、朋友还有许多，恕不再一一列出。在此一并表示衷心的感谢！

同时，感谢家人的一贯支持。尤其要感谢女儿。是她初中三年坚持不懈的努力，幸运地评选为北京市“三好”学生，获得了直升高中的机会，免去了我和妻子对于中考的焦虑。

最后，必需感谢中国农业出版社的积极支持，感谢闫保荣老师选中了这本篇幅不长的书稿，并费心协调，加快了出版进程。

作　者

2016年8月24日晚于望京

继续探究　制度自信

（后记二）

一、第一版面世后受到好评

《农地制度论》于2016年10月由中国农业出版社出版发行，对我的确是一份喜悦和慰藉。客观地说，全书尽管篇幅较短，但确实是精心之作，是十余年持续调查研究的结晶，是志趣和成果的一个载体。图书面世后，得到了各方面的普遍好评。当然，也会有一些专家学者对书中的调查方法、主要结论等存疑，我想这也是正常的。我个人也常常虑及，调查方法能不能更加科学周密一些，研究结论能不能经受住历史的检验。对于一个人或者一个团队来说，其调查研究能力都是有局限的，其成果只能是浩瀚文献中的一个小小的部分。也正因此，唯有持续地努力，不断改进和修正，才能掌握更为全面的实际情况，才能得出更为可靠的调研结论，使自己对于农地制度的认识逐步增加自信。

承包期政策是农地制度的核心内容之一，这里以承包期问题为例回顾一下书中观点。自2008年10月党的十七届三中全会提出“现有土地承包关系要保持稳定并长久不变”以后，对于下一承包期的长短问题，主张以 70 年作为承包期的观点较多，也有一些观点主张以 50 年或 90 年为承包期，仍坚持认为继续以 30 年为承包期比较适宜的观点是极少数。笔者主张，应实行较长的承包期，但要适可而止，不宜过长；承包期政策最好能够固定下来，形成制度，比如以 30 年（或 50 年）作为承包期制度，以后不宜再变化不定。书中指出，“从一轮承包和二轮承包的实践看，以 30 年为承包期是适宜的”，“30 年是一个合宜的土地承包期限，建议三轮承包仍以 30 年作为承包期限”，“30 年承包期是比较科学合理的，可以考虑把‘30 年承包期’作为一项科学合理的制度稳定下来，轮续坚持”。2017 年 10 月 18 日，在党的十九大报告中，习近平总书记宣布“保持土地承包关系稳定并长久不变，第二轮土地承包到期后再延长三十年”。这一重大宣布，出乎绝大多数人的意外，因为此时距离最早包产到户的小岗村二轮承包期满（2023 年 12 月）尚有 6 年多，多数人想不到会在党的十九大上公布下一承包期；承包期的年限设定，也出乎多数人的意外，多数人认为下一承包期应该是 50 年或 70 年。笔者聆听报告后既感意外，亦觉兴奋！深感中央这一决定是科学合理的，是下一轮承包期的最佳选项。

党的十九大后，笔者把《农地制度论》一书送呈农业部有关领导同志。之前没有敢于去送，是因为对自己的研究结果还不是足够自信。2018 年 2 月 7 日，农业部党组副书记、副部长余欣荣同志就此书作出批示，“有思考，接地气”。部领导的重要批示精神，对于我是莫大的鼓励！

二、两年来坚持不懈地探究

《农地制度论》能够出版发行，极大地鼓舞了我的热情，继续坚持深化调查研究的兴趣高涨。2016 年底，作为主要执笔人，调研撰写了《关于安徽怀远“一户一田”耕种模式的调研报告》《关于广东清远农村土地整合与确权情况的调研报告》；2016 年 10 月，中办国办印发《关于完善农村土地所有权承包权经营权分置办法的意见》后，研究撰写了《落实集体所有权 完善家庭承包制》；针对学界关于土地承包经营权“用益物权”属性的讨论，2017 年 8 月研究撰写了《农村土地承包经营权之“用益物权”分析》；针对农村妇女土地承包权益的现实问题，2017 年 9 月研究撰写了《农村妇女土地承包经营权：问题与对策》；就农村机动地有关问题，2017 年 10 月研究撰写了《农村机动地制度：历史演进及未来展望》；2017 年 10 月，习近平总书记宣布“二轮承包期满后再延长三十年”，笔者感到十分意外和惊喜，即着手撰写了《农地制度论要》一文；2018 年 8 月，参加学术交流活动，撰写提交了《对农村土地承包经营制度的一些认识》。这些关于农地制度的调研报告和研究论文，笔者认为无论其选题还是研究结果，都是比较重要和有意义的。

村民一事一议筹资筹劳管理，是笔者的本职工作。筹资筹劳表面上与农地制度不相关，其实不然。筹资筹劳的本质，是筹集“村内户外”公益事业的建设成本。国家之所以出台这样的制度，是因为集体土地已绝大部分承包到户，集体缺乏可经营性资源，特别是土地资源。2017 年 11 月，撰写形成《村民一事一议筹资筹劳制度：情况、问题与对策》，是为纪念《村民一事一议筹资筹劳管理办法》（国办发〔2007〕4 号）实行十周年而作；按照农民日报社的安排意见，为宣传贯彻 2018 年中央 1 号文件精神，研究撰写了《发挥农民主体作用 完善推广一事一议》；2018 年 7 月，在对比城乡差异、反复进行推敲的基础上，撰写形成《关于村级公益事业建设机制的统筹分析》；2018 年 8 月，《经济日报》创刊“乡村振兴”专版，笔者应约撰写了《从公共产品视角 看农村人居环境》。应当说，这四篇文稿具有一定的研究价值和指导作用。

党的十九大后，乡村振兴是备受关注和着力研究的热点领域，笔者结合多年思考和感悟，撰写了《乡村振兴必须治“穷根儿”》一文。2018 年是一个特殊的年份，是我国农村改革开放四十周年，而农村改革一直是以农地制度改革完善为主线的。在这个具有重要意义的历史节点，作为对农地制度多年的关注者、研究者，不可以不作为，也是不写不快。笔者集中利用约 3 个月的时间，潜心研究撰写了《集体所有制是农地制度不可动摇的根基》《坚持和完善“家庭经营”基础性地位》《调整完善“国家、集体、农民”分配关系》三篇感悟文稿。

以上这些文稿共约10余万字。感觉收获是沉甸甸的，未负于这个改革开放的新时代。春华秋实，幸莫甚焉。

三、持续探究方得制度自信

笔者自2003年着意关注和研究农地制度，至今已15载。若要说最为突出的体会，莫过于“持续探究方得制度自信”。对于农地制度的学习研究，必须有“十年磨一剑”的耐力和精神。即便下了十年工夫，你也可能仍觉似是而非、难以自信。笔者确实体会，或许需要两个十年，才能在农地制度问题上有深刻的领悟和判断，才能有切实的获得感和自信心。在此，向所有与笔者研究探讨和给予鼓励支持的领导、专家、亲友们，深致谢意！此次修订收录了唐忠教授的《对农村基本经营制度几个争议问题的认识》作为代序，收录了宋志红教授的《“土地承包到期后再延长三十年”意味着什么不意味着什么》作为参考资料，这两篇文献富有真知灼见，尤应致敬致谢！“革命尚未成功，同志尚需努力”，以此与学界共勉。

这里，笔者就下一阶段农地制度的大致脉络作简要分析（主要内容已发表于《经济日报》9月12日乡村振兴版）。这是在多年调研思考的基础上，形成的较为成熟的考虑，笔者对此有较大的自信。亦是抛砖引玉，引起更多关注探讨。有利于二轮承包期满政策“衔接”更为周密合理，有利于为下一个“三十年”的土地承包奠定好的基础。

中央确定农村土地二轮承包期满后再延长三十年，也就是说，农村土地下一轮承包期限为三十年。这样，在我国农村土地承包的历史上，就有了第二个“三十年”。中央强调，要做好二轮承包期满的政策衔接工作。笔者认为，这一要求非常重要，也可以说是至关重要。前后两个“三十年”，是两个重要的历史时间段，这两个时间段中的土地承包政策无疑是非常重要的；而斟酌推敲后可以看到，这两个时间段之间的衔接政策其实是至关重要的。

二轮承包期间的有关政策，集中体现在《农村土地承包法》和中央的有关文件中。农村土地承包法规定，“国家依法保护农村土地承包关系的长期稳定”，“承包期内，发包方不得调整承包地”，因自然灾害严重毁损承包地等特殊情形对个别农户之间承包的耕地和草地需要适当调整的，必须严格履行法定程序。无论从理论还是实践看，这些规定都是适当的、必要的。一方面，有利于稳定土地承包关系，增进承包农户对承包土地的稳定感，适当增加对承包土地的投入，健全设施、培肥地力，提高土地产出效率；另一方面，有利于稳定土地流转关系，增进土地转入方对经营土地的稳定感，能够放心对土地进行投资，促进培育形成有序的土地流转市场，提高土地利用效率。因此，二轮承包期间的这些政策，可以在下一轮土地承包中继续坚持和完善。无论是目前的“三十年”还是未来的“三十年”，在承包期内应当坚持“稳定”原则，这既是中央的主要精神，也是基层普遍赞同支持的基本政策。概而言之，承包期内应当着眼于“效率”、着眼于“稳定”。

那么，两个“三十年”之间的政策应该如何衔接呢？两个“三十年”，好比列车的两节车厢，其间的“节点”自然至关重要。“节点”对于前者来说是“末点”，对于后者来说是“起点”；“节点”既要与前者有机连接、密切配合，也要与后者有机连接、密切配合。两个“三十年”之间这个“节点”，需要考虑哪些方面呢？

从“节点”往前看：由于过去土地分配时过于讲究公平，把土地分成三五个等次分别承包到户，形成了全国户均“七八亩、五六块”的细碎化土地格局，耕作不方便，生产成本高，越来越成为发展现代农业的制约因素；由于实行“稳定”的原则和政策，现实中有少部分农民没有承包到土地，这样的农户寄望能够在二轮承包期满有获得土地的机会。从“节点”往后看：加快发展现代农业，亟须破解承包土地细碎化问题，而随着农田建设的日积月累，集体土地的类别差异将逐步减小，从而具备实现户均“一两块”的客观条件；下一个承包期又是一个不短的历史时间段，“起点公平”是一个自然的要求，符合多数农民的心理和愿望。也就是说，两个“三十年”之间这个重要“节点”，应当充分考虑到破解细碎化和实现起点公平这两个重要方面，要在完善土地承包关系上多下功夫。要赋予农民集体决策权，让农民自己作主，而不是替代农民作主。总而言之，二轮承包期届满时，应当着眼于“完善”、兼顾到“公平”，为新一轮承包期内富有效率奠定基础。

作　者

2018年9月12日于农展南里

图书在版编目（CIP）数据

农地制度论／刘强著．—2版．—北京：中国农业出版社，2018.11

ISBN 978-7-109-24796-3

Ⅰ.①农…　Ⅱ.①刘…　Ⅲ.①农地制度－研究－中国
Ⅳ.①F321.1

中国版本图书馆CIP数据核字（2018）第240053号

中国农业出版社出版

（北京市朝阳区麦子店街18号楼）

（邮政编码 100125）

责任编辑　闫保荣

中国农业出版社印刷厂印刷　　新华书店北京发行所发行

2018年11月第2版　　2018年11月北京第1次印刷

开本：880mm×1230mm　1/32　　印张：14

字数：270千字　　印数：1～1500册

定价：45.00元